华章科技

HZBOOKS | Science & Technology

Web开发
技术丛书

HTML 5与CSS 3
权威指南

（第 4 版·下册）

HTML 5 and CSS 3
The Definitive Guide, Fourth Edition

陆凌牛 著

机械工业出版社
China Machine Press

图书在版编目（CIP）数据

HTML 5 与 CSS 3 权威指南（第 4 版·下册）/ 陆凌牛著 . —4 版 . —北京：机械工业出版社，2019.1
（Web 开发技术丛书）

ISBN 978-7-111-61884-3

I. H⋯　II. 陆⋯　III. ①超文本标记语言 – 程序设计 – 指南　②网页制作工具 – 指南　IV. ① TP312.8-62　② TP393.092.2-62

中国版本图书馆 CIP 数据核字（2019）第 018687 号

HTML 5 与 CSS 3 权威指南（第 4 版·下册）

出版发行：机械工业出版社（北京市西城区百万庄大街 22 号　邮政编码：100037）

责任编辑：李　艺　　　　　　　　　　　　　　责任校对：殷　虹
印　　刷：北京诚信伟业印刷有限公司　　　　　版　　次：2019 年 2 月第 4 版第 1 次印刷
开　　本：186mm×240mm　1/16　　　　　　　印　　张：20.75
书　　号：ISBN 978-7-111-61884-3　　　　　　定　　价：79.00 元

为何写作本书?

如果要盘点 2010 年 IT 届的十大热门技术，云计算、移动开发、物联网等无疑会在其中，HTML 5 肯定也是少不了的。2010 年，随着 HTML 5 的迅猛发展，各大浏览器开发公司（如 Google、微软、苹果、Mozilla 和 Opera）的浏览器开发业务都变得异常繁忙。在整个 2010 年度，无论是 Mozilla 的 Firefox、Google 的 Chrome、苹果的 Safari、微软的 Internet Explorer，还是欧普拉的 Opera 都处于不断推陈出新的状态当中。

2010 年 3 月，在微软的 MIX2010 大会上，微软的工程师在介绍 Internet Explorer 9 浏览器的同时，还从前端技术的角度把互联网的发展分为了三个阶段：

第一阶段：Web 1.0 的以内容为主的网络，前端主流技术是 HTML 和 CSS；

第二阶段：Web 2.0 的 Ajax 应用，热门技术是 JavaScript、DOM、异步数据请求；

第三阶段：即将迎来的 HTML 5 时代，亮点是富图形和富媒体内容（Graphically-Rich and Media-Rich）。

前端技术将进入一个崭新的时代，至少已经开启了这扇门。

在这种局势下，学习 HTML 5 无疑成为 Web 开发者的一大重要任务，谁先学会 HTML 5，谁就掌握了迈向未来 Web 平台的方向。因此，我希望能够借助本书帮助国内的 Web 开发者更好地学习 HTML 5 以及与之相伴的 CSS 3 技术，使大家能够早日运用这些技术开发出一个具有现代水平的、在未来的 Web 平台上能够正常运行的 Web 网站或 Web 应用程序。

第 4 版与第 3 版的区别

自 2016 年上半年本书第 3 版出版以来，一直受到广大读者的欢迎，笔者在这里首先感谢广大读者的支持。自本书第 3 版出版之后，HTML 5 与 CSS 3 标准不断发展，2016 年 11 月，W3C 发布 HTML 5.1 版本；2017 年 12 月，W3C 发布 HTML 5.2 版本。各主流浏览器也以最快的速度对 HTML 5 中各种最新公布的 API 提供了支持，其中包括对 ECMA Script 2015 以上版本的支持、对 indexedDB 2.0 版本的支持、对 Fetch API 的支持、改用 Service Worker 对离线应用程序提供支持、对 BroadcastChannel API 的支持、对 Web 组件模块（其中包括 HTML 模块、Shadow DOM、自定义元素、HTML 导入）的支持、对 Web Animations API 的支持等。因此，本书第 4 版以第 3 版的内容为基础，添加 2016 年上半年到 2018 年上半年之间 HTML 5 中新增的各种元素及 API，同时更新各主流浏览器 CSS 3 的最新支持情况，以使读者能够学到 HTML 5 与 CSS 3 标准中的各种知识，了解各种最新的浏览器中对 HTML 5 与 CSS 3 标准的最新支持情况，以帮助读者能够早日将这些新的知识打造成一个 HTML 5 时代的功能强大的 Web 网站或 Web 应用程序。

具体来说，在第 4 版在第 3 版的基础上做出的主要修改如下所示：

❑ 第 2 章 "HTML5 与 HTML4 的区别" 中删除在 HTML 5.1 中被移除的元素。

❑ 新增第 5 章 "ECMAScript 中的新增功能"。

❑ 第 7 章 "本地存储"（原书中第 8 章）中新增 indexedDB 2.0 部分。

❑ 第 8 章 "扩展的 XMLHttpRequest API"（原书中第 13 章）修改为 "扩展的 XMLHttp-Request API 及 Fetch API"，新增 8.4 节 "使用 Fetch API"。

❑ 新增第 10 章 "使用 Service Worker 实现离线应用程序"。

❑ 第 11 章 "通信 API" 中新增 11.4 节 "BroadcastChannel API"。

❑ 新增第 12 章 "Web 组件"。

❑ 第 13 章 "绘制图形"（原书中第 5 章）中新增 13.9.3 节 "将 canvas 元素中的图像转换为 Blob 对象" 与 13.9.5 节 "解码图像"。

❑ 第 18 章 "文字与字体相关样式" 中新增 18.4 节 "指定用户是否可选取文字的 user-select 属性"。

❑ 第 22 章 "CSS3 中的动画功能" 中新增 22.3 节 "Web Animations API"。

❑ 第 23 章 "布局相关样式" 中新增 23.4 节 "网格布局"。

❑ 第 24 章 "Media Queries 相关样式" 一章修改为第 24 章 "媒体查询表达式与特性查询表达式"，新增 24.2 节 "特性查询表达式"。

❑ 第 25 章 "CSS 3 的其他重要样式和属性" 中新增 25.4 节 "用于控制鼠标事件的 pointer-events 属性" 与 25.6 节 "CSS 变量"。

本书面向的读者

本书主要适合如下人群阅读：

☐ 具有一定基础的 Web 前端开发工程师

☐ 具有一定美术功底的 Web 前端设计师和 UI 设计师

☐ Web 项目的管理人员

☐ 开设了 Web 开发等相关专业的高等院校师生和相关培训机构的学员及教师

如何阅读本书

本书从逻辑上共分为三个部分：

第一部分（第 1～14 章） 对 HTML 5 中新增的语法与标记方法、新增的元素、新增的 API 以及到本书截稿时这些元素与 API 受到了哪些浏览器的支持等进行了详细介绍。在对它们进行介绍的同时将其与 HTML 4 中的各种元素与功能进行了对比，以帮助读者更好地理解为什么需要使用 HTML 5、使用 HTML 5 有什么好处、HTML 5 中究竟增加了哪些目前 HTML 4 不具备而在第三代 Web 平台上将会起到重要作用的功能与 API，以及这些功能与 API 的详细使用方法。

第二部分（第 15～25 章） 详细介绍了 CSS 3 中的各种新增样式与属性，其中主要包括 CSS 3 中的各种选择器、文字与字体、背景与边框、各种盒模型、CSS 3 中的布局方式、CSS 3 中的变形与动画、CSS 3 中与媒体类型相关的一些样式与属性等。在介绍的同时也详细讲述了到本书截稿时这些样式与属性受到了哪些浏览器的支持，以及针对各种浏览器应该怎样在样式代码中进行各种属性的正确书写。

第三部分（第 26 章） 详细讲解了一个实例，该实例展示了如何使用 HTML 5 中新增的表单元素、如何读取本地数据库中的数据、如何保存数据到本地数据库、如何使用 Fetch API 读取服务器端的数据及提交数据到服务器端并处理服务器端响应、如何保存数据到 LocalStorage 及从 LocalStorage 读取保存后的数据、从而实现一个具有现代风格的 Web 应用程序，如何在这个由 HTML 5 语言及其功能编写而成的 Web 应用程序中综合使用 CSS 3 样式来完成页面的布局以及视觉效果的美化工作。

全书一共有 300 多个代码示例，每个代码示例都经过笔者上机实践，确保运行结果正确无误。每个代码示例的详细代码及其用到的脚本文件、各种资源文件都可在华章公司的官方网站（www.hzbook.com）本书的页面上下载，因为是用 HTML 5 编写的网页，所以这些文件可直接在各种浏览器中打开并查看运行结果。少量页面需要首先建立网站，然后通过访问网站中该页面的方式来进行查看，少量页面使用服务器端 PHP 脚本语言，可在 Apache 服务器中运行。书中详细介绍了对 HTML 5 中的各种元素、各种 API 和 CSS 3 中的各种属性和样式提供支持的浏览器，读者可以针对不同的页面选择正确的浏览器来查看其正确的运行结果。

致谢

在本书的写作过程中，策划编辑杨福川先生和李艺女士给予了很大的帮助和支持，并提出了很多中肯的建议，在此表示感谢。同时，还要感谢机械工业出版社的所有编审人员为本书的出版所付出的辛勤劳动。本书的成功出版是大家共同努力的结果，谢谢你们。

另外，在本书的写作过程当中，由于时间及水平上的原因，可能存在一些对 HTML 5 及 CSS 3 上认识不全面或疏漏的地方，敬请读者批评更正，作者的联系 QQ 为 240824399，联系邮箱为 240824399@qq.com，谨以最真诚的心希望能与读者交流，共同成长。

Contents 目　　录

下　册

第 15 章 *Chapter 13*

CSS 3 概述

从 2010 年开始，HTML 5 与 CSS 3 就一直是互联网技术中最受关注的两个话题。2010 年 MIX10 大会上微软的工程师在介绍 IE 9 时，从前端技术的角度把互联网的发展分为三个阶段：第一阶段是 Web 1.0 的以内容为主的网络，前端主流技术是 HTML 和 CSS；第二阶段是 Web 2.0 的 Ajax 应用，热门技术是 JavaScript、DOM、异步数据请求；第三阶段是即将迎来的 HTML 5+CSS 3 的时代，这两者相辅相成，使互联网又进入了一个崭新的时代。

本章将对 CSS 3 进行一个全面的、概要的介绍，使大家对 CSS 3 有一个初步的、总体上的认识。

学习内容：

❑ 掌握 CSS 3 的基础知识，知道什么是 CSS 3，了解 CSS 3 的发展历史。

❑ 掌握 CSS 3 的模块化结构，了解 CSS 3 中包含了哪些结构。

❑ 了解 CSS 3 与 CSS 2 有什么主要区别，了解 CSS 3 将对下一代 Web 平台上的界面设计做出哪些重大贡献。

15.1 概要介绍

15.1.1 CSS 3 是什么

首先，我们对 CSS 3 做一个概要的介绍。什么是 CSS 3？ CSS 3 是 CSS 技术的一个升级版本，是由 Adobe Systems、Apple、Google、HP、IBM、Microsoft、Mozilla、Opera、Sun Microsystems 等许多 Web 界的巨头联合组成的一个名为"CSS Working Group"的组织共同协商策划的。虽然目前很多细节还在讨论之中，但它还是不断地朝前发展着。2010 年在 HTML 5 成为 IT 界人士关注的焦点的同时，它也开始慢慢地普及开来。

15.1.2　CSS 3 的历史

接下来，我们从总体上看一下 CSS 的发展历史。

❑ CSS 1。1996 年 12 月，CSS 1（Cascading Style Sheets，level 1）正式推出。在这个版本中，已经包含了 font 的相关属性、颜色与背景的相关属性、文字的相关属性、box 的相关属性等。

❑ CSS 2。1998 年 5 月，CSS 2（Cascading Style Sheets，level 2）正式推出。在这个版本中开始使用样式表结构。

❑ CSS 2.1。2004 年 2 月，CSS 2.1（Cascading Style Sheets，level 2 revision 1）正式推出。它在 CSS 2 的基础上略微做了改动，删除了许多诸如 text-shadow 等不被浏览器所支持的属性。

现在所使用的 CSS 基本上是在 1998 年推出的 CSS 2 的基础上发展而来的。10 年前在 Internet 刚开始普及的时候，就能够使用样式表来对网页进行视觉效果的统一编辑，这确实是一件可喜的事情。但是在这 10 年间 CSS 可以说基本上没有什么变化，一直到 2010 年终于推出了一个全新的版本——CSS 3。

15.2　使用 CSS 3 能做什么

15.2.1　模块与模块化结构

在 CSS 3 中，并没有采用总体结构，而是采用了分工协作的模块化结构，这些模块如表 15-1 所示。

表 15-1　CSS 3 中的模块

模块名称	功能描述
basic box model	定义各种与盒相关的样式
Line	定义各种与直线相关的样式
Lists	定义各种与列表相关的样式
Hyperlink Presentation	定义各种与超链接相关的样式。譬如锚的显示方式、激活时的视觉效果等
Presentation Levels	定义页面中元素的不同的样式级别
Speech	定义各种与语音相关的样式。譬如音量、音速、说话间歇时间等属性

（续）

模块名称	功能描述
Background and border	定义各种与背景和边框相关的样式
Text	定义各种与文字相关的样式
Color	定义各种与颜色相关的样式
Font	定义各种与字体相关的样式
Paged Media	定义各种页眉、页脚、页数等页面元数据的样式
Cascading and inheritance	定义怎样对属性进行赋值
Value and Units	将页面上各种各样的值与单位进行统一定义，以供其他模块使用
Image Values	定义对 image 元素的赋值方式
2D Transforms	在页面中实现 2 维空间上的变形效果
3D Transforms	在页面中实现 3 维空间上的变形效果
Transitions	在页面中实现平滑过渡的视觉效果
Animations	在页面中实现动画
CSSOM View	查看管理页面或页面的视觉效果，处理元素的位置信息
Syntax	定义 CSS 样式表的基本结构、样式表中的一些语法细节、浏览器对于样式表的分析规则
Generated and Replaced Content	定义怎样在元素中插入内容
Marquee	定义当一些元素的内容太大，超出了指定的元素尺寸时，是否以及怎样显示溢出部分
Ruby	定义页面中 ruby 元素（用于显示拼音文字）的样式
Writing Modes	定义页面中文本数据的布局方式
Basic User Interface	定义在屏幕、纸张上进行输出时页面的渲染方式
Namespaces	定义使用命名空间时的语法
Media Queries	根据媒体类型来实现不同的样式
'Reader' Media Type	定义用于屏幕阅读器之类的阅读程序时的样式
Multi-column Layout	在页面中使用多栏布局方式
Template Layout	在页面中使用特殊布局方式
Flexible Box Layout	创建自适应浏览器窗口的流动布局或自适应字体大小的弹性布局
Grid Position	在页面中使用网格布局方式
Generated Content for Paged Media	在页面中使用印刷时使用的布局方式

那么，为什么需要分成这么多模块来进行管理呢？

这是为了避免产生浏览器对于某个模块支持不完全的情况。如果只有一个总体结构，这个总体结构会过于庞大，在对其支持的时候很容易造成支持不完全的情况。如果把总体结构分成几个模块，各浏览器可以选择对于哪个模块进行支持、对哪个模块不进行支持，支持的时候也可以集中把某一个模块全部支持完了再支持另一个模块，以减少支持不完全的可能性。

例如，台式计算机、笔记本和手机上用的浏览器应该针对不同的模块进行支持。如果采用模块分工协作的话，不仅是台式计算机，各种设备上所用的浏览器都可以选用不同模块进行支持。

15.2.2　一个简单的 CSS 3 示例

现在，我们已经对 CSS 3 的模块和模块化结构有了一个初步的认识，那么，究竟我们能够用 CSS 3 来做些什么呢？

这里，我们通过一个示例来将 CSS 2 与 CSS 3 做一个对比，借此使大家对 CSS 3 有一个初步的印象。

在这个示例中，我们给页面上的某个 div 区域添加一个彩色图像边框，这样可以使这个区域看上去漂亮很多，生动很多。

在 CSS 2 中，当然可以实现这个效果，如代码清单 15-1 所示。

代码清单 15-1　使用 CSS 2 给 div 区域添加图像边框

```
<!DOCTYPE html PUBLIC "-//W3C//DTD XHTML 1.0 Transitional//EN"
"http://www.w3.org/TR/xhtml1/DTD/xhtml1-transitional.dtd">
<html xmlns="http://www.w3.org/1999/xhtml">
<head>
<meta http-equiv="Content-Type" content="text/html;charset=gb2312" />
<style type="text/css">
#image-boarder{
margin:3px;
width:450px;
height:104px;
padding-left:14px;
padding-top:20px;
background:url(test.png);
background-repeat:no-repeat;
}
</style>
</head>
<body>
<div id="image-boarder">
• 示例文字 1<br/>
• 示例文字 2<br/>
• 示例文字 3<br/>
• 示例文字 4<br/>
</div>
</body>
</html>
```

这段代码在 Firefox 浏览器中的运行结果如图 15-1 所示。

接下来，我们看一下在 CSS 3 中如何实现这个功能。

在 CSS 3 中，添加了很多新的样式，譬如可以创建圆角边框，可以在边框中使用图像，可以修改背景图像的大小，可以对背景指定多个图像文件，可以修改颜色的透明度，可以给文字添加阴影，可以在 CSS 中重新指定表单的尺寸等。

在代码清单 15-2 中，我们使用 CSS 3 来实现与代码清单 15-1 相同的功能。具体操作的时候，只要给页面中的 div 元素增加一个 border-image 属性，然后在该属性中指定图像文件与边框宽度就可以了。

代码清单 15-2　使用 CSS 3 给 div 区域添加图像边框

```
<!DOCTYPE html PUBLIC "-//W3C//DTD XHTML 1.0 Transitional//EN"
"http://www.w3.org/TR/xhtml1/DTD/xhtml1-transitional.dtd">
<html xmlns="http://www.w3.org/1999/xhtml">
<head>
<meta http-equiv="Content-Type" content="text/html;charset=gb2312" />
<style type="text/css">
#image-boarder{
width:450px;
padding-top:20px;
padding-left:14px;
border-image:url(test.png) 30 30 30 30 130px;        // 指定边框图像
}
</style>
</head>
<body>
<div id="image-boarder">
• 示例文字 1<br/>
• 示例文字 2<br/>
• 示例文字 3<br/>
• 示例文字 4<br/>
</div>
</body>
</html>
```

这段代码的运行后结果与图 15-1 所示结果相同。

虽然目前看来两种方法都达到了同样的效果，只是实现方法不同而已。但是如果再在 div 中增加一行文字，我们看一下使用 CSS 2 中的样式表后会是什么情况，如图 15-2 所示。

图 15-1　使用 CSS 2 样式添加图像边框

图 15-2　使用 CSS 2 样式表，当文字超过图像高度时的页面外观

同样，来看一下使用 CSS 3 中的样式表后会是什么情况，如图 15-3 所示。

为什么在 CSS 3 中文字没有超出边框图像之外？这是因为在 CSS 3 样式表中，在指定边框图像的同时，也指定了图像允许拉伸来自动适应 div 区域的高度，而不是采取 CSS 2 中将 div 区域高度设为边框图像高度的方式。那么，也许有人会问，如果在 CSS 2 的 div 元素的样式代码中不指定 div 区域的高度是否可以呢？这样的话就会出现如图 15-4 所示的情况。

图 15-3　使用 CSS 3 样式表，当文字超过　　图 15-4　在 CSS 2 的样式代码中不指定 div
　　　　　图像高度时的页面外观　　　　　　　　　　区域高度的效果

从图中可以看出，当只有一行文字的时候，该边框图像又不能完全显示了。因此，当 div 区域中的文字高度处于不断变化的状态时，使用 CSS 2 样式表添加边框图像的操作相对来说就比较麻烦。在 CSS 3 中考虑到了这种情况，添加了允许边框图像自动拉伸的属性，从而解决了这个问题。

关于如何使用 border-image 这个属性，我们将在后面进行详细介绍。在这里，我们通过这个示例，向大家表明了目前在 CSS 2 中一些比较难以处理的情况，在 CSS 3 中通过使用新增属性很容易就能够解决。

这对界面设计来说，无疑是一件非常可喜的事情。在界面设计中，最重要的就是创造性，如果能够使用 CSS 3 中新增的各种各样的属性，就能够在页面中增加许多 CSS 2 中没有办法解决的样式，摆脱现在界面设计中存在的许多束缚，从而使整个网站或 Web 应用程序的界面设计进入一个新的台阶。

第 16 章 *Chapter 16*

选 择 器

　　本章针对 CSS 3 中使用的各种选择器进行详细介绍，通过选择器的使用，你不再需要在编辑样式时使用多余的以及没有任何语义的 class 属性，而是直接将样式与元素绑定起来，从而节省大量在网站或 Web 应用程序已经完成之后修改样式时所需花费的时间。

　　学习内容：

❏ 掌握 CSS 3 中使用的选择器的基本概念。知道什么是选择器以及为什么需要使用选择器，使用选择器有什么好处。

❏ 掌握 CSS 3 中的各种属性选择器的概念以及使用方法，其中包括：

- [att=val] 选择器
- [att*=val] 选择器
- [att^=val] 选择器
- [att$=val] 选择器

❏ 掌握 CSS3 中的各种结构性伪类选择器的概念以及使用方法，其中包括：

- root 选择器
- not 选择器
- empty 选择器
- target 选择器
- first-child 选择器
- last-child 选择器
- nth-child 选择器

- nth-last-child 选择器
- nth-of-type 选择器
- nth-last-of-type 选择器
- only-child 选择器
- ❑ 掌握 CSS3 中的各种 UI 元素状态伪类选择器的概念以及使用方法，其中包括：
  - E:hover 选择器
  - E:active 选择器
  - E:focus 选择器
  - E:enabled 选择器
  - E:disabled 选择器
  - E:read-only 选择器
  - E:read-write 选择器
  - E:checked 选择器
  - E:default 选择器
  - E:indeterminate 选择器
  - E::selection 选择器
  - E:invalid 选择器
  - E:valid 选择器
  - E:required 选择器
  - E:optional 选择器
  - E:in-range 选择器
  - E:out-of-range 选择器
- ❑ 掌握 CSS3 中的通用兄弟元素选择器的概念及使用方法。

16.1 选择器概述

选择器是 CSS 3 中一个重要的内容。使用它可以大幅度提高开发人员书写或修改样式表时的工作效率。

在样式表中，一般会书写大量的代码，在大型网站中，样式表中的代码可能会达到几千行。麻烦的是，当整个网站或整个 Web 应用程序全部书写好之后，需要针对样式表进行修改时，在洋洋洒洒一大篇 CSS 代码之中，并没有说明什么样式服务于什么元素，只是使用了 class 属性，然后在页面中指定了元素的 class 属性。但是，使用元素的 class 属性有两个缺点：第一，class 属性本身没有语义，它纯粹用来为 CSS 样式服务，属于多余属性；第二，使用 class 属性的话，并没有把样式与元素绑定起来，针对同一个 class 属性，文本框也可以使用，下拉框也可以使用，甚至按钮也可以使用，这样其实是非常混乱的，修改样式时也很不方便。

所以，在 CSS 3 中，提倡使用选择器来将样式与元素直接绑定起来，这样的话，在样式表中什么样式与什么元素相匹配变得一目了然，修改起来也很方便。不仅如此，通过选择器，我们还可以实现各种复杂的指定，同时也能大量减少样式表的代码书写量，最终书写出来的样式表也变得简洁明了。

具体来说，使用选择器进行样式指定时，采用类似 E[foo$="val"] 这种正则表达式的形式。在样式中，声明该样式应用于什么元素，该元素的某个属性的属性值必须是什么。例如，我们可以指定将页面中 id 为"div_Big"的 div 元素的背景色设定为红色，代码如下所示。

```
div[id="div_Big"] {background: red;}
```

这样，符合这个条件（id 为"div_Big"）的 div 元素的背景色被设为红色，不符合这个条件的 div 元素不使用这个样式。

另外，我们还可以在指定样式时使用"^"通配符（开头字符匹配）、"?"通配符（结尾字符匹配）与"*"通配符（包含字符匹配）。如指定 id 末尾字母为"t"的 div 元素的背景色为蓝色，代码如下所示。

```
div[id$="t"] {background: red;}
```

使用通配符能大大提高样式表的书写效率。

16.2　属性选择器

16.2.1　属性选择器概述

在 HTML 中，通过各种各样的属性，我们可以给元素增加很多附加信息。例如，通过 width 属性，我们可以指定 div 元素的宽度；通过 id 属性，我们可以将不同的 div 元素进行区分，并且通过 JavaScript 来控制这个 div 元素的内容和状态。

接下来，我们在代码清单 16-1 中看一个 HTML 页面，该页面中包含一些 div，每个 div 之间用 id 属性进行区分。

代码清单 16-1　一个具有很多 div 元素的页面

```
<!DOCTYPE html PUBLIC "-//W3C//DTD XHTML 1.0 Transitional//EN"
"http://www.w3.org/TR/xhtml1/DTD/xhtml1-transitional.dtd">
<html xmlns="http://www.w3.org/1999/xhtml">
<head>
<meta http-equiv="Content-Type" content="text/html;charset=gb2312" />
```

```
</head>
<div id="section1"> 示例文本 1</div>
<div id="subsection1-1"> 示例文本 1-1</div>
<div id="subsection1-2"> 示例文本 1-2</div>
<div id="section2"> 示例文本 2</div>
<div id="subsection2-1"> 示例文本 2-1</div>
<div id="subsection2-2"> 示例文本 2-2</div>
```

接下来，我们回顾一下 CSS 2 中对 div 元素使用样式的方法，如果要将 id 为 "section1" 的 div 元素的背景色设定为黄色，我们首先追加样式，如下所示。

```
<style type="text/css">
.divYellow{background:yellow}
</style>
```

然后指定 id 为 "section1" 的这个 div 元素的 class 属性，如下所示。

```
<div id="section1" class="divYellow"> 示例文本 1</div>
```

接下来，我们看一下 CSS 2 中如何使用属性选择器来实现同样的处理。
使用属性选择器时，需要声明属性与属性值，声明方法如下所示。

```
[att=val]
```

其中 att 代表属性，val 代表属性值。例如，要将 id 为 "section1" 的 div 元素的背景色设定为黄色，我们只要在代码清单 16-1 中加入如下所示的样式代码即可。

```
<style type="text/css">
[id=section1]{
    background-color: yellow;
}
</style>
```

最后，我们在代码清单 16-2 中完整地看一下使用 CSS 2 的属性选择器的示例代码，在本节中接下来的部分都只会针对这个示例中的样式代码进行修改，其他部分不做修改。

代码清单 16-2 使用 CSS 2 的属性选择器的示例

```
<!DOCTYPE html PUBLIC "-//W3C//DTD XHTML 1.0 Transitional//EN"
"http://www.w3.org/TR/xhtml1/DTD/xhtml1-transitional.dtd">
<html xmlns="http://www.w3.org/1999/xhtml">
<head>
<meta http-equiv="Content-Type" content="text/html;charset=gb2312" />
<style type="text/css">
[id=section1]{
    background-color: yellow;
}
</style>
</head>
<div id="section1" class="divYellow"> 示例文本 1</div>
```

```
<div id="subsection1-1"> 示例文本 1-1</div>
<div id="subsection1-2"> 示例文本 1-2</div>
<div id="section2"> 示例文本 2</div>
<div id="subsection2-1"> 示例文本 2-1</div>
<div id="subsection2-2"> 示例文本 2-2</div>
```

追加了这个属性选择器后的运行结果如图 16-1 所示。

16.2.2　CSS 3 中的属性选择器

在 CSS3 中，追加了三个属性选择器分别为：[att*=val]、[att^=val] 和 [att$=val]，使得属性选择器有了通配符的概念。

1. [att*=val] 属性选择器

[att*=val] 属性选择器的含义是：如果元素用 att 表示的属性的属性值中包含用 val 指定的字符，则该元素使用这个样式。针对上面所述 " [id=section1]" 属性选择器可以修改成 " [id*=section1]"，其中 " id" 相当于 [att*=val] 属性选择器中的 " att"，" section1" 相当于 [att*=val] 属性选择器中的 " val"。

在代码清单 16-1 所述示例的样式代码中，如果使用如下代码中所示的 [att*=val] 属性选择器，则页面中 id 为 " section1" " subsection1-1" " subsection1-2" 的 div 元素的背景色都变为黄色，因为这些元素的 id 属性中都包含 " section1" 字符。

```
[id*=section1]{
    background-color: yellow;
}
```

代码清单 16-1 所述示例的样式代码中使用 [att*=val] 属性选择器后的运行结果如图 16-2 所示。

图 16-1　使用 CSS 2 的属性选择器的示例

图 16-2　使用 [att*=val] 属性选择器的示例

2. [att^=val] 属性选择器

[att^=val] 属性选择器的含义是：如果元素用 att 表示的属性的属性值的开头字符为用 val

指定的字符话，则该元素使用这个样式。针对上面所述"[id=section1]"属性选择器可以修改成"[id^=section1]"。

在代码清单 16-1 所述示例的样式代码中，如果将使用的 [att=val] 属性选择器改为使用如下所示的 [att^=val] 属性选择器，并且将 val 指定为"section"，则页面中 id 为"section1""section2"的 div 元素的背景色都变为黄色，因为这些元素的 id 属性的开头字符都为"section"字符。

```
[id^=section]{
    background-color: yellow;
}
```

代码清单 16-1 所述示例的样式代码中使用 [att^=val] 属性选择器后的运行结果如图 16-3 所示。

3. [att$=val] 属性选择器

[att$=val] 属性选择器的含义是：如果元素用 att 表示的属性的属性值的结尾字符为用 val 指定的字符，则该元素使用这个样式。针对上面所述"[id=section1]"属性选择器可以修改成"[id$=section1]"。

在代码清单 16-1 所述示例的样式代码中，如果采用如下所示的 [att$=val] 属性选择器，并且将 val 指定为"–1"，则页面中 id 为"subsection1–1""subsection2–1"的 div 元素的背景色都变为黄色，因为这些元素的 id 属性的结尾字符都为"–1"字符。另外请注意该属性选择器中在指定匹配字符前必须加上"\"这个 escape 字符。

```
[id$=\-1]{
    background-color: yellow;
}
```

代码清单 16-1 所述示例的样式代码中使用 [att$=val] 属性选择器后的运行结果如图 16-4 所示。

图 16-3　使用 [att^=val] 属性选择器的示例

图 16-4　使用 [att$=val] 属性选择器的示例

16.2.3　灵活运用属性选择器

如果能够灵活运用属性选择器，目前为止需要依靠 id 或 class 名才能实现的样式完全可以使用属性选择器来实现。

例如，利用 [att$=val] 属性选择器，可以根据超链接中不同的文件扩展符使用不同的样式。在代码清单 16-3 所示示例中，在超链接地址的末尾为 "/""htm""html"时显示 "Web 网页"文字，在超链接地址的末尾为 "jpg""jpeg"时显示 "JPEG 图像文件"文字。

代码清单 16-3 灵活运用属性选择器示例

```
<!DOCTYPE html PUBLIC "-//W3C//DTD XHTML 1.0 Transitional//EN"
"http://www.w3.org/TR/xhtml1/DTD/xhtml1-transitional.dtd">
<html xmlns="http://www.w3.org/1999/xhtml">
<head>
<meta http-equiv="Content-Type" content="text/html;charset=gb2312" />
<style type="text/css">
a[href$=\/]:after, a[href$=htm]:after, a[href$=html]:after{
    content:"Web 网页 ";
    color: red;
}
a[href$=jpg]:after{
    content:"JPEG 图像文件 ";
    color: green;
}
</style>
</head>
<ul>
<li><a href="http://Lulingniu/">HTML5+CSS3 权威指南 </a></li>
<li><a href="http://Lulingniu/CSS3.htm">CSS3 的新特性 </a></li>
<li><a href="photo.jpg"> 图像素材 </a></li>
</ul>
```

这段代码的运行结果如图 16-5 所示。

另外，如果使用 IE 浏览器来运行本示例，因为在 IE 8 之前尚未支持 after 伪元素选择器，所以该示例只能在 IE 8 之后的浏览器中正确显示，在接下来的 "伪元素选择器概述"一节中将针对 after 伪元素选择器做详细说明。

图 16-5 灵活运用属性选择器示例

16.3 结构性伪类选择器

本节介绍 CSS 3 中的结构性伪类选择器。在介绍结构性伪类选择器之前，先来介绍一下 CSS 中的伪类选择器及伪元素。

16.3.1 CSS 中的伪类选择器及伪元素

1. 伪类选择器概述

我们知道，在 CSS 中，可以使用类选择器把相同的元素定义成不同的样式，如针对一个

p 元素，我们可以做如下所示定义。

```
p.right{text-align:right}
p.center{text-align:right}
```

然后在页面上对 p 元素使用 class 属性，把定义好的样式指定给具体的 p 元素，代码如下所示。

```
<p class="right"> 测试文字 </p>
<p class="center"> 测试文字 </p>
```

在 CSS 中，除了上面所述的类选择器之外，还有一种伪类选择器，这种伪类选择器与类选择器的区别是，类选择器可以随便起名，如上面的" p.right"与" p.center"，你也可以命名为" p.class1"与" p.class2"，然后在页面上使用" class='class1'"与" class='class2'"，但是伪类选择器是 CSS 中已经定义好的选择器，不能随便起名。在 CSS 中我们最常用的伪类选择器是使用在 a（锚）元素上的几种选择器，它们的使用方法如下所示。

```
a:link {color:#FF0000;text-decoration:none}
a:visited {color:#00FF00;text-decoration:none}
a:hover {color:#FF00FF;text-decoration:underline}
a:active {color:#0000FF;text-decoration:underline}
```

2. 伪元素选择器概述

伪元素选择器是指并不是针对真正的元素使用的选择器，而是针对 CSS 中已经定义好的伪元素使用的选择器，它的使用方法如下所示。

选择器：伪元素 { 属性：值 }

伪元素选择器也可以与类配合使用，使用方法如下所示。

选择器 . 类名：伪元素 { 属性：值 }

在 CSS 中，主要有如下四个伪元素选择器。

（1）first-line 伪元素选择器

first-line 伪元素选择器用于向某个元素中的第一行文字使用样式。

代码清单 16-4 是它的一个使用示例，在该示例中，有一个 p 元素，在该元素内存在两行文字，使用 first-line 伪元素选择器将第一行文字设为蓝色。

代码清单 16-4　first-line 伪元素使用示例

```
<!DOCTYPE html PUBLIC "-//W3C//DTD XHTML 1.0 Transitional//EN"
"http://www.w3.org/TR/xhtml1/DTD/xhtml1-transitional.dtd">
<html xmlns="http://www.w3.org/1999/xhtml">
<head>
<meta http-equiv="Content-Type" content="text/html;charset=gb2312" />
```

```
<title>first-line 伪元素使用示例 </title>
<style type="text/css">
p:first-line{color:#0000FF}
</style>
</head>
<body>
<p> 段落中的第一行。<br> 段落中的第二行 </p>
</body>
</html>
```

这段代码的运行结果如图 16-6 所示。

（2）first-letter 伪元素选择器

first-letter 伪元素选择器用于向某个元素中的文字的首字母（欧美文字）或第一个字（中文或日文等汉字）使用样式。

代码清单 16-5 是 first-letter 伪元素选择器的一个使用示例，在该示例中，有两段文字——一段是英文，另一段是中文，使用 first-letter 伪元素选择器来设置这两段文字的开头字母或文字的颜色为蓝色。

代码清单 16-5　first-letter 伪元素选择器

```
<!DOCTYPE html PUBLIC "-//W3C//DTD XHTML 1.0 Transitional//EN"
"http://www.w3.org/TR/xhtml1/DTD/xhtml1-transitional.dtd">
<html xmlns="http://www.w3.org/1999/xhtml">
<head>
<meta http-equiv="Content-Type" content="text/html;charset=gb2312" />
<title>first-letter 伪元素使用示例 </title>
<style type="text/css">
p:first-letter{color:#0000FF}
</style>
</head>
<body>
<p>This is an english text. </p>
<p> 这是一段中文文字。</p>
</body>
</html>
```

这段代码的运行结果如图 16-7 所示。

图 16-6　first-line 伪元素使用示例

图 16-7　first-letter 伪元素使用示例

（3）before 伪元素选择器

before 伪元素选择器用于在某个元素之前插入一些内容，使用方法如下所示。

```
// 可以插入一段文字
< 元素 >: before
{
    content: 插入文字
}
// 也可以插入其他内容
< 元素 >: before
{
    content: url(test.wav)
}
```

代码清单 16-6 是 before 伪元素选择器的一个使用示例，在该示例中有一个 ul 列表，该列表中有几个 li 列表项目，使用 before 伪元素选择器在每个列表项目的文字的开头插入"·"字符。

代码清单 16-6　before 伪元素选择器的使用示例

```
<!DOCTYPE html PUBLIC "-//W3C//DTD XHTML 1.0 Transitional//EN"
"http://www.w3.org/TR/xhtml1/DTD/xhtml1-transitional.dtd">
<html xmlns="http://www.w3.org/1999/xhtml">
<head>
<meta http-equiv="Content-Type" content="text/html;charset=gb2312" />
<title>before 伪元素选择器使用示例 </title>
<style type="text/css">
li:before{content: ·}
</style>
</head>
<body>
<ul>
<li> 列表项目 1</li>
<li> 列表项目 2</li>
<li> 列表项目 3</li>
<li> 列表项目 4</li>
<li> 列表项目 5</li>
</li>
</ul>
</body>
</html>
```

这段代码的运行结果如图 16-8 所示。

（4）after 伪元素选择器

after 伪元素选择器用于在某个元素之后插入一些内容，使用方法如下所示。

```
< 元素 >: after
{
    content: 插入文字
}
// 也可以插入其他内容
```

```
<元素>: after
{
    content: url(test.wav)
}
```

代码清单 16-7 是 after 伪元素选择器的一个使用示例,在该示例中有一个 ul 列表,这个 ul 列表的内容为某个网站上播放电影的节目清单。该列表中有几个列表项目,每个列表项目中存放了对于某部电影的超链接,使用 after 伪元素选择器在每个超链接的后面加入"(仅用于测试,请勿用于商业用途。)"的文字,并且将文字颜色设为红色。

代码清单 16-7 after 伪元素选择器的使用示例

```
<!DOCTYPE html PUBLIC "-//W3C//DTD XHTML 1.0 Transitional//EN"
"http://www.w3.org/TR/xhtml1/DTD/xhtml1-transitional.dtd">
<html xmlns="http://www.w3.org/1999/xhtml">
<head>
<meta http-equiv="Content-Type" content="text/html;charset=gb2312" />
<title>after 伪元素选择器使用示例 </title>
<style type="text/css">
li:after{
    content: "(仅用于测试,请勿用于商业用途。)";
    font-size:12px;
    color:red;
}
</style>
</head>
<body>
<h1> 电影清单 </h1>
<ul>
<li><a href="movie1.mp4">狄仁杰之通天帝国 </a></li>
<li><a href="movie2.mp4">精武风云 </a></li>
<li><a href="movie3.mp4">大笑江湖 </a></li>
</ul>
</body>
</html>
```

这段代码的运行结果如图 16-9 所示。

图 16-8 before 伪元素使用示例

图 16-9 after 伪元素选择器使用示例

16.3.2 选择器 root、not、empty 和 target

在介绍完了 CSS 中的伪类选择器与伪元素选择器之后，让我们来看一下 CSS 3 中的结构性伪类选择器。结构性伪类选择器的共同特征是允许开发者根据文档树中的结构来指定元素的样式。

首先，我们来看 4 个最基本的结构性伪类选择器——root 选择器、not 选择器、empty 选择器与 target 选择器。

1. root 选择器

root 选择器将样式绑定到页面的根元素中。根元素是指位于文档树中最顶层结构的元素，在 HTML 页面中就是指包含着整个页面的"<html>"部分。

代码清单 16-8 为一个 HTML 页面，在该页面中，有一段文章，并且有一个文章的标题。

代码清单 16-8　root 选择器示例的 HTML 界面

```
<!DOCTYPE html PUBLIC "-//W3C//DTD XHTML 1.0 Transitional//EN"
"http://www.w3.org/TR/xhtml1/DTD/xhtml1-transitional.dtd">
<html xmlns="http://www.w3.org/1999/xhtml">
<head>
<meta http-equiv="Content-Type"content="text/html;charset=gb2312" />
<title>root 选择器 </title>
</head>
<body>
<h1> 选择器概述 </h1>
<p>
    选择器是 CSS3 中一个重要的内容。首先需要说明的是，使用选择
器的目的是为了提高开发人员书写或修改样式表时的工作效率，因为在样式表中，一般会书写大量
的代码，在大型网站中，样式表中的代码可能会达到几千行。
</p>
</body>
</html>
```

针对这个网页，使用如下所示的 root 选择器来指定整个网页的背景色为黄色，将网页中 body 元素的背景色设为绿色。

```
<style type="text/css">
:root{
    background-color: yellow;
}
body{
    background-color: limegreen;
}
</style>
```

使用了 root 选择器后的运行结果如图 16-10 所示。

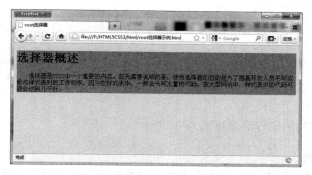

图 16-10　root 选择器使用示例

另外，在使用样式指定 root 元素与 body 元素的背景时，根据不同的指定条件背景色的显示范围会有所变化，这一点请注意。如同样是上面这个示例，如果采取如下所示的样式，不使用 root 选择器来指定 root 元素的背景色，只指定 body 元素的背景色，则整个页面就全部变成绿色的了。

```
<style type="text/css">
body{
    background-color: limegreen;
}
</style>
```

删除 root 选择器后的页面如图 16-11 所示。

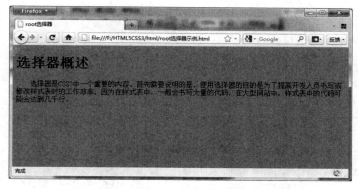

图 16-11　删除 root 选择器后的显示效果

2. not 选择器

如果想对某个结构元素使用样式，但是想排除这个结构元素下面的子结构元素，让它不使用这个样式时，可以使用 not 选择器。

譬如针对代码清单 16-8 所示的 HTML 页面，我们可以使用 " body *" 语句来指定 body 元素的背景色为黄色，但是使用 " :not(h1)" 语句中使用的 not 选择器排除 h1 元素，代码如下所示。

```css
<style type="text/css">
body *:not(h1){
    background-color: yellow;
}
</style>
```

使用 not 选择器后的运行结果如图 16-12 所示。

3. empty 选择器

使用 empty 选择器来指定当元素中内容为空白时使用的样式。例如，在代码清单 16-9 所示的 HTML 页面中，有一个表格。可以使用 empty 选择器来指定当表格中某个单元格内容为空白时，该单元格背景为黄色。

代码清单 16-9　empty 选择器使用示例

```html
<!DOCTYPE html PUBLIC "-//W3C//DTD XHTML 1.0 Transitional//EN"
 "http://www.w3.org/TR/xhtml1/DTD/xhtml1-transitional.dtd">
<html xmlns="http://www.w3.org/1999/xhtml">
<head>
<meta http-equiv="Content-Type" content="text/html;charset=gb2312" />
<title>empty 选择器 </title>
<style type="text/css">
:empty{
    background-color: yellow;
}
</style>
</head>
<body>
<table border="1" cellpading="0" cellspacing="0">
<tr><td>A</td><td>B</td><td>C</td></tr>
<tr><td>D</td><td>E</td><td></td></tr>
</table>
</body>
</html>
```

使用 empty 选择器后的运行结果如图 16-13 所示。

图 16-12　使用 not 选择器示例

图 16-13　使用 empty 选择器示例

4. target 选择器

使用 target 选择器来对页面中某个 target 元素（该元素的 id 被当作页面中的超链接来使用）指定样式，该样式只在用户点击了页面中的超链接，并且跳转到 target 元素后起作用。

接下来我们来看一个 target 选择器的使用示例。页面中包含几个 div 元素，每个 div 元素都存在一个书签，当用户点击了页面中的超链接跳转到该 div 元素时，该 div 元素使用 target 选择器中指定的样式，在 target 选择器中，指定该 div 元素的背景色变为黄色。其中指定 target 选择器时的代码如下所示。

```
target{
    background-color: yellow;
}
```

该示例的详细代码如代码清单 16-10 所示。

代码清单 16-10　target 选择器使用示例

```
<!DOCTYPE html PUBLIC "-//W3C//DTD XHTML 1.0 Transitional//EN"
"http://www.w3.org/TR/xhtml1/DTD/xhtml1-transitional.dtd">
<html xmlns="http://www.w3.org/1999/xhtml">
<head>
<meta http-equiv="Content-Type" content="text/html;charset=gb2312" />
<title>target 选择器 </title>
<style type="text/css">
:target{
    background-color: yellow;
}
</style>
</head>
<body>
<p id="menu">
<a href="#text1"> 示例文字 1</a> |
<a href="#text2"> 示例文字 2</a> |
<a href="#text3"> 示例文字 3</a> |
<a href="#text4"> 示例文字 4</a> |
<a href="#text5"> 示例文字 5</a>
</p>
<div id="text1">
<h2> 示例文字 1</h2>
<p>... 此处略去 </p>
</div>
<div id="text2">
<h2> 示例文字 2</h2>
<p>... 此处略去 </p>
</div>
<div id="text3">
<h2> 示例文字 3</h2>
<p>... 此处略去 </p>
```

```
</div>
<div id="text4">
<h2> 示例文字 4 </h2>
<p>... 此处略去 </p>
</div>
<div id="text5">
<h2> 示例文字 5 </h2>
<p>... 此处略去 </p>
</body>
</html>
```

使用 target 选择器后的运行结果如图 16-14 所示。

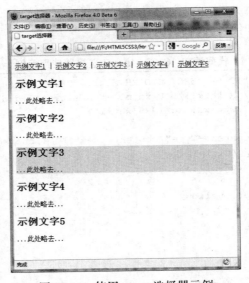

图 16-14　使用 target 选择器示例

16.3.3　选择器 first-child、last-child、nth-child 和 nth-last-child

本节介绍 first-child 选择器、last-child 选择器、nth-child 选择器与 nth-last-child 选择器。利用这几个选择器，能够特别针对一个父元素中的第一个子元素、最后一个子元素、指定序号的子元素，甚至第偶数个或第奇数个子元素进行样式的指定。

1. 单独指定第一个子元素、最后一个子元素的样式

接下来，让我们看一个示例。该示例对 ul 列表中的 li 列表项目进行样式的指定，在样式中对第一个列表项目与最后一个列表项目分别指定不同的背景色。

如果要对第一个列表项目与最后一个列表项目分别指定不同的背景色，目前为止采取的做法都是：分别给这两个列表项目加上 class 属性，然后对这两个 class 使用不同的样式，在

两个样式中分别指定不同的背景色。但是，如果使用 first-child 选择器与 last-child 选择器，这个多余的 class 属性就不需要了。

接下来，我们在代码清单 16-11 中看一下如何使用 first-child 选择器与 last-child 选择器将第一个列表项目的背景色指定为黄色，将最后一个列表项目的背景色设定为浅蓝色。

代码清单 16-11　first-child 选择器与 last-child 选择器使用示例

```
<!DOCTYPE html PUBLIC "-//W3C//DTD XHTML 1.0 Transitional//EN"
"http://www.w3.org/TR/xhtml1/DTD/xhtml1-transitional.dtd">
<html xmlns="http://www.w3.org/1999/xhtml">
<head>
<meta http-equiv="Content-Type" content="text/html;charset=gb2312" />
<title>first-child 选择器与 last-child 选择器使用示例 </title>
<style type="text/css">
li:first-child{
    background-color: yellow;
}
li:last-child{
    background-color: skyblue;
}
</style>
</head>
<body>
<h2> 列表 A</h2>
<ul>
<li> 列表项目 1</li>
<li> 列表项目 2</li>
<li> 列表项目 3</li>
<li> 列表项目 4</li>
<li> 列表项目 5</li>
</ul>
</body>
</html>
```

这段代码的运行结果如图 16-15 所示。

图 16-15　first-child 选择器与 last-child 选择器使用示例

另外，如果页面中具有多个 ul 列表，则该 first-child 选择器与 last-child 选择器对所有 ul 列表都适用，如代码清单 16-12 所示。

代码清单 16-12　具有多个列表时 first-child 选择器与 last-child 选择器使用示例

```
<!DOCTYPE html PUBLIC "-//W3C//DTD XHTML 1.0 Transitional//EN"
 "http://www.w3.org/TR/xhtml1/DTD/xhtml1-transitional.dtd">
<html xmlns="http://www.w3.org/1999/xhtml">
<head>
<meta http-equiv="Content-Type" content="text/html;charset=gb2312" />
<title>first-child 选择器与 last-child 选择器使用示例</title>
<style type="text/css">
li:first-child{
    background-color: yellow;
}
li:last-child{
    background-color: skyblue;
}
</style>
</head>
<body>
<h2>列表 A</h2>
<ul>
<li>列表项目 1</li>
<li>列表项目 2</li>
<li>列表项目 3</li>
<li>列表项目 4</li>
<li>列表项目 5</li>
</ul>
<h2>列表 B</h2>
<ul>
<li>列表项目 1</li>
<li>列表项目 2</li>
<li>列表项目 3</li>
<li>列表项目 4</li>
<li>列表项目 5</li>
</ul>
</body>
</html>
```

这段代码的运行结果如图 16-16 所示。

另外，first-child 选择器在 CSS 2 中就已存在，目前为止被 Firefox、Safari、Google Chrome、Opera 浏览器所支持，从 IE 7 开始被 IE 浏览器所支持。

last-child 选择器从 CSS 3 开始被提供，目前为止被 Firefox、Safari、Google Chrome、Opera 浏览器所支持，到 IE 8 为止还没有获得 IE 浏览器的支持。

图 16-16 具有多个列表时 first-child 选择器与 last-child 选择器使用示例

2. 对指定序号的子元素使用样式

如果使用 nth-child 选择器与 nth-last-child 选择器，不仅可以指定某个父元素中第一个子元素以及最后一个子元素的样式，还可以针对父元素中某个指定序号的子元素来指定样式。这两个选择器是 first-child 及 last-child 的扩展选择器。这两个选择器的样式指定方法如下所示。

```
nth-child(n){
// 指定样式
}
< 子元素 >: nth-last-child(n){
// 指定样式
}
```

将指定序号书写在"nth-child"或"nth-last-child"后面的括号中，如"nth-child(3)"表示第三个子元素，"nth-last-child(3)"表示倒数第三个子元素。

在代码清单 16-13 中，我们给出一个使用这两个选择器的示例，在该示例中，指定 ul 列表中第二个 li 列表项目的背景色为黄色，倒数第二个列表项目的背景色为浅蓝色。

代码清单 16-13　nth-child 选择器与 nth-last-child 选择器使用示例

```
<!DOCTYPE html PUBLIC "-//W3C//DTD XHTML 1.0 Transitional//EN"
"http://www.w3.org/TR/xhtml1/DTD/xhtml1-transitional.dtd">
<html xmlns="http://www.w3.org/1999/xhtml">
<head>
<meta http-equiv="Content-Type" content="text/html;charset=gb2312" />
<title>nth-child 选择器与 nth-last-child 选择器使用示例 </title>
<style type="text/css">
li:nth-child(2){
    background-color: yellow;
}
```

```
li:nth-last-child(2){
    background-color: skyblue;
}
</style>
</head>
<body>
<h2> 列表 A</h2>
<ul>
<li> 列表项目 1</li>
<li> 列表项目 2</li>
<li> 列表项目 3</li>
<li> 列表项目 4</li>
<li> 列表项目 5</li>
</ul>
</body>
</html>
```

这段代码的运行结果如图 16-17 所示。

另外，这两个选择器都是从 CSS 3 开始被提供，目前为止被 Firefox、Safari、Google Chrome、Opera 浏览器所支持，到 IE 8 为止还没有受到 IE 浏览器的支持。

3. 对所有第奇数个子元素或第偶数个子元素使用样式

除了对指定序号的子元素使用样式以外，nth-child 选择器与 nth-last-child 选择器还可以用来对某个父元素中所有第奇数个子元素或第偶数个子元素使用样式。使用方法如下所示。

图 16-17　nth-child 选择器与 nth-last-child 选择器使用示例

```
nth-child(odd){
// 指定样式
}
// 所有正数下来的第偶数个子元素
< 子元素 >:nth-child(even){
// 指定样式
}
// 所有倒数上去的第奇数个子元素
< 子元素 >:nth-last-child(odd){
// 指定样式
}
// 所有倒数上去的第偶数个子元素
< 子元素 >:nth-last-child(even){
// 指定样式
}
```

接下来，我们在代码清单 16-14 中看一个使用 nth-child 选择器来分别针对 ul 列表的第奇数个列表项目与第偶数个列表项目指定不同背景色的示例。在该示例中将所有第奇数个列表项目的背景色设为黄色，将所有第偶数个列表项目的背景色设为浅蓝色。

代码清单 16-14 使用 nth-child 对第奇数个、第偶数个子元素使用不同样式示例

```
<!DOCTYPE html PUBLIC "-//W3C//DTD XHTML 1.0 Transitional//EN"
"http://www.w3.org/TR/xhtml1/DTD/xhtml1-transitional.dtd">
<html xmlns="http://www.w3.org/1999/xhtml">
<head>
<meta http-equiv="Content-Type" content="text/html;charset=gb2312" />
<title> 使用 nth-child 对第奇数个、第偶数个子元素使用不同样式示例 </title>
<style type="text/css">
li:nth-child(odd){
    background-color: yellow;
}
li:nth-child(even){
    background-color: skyblue;
}
</style>
</head>
<body>
<h2> 列表 A</h2>
<ul>
<li> 列表项目 1</li>
<li> 列表项目 2</li>
<li> 列表项目 3</li>
<li> 列表项目 4</li>
<li> 列表项目 5</li>
</ul>
</body>
</html>
```

这段代码的运行结果如图 16-18 所示。

另外，使用 nth-child 选择器与 nth-last-child 选择器时，虽然在对列表项目使用时没有问题，但是当用于其他元素时，还是会出现问题，在 16.3.4 节中，我们将阐述会产生哪些问题，以及怎么解决这些问题。

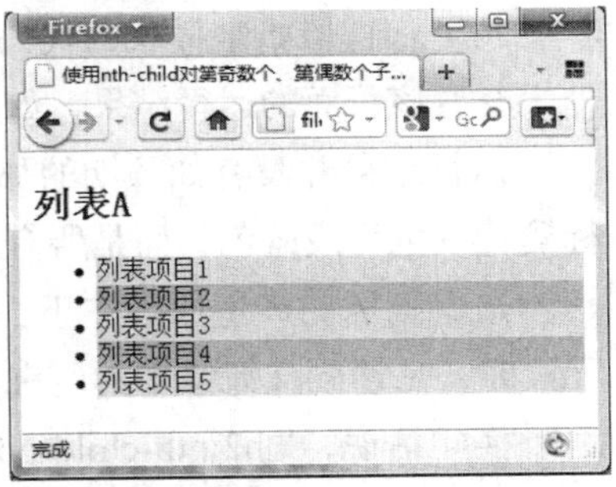

16.3.4 选择器 nth-of-type 和 nth-last-of-type

1. 使用选择器 nth-child 和 nth-last-child 时会产生的问题

之前，我们介绍过将 nth-child 选择器与 nth-last-child 选择器用于某些元素时，会产生一些问题，这里我们首先来看一下究竟会产生什么问题。

在代码清单 16-15 中，我们给出一个 HTML 页面代码，在该页面中，存在一个 div 元素，在该 div 元素中，又给出几篇文章的标题与每篇文章的正文。

图 16-18 使用 nth-child 对第奇数个、第偶数个子元素使用不同样式示例

代码清单 16-15　nth-of-type 选择器与 nth-last-of-type 选择器使用示例的 HTML 页面

```
<!DOCTYPE html PUBLIC "-//W3C//DTD XHTML 1.0 Transitional//EN"
 "http://www.w3.org/TR/xhtml1/DTD/xhtml1-transitional.dtd">
<html xmlns="http://www.w3.org/1999/xhtml">
<head>
<meta http-equiv="Content-Type" content="text/html;charset=gb2312" />
<title>nth-of-type 选择器与 nth-last-of-type 选择器使用示例</title>
</head>
<body>
<div>
<h2> 文章标题 A</h2>
<p> 文章正文。</p>
<h2> 文章标题 B</h2>
<p> 文章正文。</p>
<h2> 文章标题 C</h2>
<p> 文章正文。</p>
<h2> 文章标题 D</h2>
<p> 文章正文。</p>
</div>
</body>
</html>
```

为了让第奇数篇文章的标题与第偶数篇文章的标题的背景色不一样，我们首先使用 nth-child 选择器来进行指定，指定第奇数篇文章的标题背景色为黄色，第偶数篇文章的标题背景色为浅蓝色，书写方法如下所示。

```
<style type="text/css">
h2:nth-child(odd){
    background-color: yellow;
}
h2:nth-child(even){
    background-color: skyblue;
}
</style>
```

将上面这段指定样式的代码添加到如代码清单 16-15 所示的 HTML 页面中，然后在浏览器中查看该页面的运行结果，如图 16-19 所示。

运行结果并没有如预期的那样，让第奇数篇文章的标题背景色为黄色，第偶数篇文章的标题背景色为浅蓝色，而是所有文章的标题都变成了黄色。

这个问题的产生原因在于：nth-child 选择器在计算子元素是第奇数个元素还是第偶数个元素时，是连同父元素中的所有子元素一起计算的。

换句话说，"h2:nth-child(odd)"这行代码的含义，并不是指"针对 div 元素中第奇数个 h2 子元素来使用"，而是指"当 div 元素中的第奇数个子元素如果是 h2 子元素时使用"。

所以在上面这个示例中，因为 h2 元素与 p 元素相互交错，所有 h2 元素都处于奇数位置，所以所有 h2 元素的背景色都变成了黄色，而处于偶数位置的 p 元素，因为没有指定第偶数个位置的子元素的背景色，所以没有发生变化。

当父元素是列表时，因为列表中只可能有列表项目一种子元素，所以不会有问题，而当父元素是 div 时，因为 div 元素中包含多种子元素，所以出现了问题。

2. 使用选择器 nth-of-type 和 nth-last-of-type

在 CSS 3 中，使用 nth-of-type 选择器与 nth-last-of-type 选择器来避免这类问题的发生。使用这两个选择器时，CSS 3 在计算子元素是第奇数个子元素还是第偶数个子元素时，就只针对同类型的子元素进行计算了。这两个选择器的使用方法如下所示。

```
<style type="text/css">
h2:nth-of-type(odd){
    background-color: yellow;
}
h2:nth-of-type(even){
    background-color: skyblue;
}
</style>
```

把以上这段代码添加到代码清单 16-15 所示页面中，然后运行该页面，运行结果如图 16-20 所示。

图 16-19　在代码清单 16-15 所示的 HTML
　　　　　页面中使用 nth-child 选择器

图 16-20　nth-of-type 选择器使用示例

另外，如果计算是奇数还是偶数时需要从下往上倒过来计算，则可以使用 nth-last-of-type 选择器来代替 nth-last-child 选择器，进行倒序计算。

nth-of-type 选择器与 nth-last-of-type 选择器都是从 CSS 3 开始被提供，目前为止被 Firefox、Safari、Google Chrome、Opera 浏览器所支持，到 IE 8 为止，还没有获得 IE 浏览器的支持。

16.3.5 循环使用样式

通过前几节的介绍，我们已经知道，使用 nth-child 选择器、nth-last-child 选择器、nth-of-type 选择器与 nth-last-of-type 选择器，我们可以对父元素中指定序号的子元素、第奇数个子元素、第偶数个子元素来单独进行样式的指定，这里我们再通过代码清单 16-16 所示示例，复习一下 nth-child 选择器的用法。在该示例中，有一个 ul 列表，通过 nth-child 选择器来指定该列表中第一个列表项目、第二个列表项目、第三个列表项目及第四个列表项目的背景色。

代码清单 16-16　使用 nth-child 选择器指定项目背景色

```
<!DOCTYPE html PUBLIC "-//W3C//DTD XHTML 1.0 Transitional//EN"
"http://www.w3.org/TR/xhtml1/DTD/xhtml1-transitional.dtd">
<html xmlns="http://www.w3.org/1999/xhtml">
<head>
<meta http-equiv="Content-Type" content="text/html;charset=gb2312" />
<title> 使用 nth-child 选择器指定项目背景色 </title>
<style type="text/css">
li:nth-child(1) {
   background-color: yellow;
}
li:nth-child(2) {
   background-color: limegreen;
}
li:nth-child(3) {
   background-color: red;
}
li:nth-child(4) {
   background-color: white;
}
</style>
</head>
<body>
<ul>
<li> 列表项目 1</li>
<li> 列表项目 2</li>
<li> 列表项目 3</li>
<li> 列表项目 4</li>
<li> 列表项目 5</li>
<li> 列表项目 6</li>
<li> 列表项目 7</li>
<li> 列表项目 8</li>
<li> 列表项目 9</li>
<li> 列表项目 10</li>
<li> 列表项目 11</li>
<li> 列表项目 12</li>
</ul>
</body>
</html>
```

这段代码的运行结果如图 16-21 所示。

在图中，我们可以看见该列表中前四个列表项目的背景色已设定好，其他列表项目的背景色均未设定。现在，要讨论一个问题，如果开发者想对所有的列表项目都设定背景色，但是不采用这种一个个列表项目分别指定的方式（如果有 100 个列表项目的话，工作量就太大了），而是采用循环指定的方式，让剩下来的列表项目循环采用一开始已经指定好的背景色，应该怎么处理呢？

这时，仍然可以采用 nth-child 选择器，只需在"nth-child（n）"语句处，把参数 n 改成可循环的 an+b 的形式就可以了。a 表示每次循环中共包括几种样式，b 表示指定的样式在循环中所处位置。如此处是 4 种背景色作为一组循环，则将代码清单 16-16 中样式指定的代码修改成如下所示的指定方法。

```
<style type="text/css">
li:nth-child(4n+1) {
    background-color: yellow;
}
li:nth-child(4n+2) {
    background-color: limegreen;
}
li:nth-child(4n+3) {
    background-color: red;
}
li:nth-child(4n+4) {
    background-color: white;
}
</style>
```

用这段代码替代代码清单 16-16 中样式指定的代码，然后运行代码清单 16-16，运行结果如图 16-22 所示。

图 16-21　使用 nth-child 选择器指定项目背景色

图 16-22　循环使用样式示例

在运行结果中，我们可以清楚地看到，所有列表项目均循环使用了开头四个列表项目中的背景色。

另外，"4n+4" 的写法可略写成 "4n" 的形式。

因此，前面我们所说的 nth-child(odd) 选择器和 nth-child(even) 选择器实际上都可以采用如下形式进行代替。

```
// 所有正数下来的第奇数个子元素
< 子元素 >:nth-child(2n+1){
// 指定样式
}
// 所有正数下来的第偶数个子元素
< 子元素 >:nth-child(2n+2){
// 指定样式
}
// 所有倒数上去的第奇数个子元素
< 子元素 >:nth-last-child(2n+1){
// 指定样式
}
// 所有倒数上去的第偶数个子元素
< 子元素 >:nth-last-child(2n+2){
// 指定样式
}
```

16.3.6　only-child 选择器

采用如下所示的方法并结合运用 nth-child 选择器与 nth-last-child 选择器，则可指定当某个父元素中只有一个子元素时才使用的样式。

```
< 子元素 >:nth-child(1): nth-last-child(1){
    // 指定样式
}
```

接下来，我们看一个示例，该示例中有两个 ul 列表，一个 ul 列表里有几个列表项目，另一个 ul 列表里只有一个列表项目。在样式中指定 li 列表的背景色为黄色，但是由于采用了结合运用 nth-child 选择器与 nth-last-child 选择器并且将序号都设定为 1 的处理，所以显示出来的页面中只有拥有唯一列表项目的那个 ul 列表中的列表项目背景色变为黄色。代码如代码清单 16-17 所示。

代码清单 16-17　只对唯一列表项目使用样式示例

```
<!DOCTYPE html PUBLIC "-//W3C//DTD XHTML 1.0 Transitional//EN"
"http://www.w3.org/TR/xhtml1/DTD/xhtml1-transitional.dtd">
<html xmlns="http://www.w3.org/1999/xhtml">
<head>
<meta http-equiv="Content-Type" content="text/html;charset=gb2312" />
<title> 只对唯一列表项目使用样式示例 </title>
<style type="text/css">
```

```
li:nth-child(1):nth-last-child(1){
    background-color: yellow;
}
</style>
</head>
<body>
<h2>ul 列表 A</h2>
<ul>
<li> 列表项目 A01</li>
</ul>
<h2>ul 列表 B</h2>
<ul>
<li> 列表项目 B01</li>
<li> 列表项目 B02</li>
<li> 列表项目 B03</li>
</ul>
</body>
</html>
```

这段代码的运行结果如图 16-23 所示。

另外，可以使用 only-child 选择器来代替使用"nth-child(1)：nth-last-child(1)"的实现方法。如在上面这个示例中，可以将样式指定中的代码改成如下所示的指定方法。

```
<style type="text/css">
li:only-child{
    background-color: yellow;
}
</style>
```

读者可自行将上面示例中的样式指定代码用这段代码进行替代，然后在浏览器中重新查看运行结果。另外，也可使用 only-of-type 选择器来替代"nth-of-type(1):nth-last-of-type(1)"，通过结合使用 nth-of-type 选择器与 nth-last-of-type 选择器来让样式只对唯一子元素起作用。nth-of-type 选择器与 nth-last-of-type 选择器的作用与使用方法在前文已经介绍，此处不再赘述。

图 16-23　只对唯一列表项目使用样式示例

16.4　UI 元素状态伪类选择器

在 CSS 3 的选择器中，除了结构性伪类选择器外，还有一种 UI 元素状态伪类选择器。

这些选择器的共同特征是：指定的样式只有当元素处于某种状态下时才起作用，在默认状态下不起作用。

在 CSS 3 中，共有 17 种 UI 元素状态伪类选择器，分别是 E:hover、E:active、E:focus、E:enabled、E:disabled、E:read-only、E:read-write、E:checked、E:default、E: indeterminate、E::selection、E:invalid、E:valid、E:required、E:optional、E:in-range 及 out-of-range。

到目前为止，这 17 种选择器被浏览器的支持情况如表 16-1 所示。

表 16-1　各 UI 元素状态伪类选择器受浏览器的支持情况

选择器	Firefox	Safari	Opera	IE	Chrome
E:hover	√	√	√	√	√
E:active	√	√	√	×	√
E:focus	√	√	√	√	√
E:enabled	√	√	√	×	√
E:disabled	√	√	√	×	√
E:read-only	√	√	√	×	√
E:read-write	√	√	√	×	√
E:checked	√	√	√	×	√
E::selection	√	√	√	×	√
E:default	√	×	√	×	×
E:indeterminate	×	×	√	×	×
E:invalid	√	√	√	×	√
E:valid	√	√	√	×	√
E:required	√	√	√	×	√
E:optional	√	√	√	×	√
E:in-range	√	√	√	×	√
E:out-of-range	√	√	√	×	√

16.4.1　伪类选择器 E:hover、E:active 和 E:focus

E:hover 伪类选择器被用来指定当鼠标指针移动到元素上时元素所使用的样式，使用方法如下所示：

```
< 元素 >:hover{
// 指定样式
}
```

可以在"< 元素 >"中添加元素的 type 属性，使用方法类似如下：

```
input[type="text"]: hover{
    // 指定的样式
}
```

另外，所有 UI 元素状态伪类选择器的使用方法均与此类似，故后面不再赘述。

❑ E:active 伪类选择器被用来指定元素被激活（鼠标在元素上按下还没有松开）时使用的样式。

❑ E:focus 伪类选择器被用来指定元素获得光标焦点时使用的样式，主要在文本框控件获得焦点并进行文字输入时使用。

　　代码清单 16-18 是使用了这 3 个选择器的综合示例，该示例中有两个文本框控件，使用这 3 个伪类选择器来指定当鼠标指针移动到文本框控件上时、文本框控件被激活时，以及光标焦点落在文本框之内时的样式。

代码清单 16-18　伪类选择器 E:hover、E:active 和 E:focus 的使用示例

```html
<!DOCTYPE html PUBLIC "-//W3C//DTD XHTML 1.0 Transitional//EN"
"http://www.w3.org/TR/xhtml1/DTD/xhtml1-transitional.dtd">
<html xmlns="http://www.w3.org/1999/xhtml">
<head>
<meta http-equiv="Content-Type" content="text/html; charset=gb2312" />
<title>E:hover 选择器、E:active 选择器与 E:focus 选择器使用示例 </title>
</head>
<style type="text/css">
input[type="text"]:hover{
        background-color: greenyellow;
}
input[type="text"]:focus{
        background-color: skyblue;
}
input[type="text"]:active{
        background-color: yellow;
}
</style>
<body>
<form>
<p> 姓名: <input type="text" name="name" /></p>
<p> 地址: <input type="text" name="address" /></p>
</form>
</body>
</html>
```

对于示例中的任意一个文本框控件来说，这段代码的运行结果都可能有如下 4 种情况:

1）没有对文本框控件进行任何操作时的页面显示如图 16-24 所示（文本框背景色为白色）。

2）鼠标指针移动到某一个文本框控件上时的页面显示如图 16-25 所示（文本框背景色为绿色）。

图 16-24　代码清单 16-18 的运行结果（没有对文本框控件进行任何操作时）

图 16-25　代码清单 16-18 的运行结果（鼠标指针移动到姓名文本框控件上时）

3）文本框控件被激活时的页面显示如图 16-26 所示（文本框背景色为黄色）。

4）文本框控件获得光标焦点后的页面显示如图 16-27 所示（文本框背景色为浅蓝色）。

图 16-26　代码清单 16-18 的运行结果（姓名
文本框控件被激活时）

图 16-27　代码清单 16-18 的运行结果（姓名
文本框控件获得光标焦点时）

16.4.2　伪类选择器 E:enabled 与 E:disabled

❑ E:enabled 伪类选择器用来指定当元素处于可用状态时的样式。

❑ E:disabled 伪类选择器用来指定当元素处于不可用状态时的样式。

当一个表单中的元素经常在可用状态与不可用状态之间进行切换时，通常会将 E:disabled 伪类选择器与 E:enabled 伪类选择器结合使用，用 E:disabled 伪类选择器来设置该元素处于不可用状态时的样式，用 E: enabled 伪类选择器来设置该元素处于可用状态时的样式。

代码清单 16-19 中给出了一个将 E:disabled 伪类选择器与 E:enabled 伪类选择器结合使用的示例，在该示例中有两个 radio 单选框与一个文本框，在 JavaScript 脚本中编写代码，当用户选中其中一个 radio 单选框时，文本框变为可用状态，选中另一个 radio 单选框时，文本框变为不可用状态。通过结合使用 E: disabled 伪类选择器与 E:enabled 伪类选择器，让文本框处于不同的状态时分别使用不同的样式。

代码清单 16-19　E: disabled 伪类选择器与 E: enabled 伪类选择器结合使用的示例

```
<!DOCTYPE html PUBLIC "-//W3C//DTD XHTML 1.0 Transitional//EN"
"http://www.w3.org/TR/xhtml1/DTD/xhtml1-transitional.dtd">
<html xmlns="http://www.w3.org/1999/xhtml">
<head>
<meta http-equiv="Content-Type" content="text/html;charset=gb2312" />
<title>E: disabled 伪类选择器与 E:enabled 伪类选择器结合使用示例 </title>
<script>
function radio_onchange()
{
    var radio=document.getElementById("radio1");
    var text=document.getElementById("text1");
    if(radio.checked)
```

```
            text.disabled="";
        else
        {
            text.value="";
            text.disabled="disabled";
        }
    }
</script>
<style>
input[type="text"]:enabled{
    background-color:yellow;
}
input[type="text"]:disabled{
    background-color:purple;
}
</style>
</head>
<body>
<form>
<input type="radio" id="radio1" name="radio"
 onchange="radio_onchange();"> 可用 </radio>
<input type="radio" id="radio2" name="radio"
onchange="radio_onchange();"> 不可用 </radio><br/>
<input type=text id="text1" disabled />
</form>
</body>
</html>
```

这段代码的运行结果可分为如下两种情况：

❑ 文本框处于可用状态时的页面显示如图 16-28 所示（背景色为黄色）。

❑ 文本框处于不可用状态时的页面显示如图 16-29 所示。

图 16-28 代码清单 16-19 的运行结果（文本框处于可用状态时）

图 16-29 代码清单 16-19 的运行结果（文本框处于不可用状态时）

16.4.3 伪类选择器 E:read-only 与 E:read-write

❑ E: read-only 伪类选择器用来指定当元素处于只读状态时的样式。

❑ E: read-write 伪类选择器用来指定当元素处于非只读状态时的样式。

在 Firefox 浏览器中，需要写成"-moz-read-only"或"-moz-read-write"的形式。

代码清单 16-20 为 E: read-only 选择器与 E: read-write 选择器结合使用的一个示例，在该示例中有一个姓名文本框控件和一个地址文本框控件。其中姓名文本框控件不是只读控件，使用 E:read-write 选择器定义样式；地址文本框控件是只读控件，使用 E: read-only 选择器定义样式。

代码清单 16-20 E: read-only 伪类选择器与 E:read-write 伪类选择器结合使用的示例

```
<!DOCTYPE html PUBLIC "-//W3C//DTD XHTML 1.0 Transitional//EN"
"http://www.w3.org/TR/xhtml1/DTD/xhtml1-transitional.dtd">
<html xmlns="http://www.w3.org/1999/xhtml">
<head>
<meta http-equiv="Content-Type" content="text/html;charset=gb2312" />
<title> E: read-only 伪类选择器与 E:read-write 伪类选择器结合使用示例
</title>
<style type="text/css">
input[type="text"]:read-only{
        background-color: gray;
}
input[type="text"]:read-write{
        background-color: greenyellow;
}
input[type="text"]:-moz-read-only{
        background-color: gray;
}
input[type="text"]:-moz-read-write{
        background-color: greenyellow;
}
</style>
</head>
<body>
<form>
<p> 名前: <input type="text" name="name" />
<p> 地址: <input type="text" name="address" value=" 江苏省常州市 "
 readonly="readonly" />
</p>
</form>
</body>
</html>
```

这段代码的运行结果如图 16-30 所示。

16.4.4　伪类选择器 E:checked、E:default 和 E:indeterminate

E:checked 伪类选择器用来指定当表单中的 radio 单选框或 checkbox 复选框处于选取状态时的样式。

代码清单 16-21 为一个 E:checked 伪类选择器的使用示例，在该示例中使用了几个 checkbox 复选框，复选框在非选取状态时边框默认为黑色，当复选框处于选取状态时通过 E:checked 伪类选择器让选取框的边框变为蓝色。

代码清单 16-21　E:checked 伪类选择器的使用示例

```
<!DOCTYPE html PUBLIC "-//W3C//DTD XHTML 1.0 Transitional//EN"
"http://www.w3.org/TR/xhtml1/DTD/xhtml1-transitional.dtd">
<html xmlns="http://www.w3.org/1999/xhtml">
<head>
<meta http-equiv="Content-Type" content="text/html;charset=gb2312" />
<title>E:checked 伪类选择器使用示例 </title>
<style type="text/css">
input[type="checkbox"]:checked {
    outline:2px solid blue;
}
</style>
</head>
<body>
<form>
兴趣 :<input type="checkbox"> 阅读 </input>
<input type="checkbox"> 旅游 </input>
<input type="checkbox"> 看电影 </input>
<input type="checkbox"> 上网 </input>
</form>
</body>
</html>
```

这段代码的运行结果如图 16-31 所示。

图 16-30　E: read-only 伪类选择器与 E:read-write
伪类选择器结合使用的示例

图 16-31　E:checked 伪类选择器使用示例

E:default 选择器用来指定当页面打开时默认处于选取状态的单选框或复选框控件的样式。需要注意的是，即使用户将该单选框或复选框控件的选取状态设定为非选取状态，E:default 选择器中指定的样式仍然有效。

代码清单 16-22 为一个 E:default 选择器的使用示例，该示例中有几个复选框，第一个复选框被设定为默认打开时为选取状态，使用 E:default 选择器设定该复选框的边框为蓝色。

代码清单 16-22　E:default 选择器的使用示例

```
<!DOCTYPE html PUBLIC "-//W3C//DTD XHTML 1.0 Transitional//EN"
"http://www.w3.org/TR/xhtml1/DTD/xhtml1-transitional.dtd">
<html xmlns="http://www.w3.org/1999/xhtml">
<head>
<meta http-equiv="Content-Type" content="text/html;charset=gb2312" />
<title>E:default 选择器的使用示例</title>
<style type="text/css">
input[type="checkbox"]:default {
    outline:2px solid  blue;
}
</style>
</head>
<body>
<form>
兴趣 :<input type="checkbox" checked> 阅读 </input>
<input type="checkbox"> 旅游 </input>
<input type="checkbox"> 看电影 </input>
<input type="checkbox"> 上网 </input>
</form>
</body>
</html>
```

这段代码的运行结果如图 16-32 所示。

需要注意的是，即使用户将默认设定为选取状态的单选框或复选框修改为非选取状态，使用 default 选择器设定的样式依然有效，如图 16-33 所示。

图 16-32　E:default 选择器的使用示例

图 16-33　复选框被修改为非选取状态后使用 default 选择器设定的样式依然有效

E:indeterminate 伪类选择器用来指定当页面打开时，一组单选框中没有任何一个单选框被设定为选取状态时整组单选框的样式，如果用户选取了其中任何一个单选框，则该样式被取消指定。到目前为止，只有 Opera 浏览器对这个选择器提供支持。

代码清单 16-23 为一个 E:indeterminate 选择器的使用示例，该示例中有一组单选框，其中任何一个单选框都没有被设定为默认选取状态，使用 E:indeterminate 选择器来设定页面打开时该组单选框的边框为蓝色。

代码清单 16-23　E:indeterminate 选择器的使用示例

```
<!DOCTYPE html PUBLIC "-//W3C//DTD XHTML 1.0 Transitional//EN"
"http://www.w3.org/TR/xhtml1/DTD/xhtml1-transitional.dtd">
<html xmlns="http://www.w3.org/1999/xhtml">
<head>
<meta http-equiv="Content-Type" content="text/html;charset=gb2312" />
<title> E:indeterminate 选择器的使用示例 </title>
<style type="text/css">
input[type="radio"]:indeterminate{
        outline: solid 3px blue;
}
</style>
</head>
<body>
<form>
年龄:
<input type="radio" name="radio" value="male" />男
<input type="radio" name="radio" value="female" />女
</form>
</body>
</html>
```

这段代码所示示例在页面打开时的页面显示如图 16-34 所示。

用户只要选取其中任何一个单选框，使用 E:indeterminate 选择器指定的样式就被取消指定，如图 16-35 所示。

图 16-34　E:indeterminate 选择器的使用示例　　图 16-35　用户选取任何一个单选框后，使用 E:inde-terminate 选择器指定的样式就会被取消

16.4.5　伪类选择器 E::selection

E::selection 伪类选择器用来指定当元素处于选中状态时的样式。

代码清单 16-24 为一个 E::selection 伪类选择器的使用示例，在该示例中分别给出了一个 p 元素，一个文本框控件以及一个表格。当 p 元素处于选中状态时，被选中文字变为红色；当文本框控件处于选中状态时，被选中文字变为灰色；当表格处于选中状态时，被选中文字变为绿色。

代码清单 16-24　E::selection 伪类选择器使用示例

```
<!DOCTYPE html PUBLIC "-//W3C//DTD XHTML 1.0 Transitional//EN"
"http://www.w3.org/TR/xhtml1/DTD/xhtml1-transitional.dtd">
<html xmlns="http://www.w3.org/1999/xhtml">
<head>
<meta http-equiv="Content-Type" content="text/html;charset=gb2312" />
<title>E::selection 伪类选择器使用示例</title>
<style type="text/css">
p::selection{
    background:red;
    color:#FFF;
}
p::-moz-selection{
    background:red;
    color:#FFF;
}
input[type="text"]::selection{
    background:gray;
    color:#FFF;
}
input[type="text"]::-moz-selection{
    background:gray;
    color:#FFF;
}
td::selection{
    background:green;
    color:#FFF;
}
td::-moz-selection{
    background:green;
    color:#FFF;
}
</style>
</head>
<body>
<p>这是一段测试文字。</p>
<input type="text" value="这是一段测试文字。"/><p/>
<table border="1" cellspacing="0" cellpadding="0">
<tr>
<td>测试文字</td>
<td>测试文字</td>
</tr>
<tr>
<td>测试文字</td>
<td>测试文字</td>
</tr>
</body>
</html>
```

这段代码的运行结果如图 16-36 所示。

图 16-36　E::selection 伪类选择器使用示例

16.4.6　伪类选择器 E:invalid 与 E:valid

❑ E:invalid 伪类选择器用来指定，当元素内容不能通过 HTML 5 通过使用元素的诸如 required、pattern 等属性所指定的检查或元素内容不符合元素的规定格式（例如通过使用 type 属性值为 Email 的 input 元素来限定元素内容必须为有效的 Email 格式）时的样式。

❑ E:valid 伪类选择器用来指定，当元素内容通过 HTML 5 通过使用元素的诸如 required、pattern 等属性所指定的检查或元素内容符合元素的规定格式（例如通过使用 type 属性值为 Email 的 input 元素来限定元素内容必须为有效的 Email 格式）时的样式。

代码清单 16-25 为一个 E:invalid 伪类选择器与 E:valid 伪类选择器的使用示例。示例页面中具有一个使用了 required 属性的 input 元素，当元素中没有被填入内容时元素背景色为红色，当元素中填入内容后元素背景色变为白色。

代码清单 16-25　E:invalid 伪类选择器与 E:valid 伪类选择器的使用示例

```
<!DOCTYPE html PUBLIC "-//W3C//DTD XHTML 1.0 Transitional//EN"
"http://www.w3.org/TR/xhtml1/DTD/xhtml1-transitional.dtd">
<html xmlns="http://www.w3.org/1999/xhtml">
<head>
<meta http-equiv="Content-Type" content="text/html;charset=gb2312" />
<title> E:invalid 伪类选择器与 E:valid 伪类选择器结合使用示例
</title>
<style type="text/css">
input[type="text"]:invalid{
    background-color: red;
}
input[type="text"]:valid{
    background-color: white;
}
</style>
</head>
<body>
<form>
<p> 请输入任意文字: <input type="text" required/>
</p>
```

```
</form>
</body>
</html>
```

16.4.7 伪类选择器 E:required 与 E:optional

❑ E:required 伪类选择器用来指定允许使用 required 属性，且已经指定了 required 属性
的 input 元素、select 元素以及 textarea 元素的样式。

❑ E:optional 伪类选择器用来指定允许使用 required 属性，且未指定 required 属性的
input 元素、select 元素以及 textarea 元素的样式。

代码清单 16-26 为一个 E:required 伪类选择器与 E:optional 伪类选择器的使用示例。示
例页面中具有两个分别用于输入姓名与住址的文本框，并且对用于输入姓名的文本框指定了
required 属性，不对用于输入住址的文本框指定 required 属性。同时通过 E:required 伪类选择
器指定用于输入姓名的文本框边框为红色，宽度为 3px，通过 E:optional 伪类选择器指定用
于输入住址的文本框边框为黑色，宽度为 1px。

代码清单 16-26　E:required 伪类选择器与 E:optional 伪类选择器的使用示例

```
<!DOCTYPE html PUBLIC "-//W3C//DTD XHTML 1.0 Transitional//EN"
"http://www.w3.org/TR/xhtml1/DTD/xhtml1-transitional.dtd">
<html xmlns="http://www.w3.org/1999/xhtml">
<head>
<meta http-equiv="Content-Type" content="text/html;charset=gb2312" />
<title> E:required 伪类选择器与 E:optional 伪类选择器结合使用示例 </title>
<style type="text/css">
input[type="text"]:required{
    border-color: red;
    border-width:3px;
}
input[type="text"]:optional{
    border-color: black;
    border-width:1px;
}
</style>
</head>
<body>
<form>
姓名: <input type="text" required placeholder=" 必须输入姓名 "/><br/>
住址: <input type="text"/>
</form>
</body>
</html>
```

16.4.8 伪类选择器 E:in-range 与 E:out-of-range

❑ E:in-range 伪类选择器用来指定当元素的有效值被限定在一段范围之内（通常通过 min
属性值与 max 属性值来限定），且实际输入值在该范围内时使用的样式。

❑ E:out-of-range 伪类选择器用来指定当元素的有效值被限定在一段范围之内（通常通过
min 属性值与 max 属性值来限定），但实际输入值在该范围之外时使用的样式。

代码清单 16-27 为一个 E:in-range 伪类选择器与 E:out-of-range 伪类选择器的使用示例。
示例页面中包含一个数值输入控件（type 属性值为 number 的 input 元素），通过 min 属性值与
max 属性值限定元素内的有效输入数值为从 1 到 100，通过 E:in-range 伪类选择器指定元素
内的输入值在该范围内时元素背景色为白色，通过 E:out-of-range 伪类选择器指定元素内的
输入值在该范围之外时元素背景色为红色。

代码清单 16-27　E:in-range 伪类选择器与 E:out-of-range 伪类选择器的使用示例

```
<!DOCTYPE html PUBLIC "-//W3C//DTD XHTML 1.0 Transitional//EN"
"http://www.w3.org/TR/xhtml1/DTD/xhtml1-transitional.dtd">
<html xmlns="http://www.w3.org/1999/xhtml">
<head>
<meta http-equiv="Content-Type" content="text/html;charset=gb2312" />
<title>E:in-range 伪类选择器与 E:out-of-range 伪类选择器结合使用示例 </title>
<style type="text/css">
input[type="number"]:in-range{
    background-color: white;
}
input[type="number"]:out-of-range{
    background-color: red;
}
</style>
</head>
<body>
<form>
请输入 1 到 100 之内的数值: <input type=number min=0 max=100 >
</form>
</body>
</html>
```

16.5　通用兄弟元素选择器

关于选择器部分，最后要介绍的一个选择器是通用兄弟元素选择器，它用来指定位于同
一个父元素之中的某个元素之后的所有其他某个种类的兄弟元素所使用的样式。它的使用方
法如下所示。

```
< 子元素 > ~< 子元素之后的同级兄弟元素 > {
// 指定样式
}
```

这里的同级是指子元素和兄弟元素的父元素是同一个元素。

代码清单 16-28 为一个通用兄弟元素选择器的使用示例，该示例中对所有 div 元素之后
的，与 div 元素处于同级的 p 元素指定其背景色为绿色，但是对 div 元素内部的 p 元素的背

景色不做指定。

代码清单 16-28　通用兄弟元素选择器的使用示例

```
<!DOCTYPE html PUBLIC "-//W3C//DTD XHTML 1.0 Transitional//EN"
"http://www.w3.org/TR/xhtml1/DTD/xhtml1-transitional.dtd">
<html xmlns="http://www.w3.org/1999/xhtml">
<head>
<meta http-equiv="Content-Type" content="text/html; charset=gb2312" />
<style type="text/css">
div ~ p {background-color:#00FF00;}
</style>
<title>通用兄弟元素选择器 E ~ F</title>
</head>
<body>
<div style="width:733px; border: 1px solid #666; padding:5px;">
<div>
    <p>p 元素为 div 元素的子元素 </p>
    <p>p 元素为 div 元素的子元素 </p>
</div>
<hr />
<p>p 元素为 div 元素的兄弟元素 </p>
<p>p 元素为 div 元素的兄弟元素 </p>
<hr />
<p>p 元素为 div 元素的兄弟元素 </p>
<hr />
<div>p 元素为 div 元素的子元素 </div>
<hr />
<p>p 元素为 div 元素的兄弟元素 </p>
</div>
</body>
</html>
```

这段代码的运行结果如图 16-37 所示。

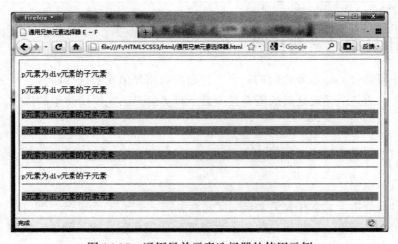

图 16-37　通用兄弟元素选择器的使用示例

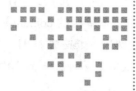

第 17 章　*Chapter 17*

使用选择器在页面中插入内容

在 16.3.1 节中介绍 CSS 中的伪元素时，我们曾经介绍过，在 CSS 中可以使用 before 伪元素选择器与 after 伪元素选择器在页面中的元素的前面或后面插入内容，而插入的内容是用 content 属性来定义的。确切地说，before 伪元素选择器与 after 伪元素选择器是在 CSS 2.0 中添加的，但是从 CSS 2.1 开始，一直到 CSS 3 中，都不断地在针对这两个选择器进行改良和扩展，这使得 before 伪元素选择器与 after 伪元素选择器的作用越来越强大，因此本章将特别针对这两个选择器做详细的介绍。

学习内容：

❑ 掌握 CSS 3 中使用选择器在页面中插入文字的方法，能够使用 before 选择器与 after 选择器在页面中元素的前面或后面插入文字。

❑ 掌握 CSS 3 中使用选择器在页面中插入图像的方法，能够使用 before 选择器与 after 选择器在页面中元素的前面或后面插入图像文件。

❑ 掌握 CSS 3 中使用选择器在页面中插入项目编号的方法，能够使用 before 选择器与 after 选择器在页面中各种项目的前面或后面插入各种级别、各种样式的项目编号。

17.1　使用选择器来插入文字

17.1.1　使用选择器来插入内容

首先，让我们来回顾一下，在 CSS 2 中是如何使用样式在元素的前面或后面插入内容的。

在 CSS 2 中，使用 before 选择器在元素前面插入内容，使用 after 选择器在元素后面插入内容，在选择器的 content 属性中定义要插入的内容。例如，在如下所示的代码中，对 h2 元素使用 before 选择器，并且用 content 属性来定义在 h2 元素前面插入的内容为"COLUMN"文字。另外，当插入内容为文字的时候，必须要在插入文字的两旁加上单引号或者双引号。

```
<style type="text/css">
h2:before{
    content: 'COLUMN'
}
</style>
<h2> 标题 </h2>
```

为了让插入的文字具有美观效果，我们可以在选择器中加入文字的颜色、背景色、文字的字体等各种样式。代码清单 17-1 是一个 before 选择器的使用示例，在该示例中，在"标题"文字前加入"COLUMN"文字，在 before 选择器中，指定文字颜色为白色，背景色为橘色，并且用 padding 属性与 margin 属性对文字周围的余白进行适当的设定，同时，指定字体为"Comic Sans MS"。

代码清单 17-1　before 选择器的使用示例

```
<!DOCTYPE html PUBLIC "-//W3C//DTD XHTML 1.0 Transitional//EN"
"http://www.w3.org/TR/xhtml1/DTD/xhtml1-transitional.dtd">
<html xmlns="http://www.w3.org/1999/xhtml">
<head>
<meta http-equiv="Content-Type" content="text/html; charset=gb2312" />
<title> before 选择器的使用示例 </title>
</head>
<style type="text/css">
h2:before{
    content: 'COLUMN';
    color: white;
    background-color: orange;
    font-family: 'Comic Sans MS', Helvetica, sans-serif;
    padding: 1px 5px;
    margin-right: 10px;
}
</style>
<body>
<h2> 标题文字 </h2>
</body>
</html>
```

这段代码的运行结果如图 17-1 所示。

另外，如果将 before 选择器改为 after 选择器，则将"COLUMN"文字插入到标题文字的后面。

17.1.2　指定个别元素不进行插入

在代码清单 17-1 的示例中，因为对页面上的 h2 元素使用了 before 选择器，所以该页面上如果有多个 h2 元素，则所有的 h2 元素前面都会被插入内容。如果想让其中一个或几个 h2 元素的前面不要插入内容时，应该怎么指定呢？

在 CSS 2.1 中，针对这个问题在 content 属性中追加了一个 none 属性值，使用方法如下代码所示。

图 17-1　before 选择器的使用示例

```
<style type="text/css">
h2.sample:before{
    content: none
}
</style>
<h2>标题 1</h2>
<h2 class="sample">标题 2</h2>
```

通过这种方法，替 h2 元素增加一个类，然后替这个类起个名字，在这个类的样式指定中将 content 属性值设定为 "none"，然后在不需要插入内容的元素中将 class 属性的属性值设定为这个给定的类名就可以了。

代码清单 17-2 为将代码清单 17-1 修改后使用 none 属性值的示例，该页面中有三个 h2 元素，其中第二个 h2 元素前面没有被插入内容。

代码清单 17-2　content 属性的 none 属性值使用示例

```
<!DOCTYPE html PUBLIC "-//W3C//DTD XHTML 1.0 Transitional//EN"
"http://www.w3.org/TR/xhtml1/DTD/xhtml1-transitional.dtd">
<html xmlns="http://www.w3.org/1999/xhtml">
<head>
<meta http-equiv="Content-Type" content="text/html; charset=gb2312" />
<title> content 属性的 none 属性值使用示例 </title>
</head>
<style type="text/css">
h2:before{
    content: "COLUMN";
    color: white;
    background-color: orange;
    font-family: 'Comic Sans MS', Helvetica, sans-serif;
    padding: 1px 5px;
    margin-right: 10px;
}
h2.sample:before{
    content: none
}
</style>
<body>
<h2>标题文字 1</h2>
```

```
<h2 class="sample">标题文字 2</h2>
<h2>标题文字 3</h2>
</body>
</html>
```

这段代码的运行结果如图 17-2 所示。

另外，在 CSS 2.1 中，除了 none 属性值外，还为 content 属性添加了一个"normal"属性值，其作用与使用方法 none 属性值的作用相同，并且使用方法也相同，读者可自行在代码清单 17-2 中，将 none 属性值修改为 normal 属性值，然后在浏览器中重新运行该示例，观察运行结果。

那么，既然 normal 属性值的作用与 none 属性值的作用相同，为什么 CSS 3 中还要追加这个 normal 属性值呢？它们的区别又是什么呢？这里要补充说明的是，从 CSS 2.1 开始，只有当使

图 17-2 content 属性的 none 属性值使用示例

用 before 选择器与 after 选择器的时候，normal 属性值的作用才与 none 属性值的作用相同，都是不让选择器在个别元素的前面或后面插入内容。但是 none 属性值只能应用在这两个选择器中，而 normal 属性值还可以应用在其他用来插入内容的选择器中，而在 CSS 2 中，只有 before 选择器与 after 选择器能够用来在元素的前面或后面插入内容，所以这两者的作用完全相同。在 CSS 3 草案中，已经追加了其他一些可以用来插入内容的选择器的提案，针对这一类选择器，就只能使用 normal 属性值了，而且 normal 属性值的作用也会根据选择器的不同而发生变化。

17.2 插入图像文件

17.2.1 在标题前插入图像文件

使用 before 选择器或 after 选择器，除了可以在元素的前面或后面插入文字之外，还可以插入图像文件。插入图像时，需要使用 url 属性值来指定图像文件的路径。在如下所示的代码中，在 h2 标题元素前插入了 mark.png 图像文件。

```
h2:before{
    content:url(mark.png);
}
<h2>你好</h2>
```

目前 Firefox、Chrome、Safari、Opera 浏览器都支持这种插入图像文件的功能，在 IE8 中只支持插入文字的功能，不支持插入图像文件的功能。

另外，在 CSS 3 的定义中还可以通过 url 属性来插入音频文件、视频文件等其他格式的文件，但目前还没有得到任何浏览器的支持。

17.2.2　插入图像文件的好处

虽然可以利用 img 元素在画面中追加图像文件，但是也可以使用样式表来追加图像文件，这样做的好处是可以为页面的编写节省大量时间。

例如，在代码清单 17-3 所示的示例中，可以利用名字为"new"的类来在个别标题后面追加表示新内容的图像文件，这个功能可以被利用在购物网站的商品清单中，用来表示哪些货物是新到的，或者用在文章网站的文章列表中，用来表示哪些文章是新发表的。

代码清单 17-3　使用选择器插入图像文件的示例

```
<!DOCTYPE html PUBLIC "-//W3C//DTD XHTML 1.0 Transitional//EN"
"http://www.w3.org/TR/xhtml1/DTD/xhtml1-transitional.dtd">
<html xmlns="http://www.w3.org/1999/xhtml">
<head>
<meta http-equiv="Content-Type" content="text/html; charset=gb2312" />
<title> 使用选择器插入图像文件示例 </title>
</head>
<style type="text/css">
h1.new:after{
    content:url(new.gif);
}
</style>
<body>
<h1 class="new"> 标题 A</h1>
<h1 class="new"> 标题 B</h1>
<h1> 标题 C</h1>
<h1> 标题 D</h1>
<h1> 标题 E</h1>
</body>
</html>
```

这段代码的运行结果如图 17-3 所示。

图 17-3　使用选择器插入图像文件的示例

另外，还有一种在样式表中追加图像文件的方法，就是把它作为元素的背景图像文件来

追加。例如代码清单 17-4 的示例中，同时对两个标题元素追加图像文件，对第一个标题元素
采用 before 选择器，对第二个标题元素采用追加背景图像的方法来追加。在浏览器中显示的
时候，这两种追加的结果看不出有什么区别。

代码清单 17-4　同时采用两种方法追加图像文件的示例

```
<!DOCTYPE html PUBLIC "-//W3C//DTD XHTML 1.0 Transitional//EN"
"http://www.w3.org/TR/xhtml1/DTD/xhtml1-transitional.dtd">
<html xmlns="http://www.w3.org/1999/xhtml">
<head>
<meta http-equiv="Content-Type" content="text/html; charset=gb2312" />
<title>同时采用两种方法追加图像文件示例</title>
</head>
<style type="text/css">
h1.head01:before{
    content:url(new.gif);
}
h1.head02{
    background-image:url(new.gif);
    background-repeat:no-repeat;
    padding-left:28px;
}
</style>
<body>
<h1 class="head01">标题 A</h1>
<h1 class="head02">标题 B</h1>
</body>
</html>
```

这段代码的运行结果如图 17-4 所示。

但是，在打印的时候，如果设定为不打印背景的话，使用 before 选择器追加的图像文件
能够正常打印，但是使用追加背景图像的方法追加的图像文件就不能正常打印了。

譬如，在 Firefox 浏览器中运行代码清单 17-4 中的示例代码，然后点击"文件"菜单下
的 "打印预览" 子菜单，在弹出的打印预览对话框中，点击页面设置按钮，在弹出的页面设
置对话框中将 "打印背景（颜色和图片）" 复选框设为非选取状态，然后关闭页面设置对话框，
观察打印预览对话框中的画面，画面变为如图 17-5 所示。

图 17-4　同时采用两种方法追加图像文件示例　　　图 17-5　将打印时的页面设置修改为不打印背景

17.2.3　将 alt 属性的值作为图像的标题来显示

如果在 content 属性中通过"attr（属性名）"这种形式来指定 attr 属性值，可以将某个属性的属性值显示出来。在代码清单 17-5 中，给出一个 attr 属性值的使用示例。在该示例中，在页面上用 img 元素显示一个图像文件，并且在该元素中指定 alt 属性的属性值，alt 属性的作用是用来指定当图像不能正常显示时所显示的替代文字。在图像文件后面显示图像文件的标题，在样式中将 attr 属性值设定为 img 元素的 alt 属性值，这样图像文件的标题文字就是alt 属性中指定的文字了。到目前为止，只有 Opera 10 浏览器对这个 attr 属性值提供支持。

代码清单 17-5　attr 属性值的使用示例

```
<!DOCTYPE html PUBLIC "-//W3C//DTD XHTML 1.0 Transitional//EN"
"http://www.w3.org/TR/xhtml1/DTD/xhtml1-transitional.dtd">
<html xmlns="http://www.w3.org/1999/xhtml">
<head>
<meta http-equiv="Content-Type" content="text/html; charset=gb2312" />
<title>attr 属性值的使用示例 </title>
</head>
<style type="text/css">
img:after{
    content:attr(alt);
    display:block;
    text-align:center;
    margin-top:5px;
}
</style>
<body>
<p><img src="sky.jpg" alt=" 蓝天白云 "/></p>
</body>
</html>
```

这段代码在 Opera 10 浏览器中的运行结果如图 17-6 所示。

图 17-6　attr 属性值的使用示例

17.3　使用 content 属性来插入项目编号

前面两节中分别介绍了利用 before 选择器与 after 选择器的 content 属性在元素的前面或

后面插入文字与图像的方法，本节介绍当页面中具有多个项目时如何利用这个 content 属性来在项目前插入项目编号，在本节的最后介绍一下如何利用这个 content 属性在字符串两边加上括号。

到目前为止，Firefox、Chrome、Safari、Opera 浏览器均支持插入项目编号的功能，在 Internet Explorer 中从 IE8 开始支持这个功能。

17.3.1　在多个标题前加上连续编号

在 content 属性中使用 counter 属性值来针对多个项目追加连续编号，使用方法如下所示。

```
<元素 >:before{
    content: counter( 计数器名 );
}
```

使用计数器来计算编号，计数器可任意命名。

另外，还需要在元素的样式中追加对元素的 counter-increment 属性的指定，为了使用连续编号，需要将 counter-increment 属性的属性值设定为 before 选择器或 after 选择器的 counter 属性值中所指定的计数器名。代码如下所示。

```
<元素 >{
    counter-increment:before 选择器或 after 选择器中指定的计数器名
}
```

接下来，我们在代码清单 17-6 中看一个对多个项目追加连续编号的示例，在该示例中具有多个标题，使用 before 选择器对这些标题追加连续编号。

代码清单 17-6　对多个项目追加连续编号的示例

```
<!DOCTYPE html PUBLIC "-//W3C//DTD XHTML 1.0 Transitional//EN"
"http://www.w3.org/TR/xhtml1/DTD/xhtml1-transitional.dtd">
<html xmlns="http://www.w3.org/1999/xhtml">
<head>
<meta http-equiv="Content-Type" content="text/html; charset=gb2312" />
<title> 对多个项目追加连续编号的示例 </title>
</head>
<style type="text/css">
h1:before{
    content: counter(mycounter);
}
h1{
    counter-increment: mycounter;
}
</style>
<body>
<h1> 大标题 </h1>
```

```
<p> 示例文字。</p>
<h1> 大标题 </h1>
<p> 示例文字。</p>
<h1> 大标题 </h1>
<p> 示例文字。</p>
</body>
</html>
```

这部分代码的运行结果如图 17-7 所示。

17.3.2　在项目编号中追加文字

可以在插入的项目编号中加入文字，使项目编号变成类似"第 1 章"之类的带文字的
编号。

针对代码清单 17-6，只要将 before 选择器中的代码修改为如下所示的代码就可以了。

```
h1:before{
content: ' 第 'counter(mycounter)' 章 ';
}
```

将代码清单 17-6 中 before 选择器中的代码用上面这段代码进行替代，然后重新运行该
示例，运行结果如图 17-8 所示。

图 17-7　对多个项目追加连续编号的示例　　　图 17-8　在项目编号中追加文字的示例

17.3.3　指定编号的样式

可以指定追加编号的样式，譬如对代码清单 17-6 中追加的编号指定如下所示的样式，
使得编号后面带一个"."文字，编号颜色为蓝色，字体大小为 42 像素。

```
h1:before{
    content: counter(mycounter)'.';
    color:blue;
    font-size:42px;
}
```

将上面这段代码替换到代码清单 17-6 中，重新运行代码清单 17-6，运行结果如图 17-9
所示。

17.3.4 指定编号的种类

用 before 选择器或 after 选择器的 content 属性，不仅可以追加数字编号，还可以追加字
母编号或罗马数字编号。使用如下所示的方法指定编号种类。

```
content: counter(计数器名，编号种类)
```

可以使用 list-style-type 属性的值来指定编号的种类，list-style-type 为指定列表编号时所
用的属性。例如，指定大写字母编号时，使用"upper-alpha"属性，指定大写罗马字母时，
使用"upper-roman"属性。

将代码清单 17-6 中 before 选择器中的代码修改成如下所示的代码，然后重新运行该示
例，运行结果如图 17-10 所示。

```
h1:before{
    content: counter(mycounter,upper-alpha)'.';
    color:blue;
    font-size:42px;
}
```

图 17-9　指定编号的样式示例

图 17-10　指定编号的种类示例

17.3.5 编号嵌套

可以在大编号中嵌套中编号，在中编号中嵌套小编号。在代码清单 17-7 中，我们给出
一个编号嵌套的示例，在该示例中，有两个大标题，每个大标题中又有三个中标题，使用编
号嵌套的方式分别对大标题与中标题进行分层编号。

代码清单 17-7　编号嵌套示例

```
<!DOCTYPE html PUBLIC "-//W3C//DTD XHTML 1.0 Transitional//EN"
```

```
"http://www.w3.org/TR/xhtml1/DTD/xhtml1-transitional.dtd">
<html xmlns="http://www.w3.org/1999/xhtml">
<head>
<meta http-equiv="Content-Type" content="text/html; charset=gb2312" />
<title>编号嵌套示例</title>
</head>
<style type="text/css">
h1:before{
    content: counter(mycounter) '. ';
}
h1{
    counter-increment: mycounter;
}
h2:before{
    content: counter(subcounter) '. ';
}
h2{
    counter-increment: subcounter;
    margin-left: 40px;
}
</style>
<body>
<h1>大标题</h1>
<h2>中标题</h2>
<h2>中标题</h2>
<h2>中标题</h2>
<h1>大标题</h1>
<h2>中标题</h2>
<h2>中标题</h2>
<h2>中标题</h2>
</body>
</html>
```

这段代码的运行结果如图 17-11 所示。

在这个示例中，6 个中标题的编号是连续的，如果要将第二个大标题里的中标题重新开始编号的话，需要在大标题中使用 counter-reset 属性将中编号进行重置。

将代码清单 17-7 中 h1 元素的样式指定的代码修改成如下代码（添加 counter-reset 属性），然后重新运行该示例，运行结果如图 17-12 所示。

```
h1{
    counter-increment: mycounter;
    counter-reset: subcounter;
}
```

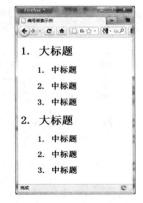

图 17-11　编号嵌套示例

17.3.6　中编号中嵌入大编号

可以将大编号嵌入在中编号中，譬如要将代码清单 17-7 中的中编号修改为"大编号 – 中编号"的形式，需要将中编号的 before 选择器中的代码修改成如下代码。

```
h2:before{
    content:  counter(mycounter) '-' counter(subcounter) '. ';
}
```

修改后在浏览器中重新运行代码清单 17-7 中的示例，运行结果如图 17-13 所示。

图 17-12　重置中编号示例

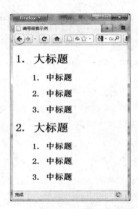

图 17-13　中编号中嵌入大编号示例

同样的，可以在小编号中嵌入中编号，中编号中嵌入大编号，只需相应地在 before 选择器所指定的小编号中包括大编号与中编号，在 before 选择器所指定的中编号中包括大编号就可以了。

代码清单 17-8 为一个编号多层嵌入的示例，在该示例的页面中有两个大标题，每个大标题有两个中标题，每个中标题有两个小标题，小标题的编号中包括大标题的编号与中标题的编号，中标题的编号中具有大标题的编号。

代码清单 17-8　编号多层嵌入的示例

```
<!DOCTYPE html PUBLIC "-//W3C//DTD XHTML 1.0 Transitional//EN"
"http://www.w3.org/TR/xhtml1/DTD/xhtml1-transitional.dtd">
<html xmlns="http://www.w3.org/1999/xhtml">
<head>
<meta http-equiv="Content-Type" content="text/html; charset=gb2312" />
<title>编号多层嵌入的示例</title>
</head>
<style type="text/css">
h1:before{
    content: counter(mycounter) '. ';
}
```

```
h1{
    counter-increment: mycounter;
    counter-reset: subcounter;
}
h2:before{
    content:  counter(mycounter) '-' counter(subcounter) '. ';
}
h2{
    counter-increment: subcounter;
    counter-reset: subsubcounter;
    margin-left: 40px;
}
h3:before{
    content:counter(mycounter) '-' counter(subcounter) '-' counter(subsubcounter)'. ';
}
h3{
    counter-increment: subsubcounter;
    margin-left: 40px;
}
</style>
<body>
<h1> 大标题 </h1>
<h2> 中标题 </h2>
<h3> 小标题 </h3>
<h3> 小标题 </h3>
<h2> 中标题 </h2>
<h3> 小标题 </h3>
<h3> 小标题 </h3>
<h1> 大标题 </h1>
<h2> 中标题 </h2>
<h3> 小标题 </h3>
<h3> 小标题 </h3>
<h2> 中标题 </h2>
<h3> 小标题 </h3>
<h3> 小标题 </h3>
</body>
</html>
```

这段代码的运行结果如图 17-14 所示。

17.3.7　在字符串两边添加嵌套文字符号

可以使用 content 属性的 open-quote 属性值与 close-quote 属性值在字符串两边添加诸如括号、单引号、双引号之类的嵌套文字符号。open-quote 属性值用于添加开始的嵌套文字符号，close-quote 属性值用于添加结尾的嵌套文字符号。

另外，在元素的样式中使用 quotes 属性来指定使用什么嵌套文字符号。

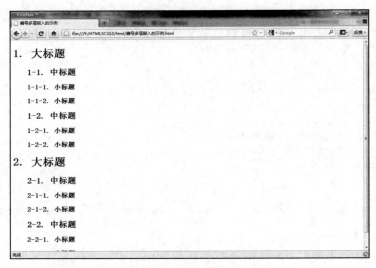

图 17-14　编号多层嵌入的示例

对于嵌套文字符号的添加功能，目前 Firefox 浏览器、Opera 浏览器，Chrome 浏览器与 Safari 浏览器均对其提供支持。

代码清单 17-9 为添加嵌套文字符号的一个示例，在该示例中有一个 h1 标题元素，文字为"标题"，使用 before 选择器与 after 选择器在标题文字两边添加括号。

代码清单 17-9　添加嵌套文字符号的示例

```
<!DOCTYPE html PUBLIC "-//W3C//DTD XHTML 1.0 Transitional//EN"
"http://www.w3.org/TR/xhtml1/DTD/xhtml1-transitional.dtd">
<html xmlns="http://www.w3.org/1999/xhtml">
<head>
<meta http-equiv="Content-Type" content="text/html; charset=gb2312" />
<title>添加嵌套文字符号的示例</title>
</head>
<style type="text/css">
h1:before{
    content: open-quote;
}
h1:after{
    content: close-quote;
}
h1{
    quotes:"（"  "）";
}
</style>
<body>
<h1>标题</h1>
</body>
</html>
```

当需要添加双引号时，需要使用"\"转义字符，使用方法如下所示。

```
h1{
    quotes:"\"" "\"";
}
```

代码清单 17-9 的运行结果如图 17-15 所示。

图 17-15　添加嵌套文字符号的示例

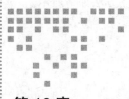

第 18 章

文字与字体相关样式

本章将针对 CSS 3 中与文字、字体相关的一些属性做详细介绍，其中包括 text-shadow 属性、word-break 属性、word-wrap 属性、Web Font 和 @font-face 属性，以及 font-size-adjust 属性。

学习内容：

- ❏ 掌握如何使用 text-shadow 属性给页面上的文字添加阴影效果。
- ❏ 掌握如何使用 word-break 属性让页面上的文字可以根据自己的需要来进行换行，而不是使用浏览器默认的换行方式。
- ❏ 掌握如何使用 word-wrap 属性来让浏览器在长单词或很长的 URL 地址的中间进行换行。
- ❏ 掌握如何能够让浏览器在显示文字的时候使用服务器端的字体，而不再是只能使用客户端所安装的字体。
- ❏ 掌握如何使用 font-size-adjust 属性来保证在修改字体的时候不改变文字的大小，不会让页面上已经设计好的布局产生混乱。

18.1 给文字添加阴影——text-shadow 属性

18.1.1 text-shadow 属性的使用方法

在 CSS 3 中，可以使用 text-shadow 属性给页面上的文字添加阴影效果，到目前为止 Safari 浏览器、Firefox 浏览器、Chrome 浏览器，以及 Opera 浏览器都支持该功能。

text-shadow 属性是在 CSS 2 中定义的，在 CSS 2.1 中删除了，在 CSS 3 的 Text 模块中

又恢复了。text-shadow 的使用方法如下所示。

```
text-shadow: length length length color
```

其中，前面三个 length 分别指阴影离开文字的横方向距离、阴影离开文字的纵方向距离和阴影的模糊半径，color 指阴影的颜色。

在代码清单 18-1 中，我们给出一个 text-shadow 属性的使用示例。在该示例中给一段红色文字绘制灰色阴影。其中阴影离开文字的横方向距离和纵方向距离均为 5 个像素。

代码清单 18-1　text-shadow 属性的使用示例

```html
<!DOCTYPE html PUBLIC "-//W3C//DTD XHTML 1.0 Transitional//EN"
"http://www.w3.org/TR/xhtml1/DTD/xhtml1-transitional.dtd">
<html xmlns="http://www.w3.org/1999/xhtml">
<head>
<meta http-equiv="Content-Type" content="text/html; charset=gb2312" />
<title>text-shadow 属性的使用示例</title>
</head>
<style type="text/css">
div{
        text-shadow: 5px 5px 5px gray;
        color: navy;
        font-size: 50px;
        font-weight: bold;
        font-family: 宋体 ;
}
</style>
<body>
<div> 你好 </div>
</body>
</html>
```

这段代码的运行结果如图 18-1 所示。

某些场合下可以通过给文字添加阴影来使页面上的文字更加容易看清楚，譬如文字与背景不能很容易地分辨时，或文字与背景图像互相重叠的时候。

在代码清单 18-2 的示例中，文字被显示在图片上面，通过给文字添加阴影的方法使它从背景上突出显示出来。

图 18-1　text-shadow 属性的使用示例

代码清单 18-2　使用阴影突出显示文字的示例

```html
<!DOCTYPE html PUBLIC "-//W3C//DTD XHTML 1.0 Transitional//EN"
"http://www.w3.org/TR/xhtml1/DTD/xhtml1-transitional.dtd">
<html xmlns="http://www.w3.org/1999/xhtml">
<head>
<meta http-equiv="Content-Type" content="text/html; charset=gb2312" />
<title> 使用阴影突出显示文字示例 </title>
```

```
</head>
<style type="text/css">
div{
        color: white;
        font-size: 25px;
        font-weight: bold;
        font-family: 宋体;
        background-image: url(sky.jpg);
        width: 140px;
        height: 45px;
        padding: 30px 0;
        text-align: center;
        text-shadow: 3px 3px 5px black;
}
</style>
<body>
<div> 你好 </div>
</body>
</html>
```

这段代码的运行结果如图 18-2 所示。

18.1.2   位移距离

text-shadow 属性所使用的参数中，前两个参数为阴影离开文字的横方向位移距离与纵方向位移距离。使用 text-shadow 属性时必须要指定这两个参数，可以对这两个参数指定负数值。

将代码清单 18-1 中示例的 div 元素的样式指定代码修改为如下所示代码，然后重新运行该示例，则运行结果如图 18-3 所示。

```
<style type="text/css">
div{
        text-shadow: -21px 10px 5px gray;
        color: navy;
        font-size: 50px;
        font-weight: bold;
        font-family: 宋体;
}
</style>
```

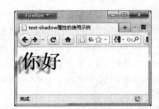

图 18-2   使用阴影突出显示文字的示例   图 18-3   给 text-shadow 属性指定负数参数值

18.1.3　阴影的模糊半径

text-shadow 属性所使用的参数中第三个参数是阴影的模糊半径，代表阴影向外模糊时的模糊范围。这个半径的值越大，则阴影向外模糊的范围也就越大。

将代码清单 18-1 中示例的 div 元素的样式指定代码修改为如下所示代码，其中阴影的模糊半径从 5 个像素修改为 20 个像素，重新运行该示例，则运行结果如图 18-4 所示。

```
<style type="text/css">
div{
        text-shadow: 5px 5px 20px gray;
        color: navy;
        font-size: 50px;
        font-weight: bold;
        font-family: 宋体
}
</style>
```

模糊半径参数为可选参数，省略这个参数时，该参数默认为 0，代表阴影不向外模糊。

将代码清单 18-1 中示例的 div 元素的样式指定代码修改为如下所示代码，不对模糊半径参数进行指定，然后重新运行该示例，运行结果如图 18-5 所示。

```
<style type="text/css">
div{
        text-shadow: 5px 5px gray;
        color: navy;
        font-size: 50px;
        font-weight: bold;
        font-family: 宋体 ;
}
</style>
```

图 18-4　扩大模糊半径示例

图 18-5　不指定模糊半径示例

18.1.4　阴影的颜色

text-shadow 属性所使用的参数中第四个参数是绘制阴影时所使用的颜色，该参数可以放在其他三个参数之后，也可放在其他三个参数之前，成为第一个参数。该参数为可选参数，不对这个参数进行指定时在 CSS 2 中使用 color 属性中的颜色，也就是文字颜色，CSS 3 中使用浏览器指定的默认色。

通过试验发现在 CSS 3 中不指定阴影颜色时，在 Firefox 浏览器与 Opera 浏览器中使用

color 属性中的颜色，在 Safari 浏览器及 Chrome 浏览器中不支持这个参数的省略，省略该参数时不会对阴影进行绘制。

将代码清单 18-1 中示例的 div 元素的样式指定代码修改为如下所示代码，不指定阴影的颜色，则运行结果如图 18-6 所示。

```
<style type="text/css">
div{
        text-shadow: 5px 5px 5px;
        color: navy;
        font-size: 50px;
        font-weight: bold;
        font-family: 宋体;
}
</style>
```

图 18-6　不指定阴影颜色示例

18.1.5　指定多个阴影

可以使用 text-shadow 属性来给文字指定多个阴影，并且针对每个阴影使用不同颜色。指定多个阴影时使用逗号将多个阴影进行分隔。到目前为止，只有 Firefox 浏览器、Chrome 浏览器及 Opera 浏览器对这个功能提供支持。

将代码清单 18-1 中示例的 div 元素的样式指定代码修改为如下所示代码，在这段代码中，为文字依次指定了橘色、黄色及绿色阴影，同时也为这些阴影指定了适当的位置。

```
<style type="text/css">
div{
        text-shadow: 10px 10px #f39800,
                40px 35px #fff100,
                70px 60px #c0ff00;
        color: navy;
        font-size: 50px;
        font-weight: bold;
        font-family: 宋体;
}
</style>
```

将上面这段代码替代到代码清单 18-1 中，然后重新运行该示例，运行结果如图 18-7 所示。

图 18-7　为文字指定多个阴影的示例

18.2　让文本自动换行——word-break 属性

在 CSS 3 中，使用 word-break 属性来让文字自动换行。这原来是 Internet Explorer 中独自发展出来的属性，在 CSS 3 中被 Text 模块采用，现在也得到了 Chrome 浏览器及 Safari 浏览器的支持。

18.2.1　依靠浏览器让文本自动换行

首先介绍一下，浏览器本身都自带着让文本自动换行的功能。在浏览器中显示文本的时候，会让文本在浏览器或 div 元素的右端自动实现换行。对于西方文字来说，浏览器会在半角空格或连字符的地方自动换行，而不会在单词的当中突然换行。对于中文来说，可以在任何一个中文字后面进行换行。图 18-8 是浏览器对于西方文字进行换行的一个示例。

如果中文当中含有西方文字，浏览器也会在半角空格或连字符的地方进行换行，而不会在单词中间强制换行，图 18-9 是当中文当中含有西方文字时，浏览器进行换行的一个示例。

图 18-8　Internet Explorer 浏览器对于西方
　　　　　文字的换行

图 18-9　Internet Explorer 浏览器对于中文当中
　　　　　含有西方文字时进行换行的示例

当中文当中含有标点符号的时候，浏览器总是不可能让标点符号位于一行文字的行首，通常将标点符号以及它前面的一个文字作为一个整体来统一换行。如图 18-10 的示例中，第一行文字末尾处的"首"后面是一个逗号，但是为了不让句号处于下一行的行首，浏览器将文字"首"也进行换行。

图 18-10　Internet Explorer 浏览器对于标点符号的换行

18.2.2　指定自动换行的处理方法

在 CSS 3 中，可以使用 word-break 属性来自己决定自动换行的处理方法。通过 word-break 属性的指定，不仅仅可以让浏览器实现半角空格或连字符后面的换行，而且可以让浏览器实现任意位置的换行。word-break 属性的使用方法类似如下所示。

```
<style type="text/css">
div {
```

```
        word-break: keep-all;
    }
</style>
```

word-break 属性可以使用的值如表 18-1 所示。

表 18-1　word-break 属性可以使用的值

值	换行规则	IE 5 以上版本浏览器	Safari 3 与 Google Chrome 6 浏览器
normal	使用浏览器默认换行规则	支持	支持
keep-all	只能在半角空格或连字符处换行	支持	不支持
break-all	允许在单词内换行	支持	支持

在 Internet Explorer 浏览器中，当 word-break 属性使用 keep-all 参数值时，对于中文来说，只能在半角空格或连字符或任何标点符号的地方换行，中文与中文之间不能换行，如图 18-11 所示。

另外，Safari 浏览器与 Chrome 浏览器对 keep-all 参数值不提供支持。

当 word-break 属性使用 break-all 参数值时，对于西方文字来说，允许在单词内换行，如图 18-12 所示。

图 18-11　Internet Explorer 浏览器中 word-break　　图 18-12　Internet Explorer 浏览器中 word-break
　　　　　属性使用 keep-all 参数值的示例　　　　　　　　　　属性使用 break-all 参数值的示例

对于标点符号来说，当 word-break 属性使用 break-all 参数值时，在 Safari 浏览器与 Chrome 浏览器中，允许标点符号位于行首，如图 18-13 所示。

而在 Internet Explorer 浏览器中，当 word-break 属性使用 break-all 参数值时，仍然不允许标点符号位于行首。如图 18-14 所示。

图 18-13　Chrome 浏览器中使用 break-all 参数值　　图 18-14　Internet Explorer 浏览器中使用 break-
　　　　　时对于标点符号的处理　　　　　　　　　　　　　　all 参数值时对于标点符号的处理

在图 18-14 中，在第一行结尾处，如果浏览器允许标点符号处于行首的话，结尾处的"中"字应该可以显示在第一行，因为还有一个字的位置，但是因为 Internet Explorer 浏览器不允许标点符号处于行首，所以将"中"字连同后面的逗号一起在下一行中显示。

18.3　让长单词与 URL 地址自动换行——word-wrap 属性

对于西方文字来说，浏览器在半角空格或连字符的地方进行换行。因此，浏览器不能给较长的单词自动换行。当浏览器窗口比较窄的时候，文字会超出浏览器的窗口，浏览器下部出现滚动条，让用户通过拖动滚动条的方法来查看没有在当前窗口显示的文字。

但是，这种比较长的单词出现的机会不是很大，而大多数超出当前浏览器窗口的情况是出现在显示比较长的 URL 地址的时候。因为在 URL 地址中没有半角空格，所以当 URL 地址中没有连字符的时候，浏览器在显示时是将其视为一个比较长的单词来进行显示的。

在 CSS 3 中，使用 word-wrap 属性来实现长单词与 URL 地址的自动换行。word-wrap 属性的使用方法如下所示。

```
div{
        word-wrap: break-word;
}
```

word-wrap 属性可以使用的属性值为 normal 与 break-word 两个。使用 normal 属性值时浏览器保持默认处理，只在半角空格或连字符的地方进行换行。使用 break-word 时浏览器可在长单词或 URL 地址内部进行换行，如图 18-15 所示。

目前，word-wrap 属性得到了所有浏览器的支持。

图 18-15　使用 word-wrap 属性将长单词与 URL 地址强制换行

18.4　指定用户是否可选取文字的 user-select 属性

user-select 属性用于指定用户是否可通过拖拽鼠标来选取元素中的文字，如果样式属性值被指定为 none 则禁止选取。

可使用的样式属性值如下所示：

❑ none: 禁止选取。

❑ text: 可以选取。

❑ all: 只能选取全部文字。如果双击子元素，那么被选取的部分将是以该子元素向上回溯的最高祖先元素。

❑ element: 可以选取文字，但选择范围受元素边界的约束。

使用示例代码如代码清单 18-3 所示，示例页面中显示一段文字，通过将文字所在 div 元素的 user-select 样式属性值设置为 none 的方法禁止用户选取这段文字。

代码清单 18-3　禁止用户选取文字

```
<!DOCTYPE html PUBLIC "-//W3C//DTD XHTML 1.0 Transitional//EN"
"http://www.w3.org/TR/xhtml1/DTD/xhtml1-transitional.dtd">
<html xmlns="http://www.w3.org/1999/xhtml">
<head>
<title> 禁止用户选取文字 </title>
<style>
.test{
    padding:10px;
    -webkit-user-select:none;
    -moz-user-select:none;
    -o-user-select:none;
    user-select:none;
    background:#eee;
}
</style>
</head>
<body>
<div class="test" > 用户不得选取这段文字 </div>
</body>
</html><head>
<title> 禁止用户选取文字 </title>
<style>
.test{
    padding:10px;
    -webkit-user-select:none;
    -moz-user-select:none;
    -o-user-select:none;
    user-select:none;
    background:#eee;
}
</style>
</head>
<body>
<div class="test" > 用户不得选取这段文字 </div>
</body>
</html>
```

18.5　使用服务器端字体——Web Font 与 @font-face 属性

在 CSS 3 之前，页面文字所使用的字体必须已经在客户端中被安装才能正常显示，在样式表中允许指定当前字体不能正常显示时使用的替代字体，但是如果这个替代字体在客户端中也没有安装时，使用这个字体的文字就不能正常显示了。

为了解决这个问题，在 CSS 3 中，新增了 Web Fonts 功能，使用这个功能，网页中可以使用安装在服务器端的字体，只要某个字体在服务器端已经安装，网页中就都能够正常显示了。

18.5.1　在网页上显示服务器端字体

在 CSS 3 中，可以使用 @font-face 属性来利用服务器端字体。@font-face 属性的使用方法如下所示。

```
@font-face{
    font-family: WebFont;
    src: url('font/Fontin_Sans_R_45b.otf') format("opentype");
    font-weight: normal;
}
```

在上面这段代码中，在 font-family 属性值中使用"WebFont"来声明使用服务器端的字体。

在 src 属性值中，指定服务器端字体的字体文件所在的路径，在 format 属性值中声明字体文件的格式，可以省略文件格式的声明而单独使用 src 属性值。在这段代码中，使用了 exljbris 字体公司免费提供的 Fontin Sans 字体，字体文件格式为 OpenType 格式。到目前为止，可以使用的文件格式为 OpenType 格式与 TrueType 文件格式，使用 OpenType 格式时将 format 属性值设定为 opentype，使用 TrueType 文件格式时将 format 属性值设定为 truetype，OpenType 格式的文件扩展名为".otf"，TrueType 文件格式的扩展名为".ttf"。另外，在 Internet Explorer 浏览器中使用服务器端字体的时候，只能使用微软自带的 Embedded OpenType 字体文件，文件扩展名为".eot"，同时不需要使用 format 属性值。下面是在 Internet Explorer 浏览器中使用服务器端字体时的代码示例。

```
@font-face {
    font-family: BorderWeb;
    src:url(BORDERW0.eot);
}
```

在针对元素使用这个服务器端字体的时候，还需要在元素样式中将 font-family 属性值指定为 WebFont，指定方法类似如下所示。

```
h1{
    font-family: WebFont;
}
```

接下来，我们在代码清单 18-4 中看一个使用服务器端字体的示例，在该示例中对一个 address 元素中的字体使用 exljbris 字体公司免费提供的 Fontin Sans 字体，在运行该示例前需要下载这个字体文件并且安装在服务器端，下载地址为：http://www.josbuivenga.demon.nl/fontinsans.html。

代码清单 18-4　服务器端字体的使用示例

```
<!DOCTYPE html PUBLIC "-//W3C//DTD XHTML 1.0 Transitional//EN"
"http://www.w3.org/TR/xhtml1/DTD/xhtml1-transitional.dtd">
<html xmlns="http://www.w3.org/1999/xhtml">
```

```
<head>
<meta http-equiv="Content-Type" content="text/html; charset=gb2312" />
<title> 服务器端字体使用示例 </title>
</head>
<style type="text/css">
@font-face{
    font-family: WebFont;
    src: url('Fontin_Sans_R_45b.otf') format("opentype");
    font-weight: normal;
}
h1{
    font-family: WebFont;
    font-size: 60px;
    text-align: center;
    border: solid 1px #4488aa;
    margin: 20px;
    padding: 5px;
}
address{
    font-family: WebFont;
    font-size: 14px;
    font-style: normal;
    text-align: center;
    margin: 20px;
    padding: 5px;
}
</style>
<body>
<h1>Cascading Style Sheets</h1>
<address>
This page uses the
<a href="http://www.josbuivenga.demon.nl/fontinsans.html">
Fontin Sans font by exljbris.
</a>
</address>
</body>
</html>
```

这段代码的运行结果如图 18-16 所示。

18.5.2　定义斜体或粗体字体

在定义字体的时候，可以将字体定义为斜体字或者粗体字。在使用服务器端字体的时候，需要根据是斜体还是粗体，使用不同的字体文件。

在 18.5.1 节中，示例中使用到的字体为常规字体（不是斜体，不是粗体），在要使用示例中所使用到的字体之前，先要下载字体文件，下载地址在 18.5.1 节中已给出，这里不

图 18-16　服务器端字体的使用示例

做赘述。在下载的压缩文件中，除了有使用 Fontin Sans 常规字体时所需的字体文件之外，也包含了使用粗体、斜体、粗斜体、小型大写字体时所要用到的字体文件，文件名依次为"Fontin_Sans_B_45b.otf"、"Fontin_Sans_I_45b.otf"、"Fontin_Sans_BI_45b.otf"、"Fontin_Sans_SC_45b.otf"。

接下来，我们在代码清单 18-5 中给出一个使用服务器端 Fontin Sans 字体的粗体与斜体文字的示例。在示例中，显示 4 个 div 元素，依次对这些 div 元素使用 Fontin Sans 字体的常规字体、斜体、粗体、粗斜体。

代码清单 18-5　服务器端字体使用粗体与斜体的示例

```
<!DOCTYPE html PUBLIC "-//W3C//DTD XHTML 1.0 Transitional//EN"
"http://www.w3.org/TR/xhtml1/DTD/xhtml1-transitional.dtd">
<html xmlns="http://www.w3.org/1999/xhtml">
<head>
<meta http-equiv="Content-Type" content="text/html; charset=gb2312"/>
<title>服务器端字体使用粗体与斜体的示例</title>
</head>
<style type="text/css">
@font-face{
    font-family: WebFont;
    src: url('Fontin_Sans_R_45b.otf') format("opentype");
}
@font-face{
    font-family: WebFont;
    font-style: italic;
    src: url('Fontin_Sans_I_45b.otf') format("opentype");
}
@font-face{
    font-family: WebFont;
    font-weight: bold;
    src: url('Fontin_Sans_B_45b.otf') format("opentype");
}
@font-face{
    font-family: WebFont;
    font-style: italic;
    font-weight: bold;
    src: url('Fontin_Sans_BI_45b.otf') format("opentype");
}
div{
    font-family: WebFont;
    font-size: 40px;
}
div#div1
{
    font-style: normal;
    font-weight: normal;
}
div#div2
{
    font-style: italic;
```

```
    font-weight: normal;
}
div#div3
{
    font-style: normal;
    font-weight: bold;
}
div#div4
{
    font-weight: bold;
    font-style: italic;
}
</style>
<body>
<div id="div1">Text Sample1</div>
<div id="div2">Text Sample2</div>
<div id="div3">Text Sample3</div>
<div id="div4">Text Sample4</div>
</body>
</html>
```

这段代码的运行结果如图 18-17 所示。

18.5.3 显示客户端本地的字体

@font-face 属性不仅可以用于显示服务器端的字体，也可以用来显示客户端本地的字体。

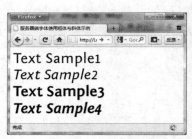

图 18-17 服务器端字体使用粗体
与斜体的示例

举个例子来说，在客户端本地已经安装了 Arial 字体系列（font-family）。Arial 字体系列由以下几个字体组成。

- ❑ Arial
- ❑ Arial Italic
- ❑ Arial Bold
- ❑ Arial Bold Italic
- ❑ Arial Black

在浏览器中，当使用 Arial 字体系列显示文字的正体与粗体时，分别使用 Arial 字体与 Arial Bold 字体。但是，可以通过书写样式代码的方式让浏览器在显示粗体时使用 Arial Black 字体。另外，使用 @font-face 属性显示客户端本地的字体时，需要将字体文件路径的 URL 属性值修改为"local()"形式的属性值，并且在"local"后面的括号中写入使用的字体。

代码清单 18-6 为使用 @font-face 属性显示客户端字体的一个示例，在该示例中，有两个 div 元素，分别使用 Arial 字体系列的常规字体与粗体字体，其中显示粗体字体的时候使用 Arial Black 字体。

代码清单 18-6　使用 @font-face 属性显示客户端本地的字体示例

```
<!DOCTYPE html PUBLIC "-//W3C//DTD XHTML 1.0 Transitional//EN"
"http://www.w3.org/TR/xhtml1/DTD/xhtml1-transitional.dtd">
<html xmlns="http://www.w3.org/1999/xhtml">
<head>
<meta http-equiv="Content-Type" content="text/html; charset=gb2312" />
<title>使用 @font-face 属性显示客户端本地的字体示例</title>
</head>
<style type="text/css">
@font-face{
    font-family: Arial;
    src: local('Arial');
}
@font-face
{
    font-family: Arial;
    font-weight: bold;
    src: local('Arial Black');
}
div{
    font-family: Arial;
    font-size: 40px;
}
div#div1
{
    font-weight: normal;
}
div#div2
{
    font-weight: bold;
}
</style>
<body>
<div id="div1">Text Sample1</div>
<div id="div2">Text Sample2</div>
</body>
</html>
```

这段代码的运行结果如图 18-18 所示。

使用 @font-face 属性显示客户端本地字体的好处是可以让浏览器在对字体进行显示时首先在客户端本地寻找是否存在该字体,当客户端寻找不到时可以使用服务器端的字体。在如下所示的代码中,浏览器将首先在客户端本地寻找是否存在 Helvetica Neue 字体,如果存在则直接使用,如果不存在则使用服务器端的 MyHelvetica字体。

图 18-18　使用 @font-face 属性显示客户端本地的字体示例

```
@font-face {
    font-family: MyHelvetica;
    src: local("Helvetica Neue"),
    url(MgOpenModernaRegular.ttf);
}
```

18.5.4　属性值的指定

在 @font-face 属性中，可以指定的属性值如表 18-2 所示。

表 18-2　@font-face 属性中可以指定的属性值

属性值	说　明	取值范围
font-family	设置字体系列的名称	
font-style	设置字体的样式	normal：不使用斜体
		italic：使用斜体
		oblique：使用倾斜体
		inherit：从父元素继承
font-variant	设置字体的大小写	normal：使用浏览器默认值
		small-caps：使用小型大写字母
		inherit：从父元素继承
font-weight	设置字体的粗细	normal：使用浏览器默认值
		bold：使用粗体字符
		bolder：使用更粗字符
		lighter：使用更细字符
		100 ~ 900：从细到粗定义字符，使用的值必须为 100 的整数倍，其中 400 等同于 normal 而 700 等同于 bold
font-stretch	设置字体是否伸缩变形	normal：默认值。把缩放比例设置为标准
		wider：把伸展比例设置为更进一步的伸展值
		narrower：把收缩比例设置为更进一步的收缩值
		ultra-condensed
		extra-condensed
		condensed
		semi-condensed
		semi-expanded
		expanded
		extra-expanded
		ultra-expanded
		设置字体的缩放比例
		"ultra-condensed" 是最宽的值
		"ultra-expanded" 是最窄的值
font-size	设置字体大小	
src	设置字体文件的路径	

18.6　修改字体种类而保持字体尺寸不变——font-size-adjust 属性

如果改变了字体的种类，则页面中所有使用该字体的文字大小都可能发生变化，从而使得原来安排好的页面布局产生混乱，这是网页设计者最不希望发生的一种状况。

因此，在 CSS 3 中，针对这种情况，增加了 font-size-adjust 属性。使用这个属性，可以在保持文字大小不发生变化的情况下改变字体的种类。

18.6.1　字体不同导致文字大小的不同

首先，我们在代码清单 18-7 中看一个示例，该示例中有 7 个 div 元素，每个 div 元素的字体都设定为 16 个像素，但是字体全都不一致，导致页面上显示出来的文字大小也不相同。

代码清单 18-7　字体不同导致文字大小不同的示例

```
<!DOCTYPE html PUBLIC "-//W3C//DTD XHTML 1.0 Transitional//EN"
"http://www.w3.org/TR/xhtml1/DTD/xhtml1-transitional.dtd">
<html xmlns="http://www.w3.org/1999/xhtml">
<head>
<meta http-equiv="Content-Type" content="text/html; charset=gb2312" />
<title> 字体不同导致文字大小不同的示例 </title>
</head>
<style type="text/css">
div#div1
{
    font-family: Comic Sans MS;
    font-size:16px;
}
div#div2
{
    font-family:Tahoma;
    font-size:16px;
}
div#div3
{
    font-family:Arial;
    font-size:16px;
}
div#div4
{
    font-family:Times New Roman;
    font-size:16px;
}
</style>
<body>
<div id="div1">Text Sample1</div>
<div id="div2">Text Sample2</div>
<div id="div3">Text Sample3</div>
```

```
<div id="div4">Text Sample4</div>
</body>
</html>
```

这段代码的运行结果如图 18-19 所示。

由此可见，如果更改了字体的种类，很可能会因为文字大小的变化而导致原来的页面布局产生混乱。

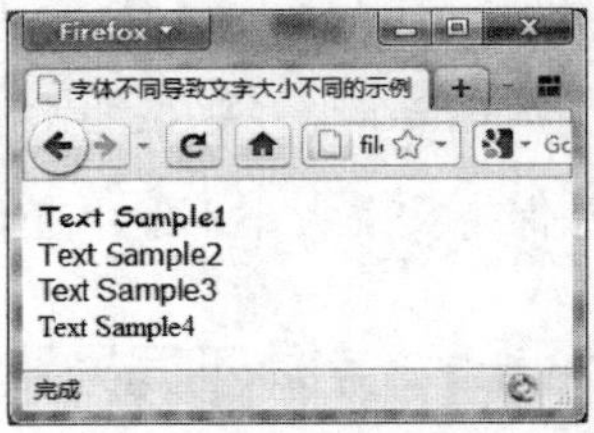

18.6.2　font-size-adjust 属性的使用方法

接下来，我们来看一下如何利用 font-size-adjust 属性达到修改字体种类而保持文字大小不会发生变化的目的。

图 18-19　字体不同导致文字大小不同的示例

font-size-adjust 属性的使用方法很简单，但是它需要使用每个字体种类自带的一个 aspect 值（比例值）。font-size-adjust 属性的使用方法类似如下所示，其中 0.46 为 Times New Roman 字体的 aspect 值。

```
div{
        font-size: 16px;
        font-family: Times New Roman;
        font-size-adjust: 0.46;
}
```

aspect 值可以用来在将字体修改为其他字体时保持字体大小基本不变。这个 aspect 值的计算方法为 x-height 值除以该字体的尺寸，x-height 值是指使用这个字体书写出来的小写 x 的高度（像素为单位）。如果某个字体的尺寸为 100px 时，x-height 值为 58 像素，则该字体的 aspect 值为 0.58，因为字体的 x-height 值总是随着字体的尺寸一起改变的，所以字体的 aspect 值都是一个常数。表 18-3 所示为一些常用的西方字体的 aspect 值。

表 18-3　常用西方字体的参照值

字体种类	aspect 值	字体种类	aspect 值
Verdana	0.58	Times New Roman	0.46
Comic Sans MS	0.54	Gill Sans	0.46
Trebuchet MS	0.53	Bernhard Modern	0.4
Georgia	0.5	Caflisch Script Web	0.37
Myriad Web	0.48	Fjemish Script	0.28
Minion Web	0.47		

18.6.3　浏览器对于 aspect 值的计算方法

在 font-size-adjust 属性中指定 aspect 值并且将字体修改为其他字体后，浏览器对于修改后的字体尺寸的计算公式如下所示。

```
c = (a/b) s
```

其中，a 表示实际使用的字体的 aspect 值，b 表示修改前字体的 aspect 值，s 表示指定的字体尺寸，c 为浏览器实际显示时的字体尺寸。

如果想将 16px 的 Times New Roman 字体修改为 Comic Sans MS 字体，字体大小仍然保持 16px 的 Times New Roman 字体的大小，则需要执行如下步骤：

1）查得 Times New Roman 字体的 aspect 值为 0.46。

2）查得 Comic Sans MS 字体的 aspect 值为 0.54。

3）将 0.54 除以 0.46 后得到近似值 1.17。

4）因为需要让浏览器实际显示的字体尺寸为 16px，所以将 16 除以 1.17，得出大约 14px，然后在样式中指定字体尺寸为 14px。也就是说，14px 的 Comic Sans MS 相当于 16px 的 Times New Roman 字体。

最后要补充说明的是，在实际使用过程中，读者也可以根据需要对 aspect 值进行微调以达到最满意的效果，也可以将 font-size-adjust 属性的属性值设为 "none"，设定为 "none" 的意思等同于不对 font-size-adjust 属性进行设置，按照字体原来的大小显示。

18.6.4　font-size-adjust 属性的使用示例

接下来我们在代码清单 18-8 中看一个示例。在该示例中有三个 div 元素，其中一个 div 元素的字体使用 Comic Sans MS 字体，另两个 div 元素的字体使用 Times New Roman 字体。

代码清单 18-8　font-size-adjust 属性的使用示例

```
<!DOCTYPE html PUBLIC "-//W3C//DTD XHTML 1.0 Transitional//EN"
"http://www.w3.org/TR/xhtml1/DTD/xhtml1-transitional.dtd">
<html xmlns="http://www.w3.org/1999/xhtml">
<head>
<meta http-equiv="Content-Type" content="text/html; charset=gb2312" />
<title>font-size-adjust 属性的使用示例 </title>
</head>
<style type="text/css">
div#div1{
    font-size: 16px;
    font-family: Comic Sans MS;
    font-size-adjust:0.54;
}
div#div2{
    font-size: 14px;
    font-family: Times New Roman;
    font-size-adjust:0.46;
}
div#div3{
    font-size: 16px;
```

```
        font-family: Times New Roman;
        font-size-adjust:0.46;
    }
    </style>
    <body>
    <div id="div1">
    It is fine today. Never change your plans because of the weather.
    </div>
    <div id="div2">
    It is fine today. Never change your plans because of the weather.
    </div>
    <div id="div3">
    It is fine today. Never change your plans because of the weather.
    </div>
    </body>
    </html>
```

这段代码的运行结果如图 18-20 所示。

接下来，我们把第二个 div 元素的字体从 Times New Roman 字体修改为 Comic Sans MS 字体，但是要保持文字大小不变，于是将第二个 div 元素的字体改为 Comic Sans MS 字体，字体尺寸改为 14px，font-size-adjust 属性值微调为 0.49。样式代码如下所示。修改后重新运行该示例，运行结果如图 18-21 所示。

```
div#div2{
    font-size: 14px;
    font-family: Comic Sans MS;
    font-size-adjust:0.49;
}
```

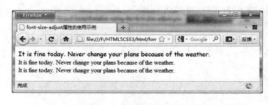
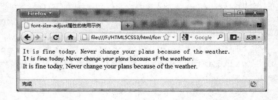

图 18-20　font-size-adjust 属性的使用示例　　　图 18-21　font-size-adjust 属性的使用示例
（未修改字体前）　　　　　　　　　　　　（修改字体后）

18.7　使用 rem 单位定义字体大小

在 CSS 3 中，现在可以使用 rem 单位来定义字体大小。rem 字体尺寸单位将根据页面上的根元素（一般指 html 元素）的字体大小而计算出实际的字体大小。在过去，我们使用 em 单位来指定字体大小，em 单位根据元素的父元素的字体大小而计算出实际的字体大小，因此，当我们将元素从一个父元素移动到另一个父元素中时很可能使元素的实际字体大小产生变化。

　　除了 em 单位之外，我们通常也使用 px（像素）单位来指定字体大小。但是，今天，由于 Web 网站与 Web 应用程序可以被运行在各种移动设备的浏览器中，所以我们应该意识到我们的页面可能会出现在各种尺寸的屏幕上面。如果只依靠像素来指定字体尺寸，则我们可能需要根据各种尺寸的屏幕来为元素指定各种尺寸的字体，这是一件非常令人恼火的事情。

　　因此，我们需要使用 rem 单位。

　　rem 字体尺寸单位根据页面上的根元素（一般指 html 元素）的字体大小而计算出实际的字体大小，不管元素的父元素的字体大小是多少。

　　到目前为止，包括 IE 9 在内，所有浏览器都对 rem 字体单位提供了支持。

　　在下例所示的 HTML 代码中，我们指定 html 元素的字体大小为 10 个像素，small 元素的字体大小为 11 个像素（10*1.1），strong 元素的字体大小为 18 个像素。

```
html { font-size: 10px; }
small { font-size: 1.1rem; }
strong { font-size: 1.8rem; }
```

　　在大多数浏览器中，默认字体大小为 16 个像素，针对默认字体大小来说，可以将根元素的字体大小指定为 62.5%，从而使浏览器自动计算出 10 个像素。这样，当用户将浏览器的默认字体自动放大时，也可以使所有元素的字体大小自动放大到一个令人满意的效果。

```
html { font-size: 62.5% }
small { font-size: 1.1rem; }
strong { font-size: 1.8rem; }
```

　　注意，在诸如 IE 8 之前版本等老式浏览器中，不能使用 rem 字体单位。所以需要通过书写如下所示的样式代码来让我们的页面可以正常显示在各种版本的浏览器中。

```
html { font-size: 62.5% }
small { font-size: 11px;font-size: 1.1rem; }
strong {font-size: 18px;font-size: 1.8rem; }
```

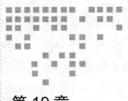

盒相关样式

本章详细介绍 CSS 3 中各种盒的类型、概念、使用方法以及浏览器的支持情况；同时，还将介绍几个属性——当盒中内容超出盒的容纳范围时，可以用来指定浏览器如何显示这些超出部分；最后将介绍如何使用 CSS 3 中的属性来给盒添加阴影效果，以及如何使用 CSS 3 中的属性来定义元素的宽度值和高度值中是否包含内部补白区域，以及边框的宽度和高度。

学习内容：

❑ 掌握 CSS 3 中各种各样盒的类型、概念、使用方法以及浏览器的支持情况。

❑ 当盒中内容超出容纳范围时，知道如何利用属性来让浏览器按照自己想要的方式对盒中的内容进行正确显示。

❑ 掌握给盒添加阴影的属性及使用方法，能够使用 CSS 3 的属性给盒添加阴影效果。

❑ 掌握几种 box-sizing 属性值的不同含义，能够正确使用 box-sizing 属性来定义样式中给定的元素的宽度值和高度值中是否包含内部补白区域，以及边框的宽度和高度。

19.1　盒的类型

19.1.1　盒的基本类型

在 CSS 中，使用 display 属性来定义盒的类型。总体来说，CSS 中的盒分为 block 类型与 inline 类型。例如，div 元素与 p 元素属于 block 类型，span 元素与 a 元素属于 inline 类型。

接下来，我们将 block 类型与 inline 类型做一个对比。代码清单 19-1 中是一个将 block 类型与 inline 类型进行对比的示例。该示例中包含两个 div 元素与两个 span 元素。为了更容

易辨别，我们将 div 元素的背景设定为绿色，将 span 元素的背景设定为橘色。从这个示例的
运行结果我们可以看出，div 元素所代表的 block 类型的元素的宽度占满了整个浏览器的宽度，
而 span 元素所代表的 inline 类型的元素的宽度只等于其内容所在的宽度。另外，每一行中只
允许容纳一个 block 类型的元素，但是可以并列容纳多个 inline 类型的元素。

代码清单 19-1　将 block 类型与 inline 类型进行对比的示例

```
<!DOCTYPE html PUBLIC "-//W3C//DTD XHTML 1.0 Transitional//EN"
"http://www.w3.org/TR/xhtml1/DTD/xhtml1-transitional.dtd">
<html xmlns="http://www.w3.org/1999/xhtml">
<head>
<meta http-equiv="Content-Type" content="text/html; charset=gb2312" />
<title> 将 block 类型与 inline 类型进行对比的示例 </title>
</head>
<style type="text/css">
div{
        background-color: #aaff00;
}
span{
        background-color: #ffaa00;
}
</style>
<body>
<div>div 元素 </div>
<div>div 元素 </div>
<span>span 元素 </span>
<span>span 元素 </span>
</body>
</html>
```

这段代码的运行结果如图 19-1 所示。

在样式代码中如果使用 display 属性，可以将 div 元素与 span 元素的类型进行互换，将
div 元素变成 inline 类型的元素，将 span 元素变成 block 类型的元素，代码如下所示。

```
<style type="text/css">
div{
        background-color: #aaff00;
        display:inline;
}
span{
        background-color: #ffaa00;
        display:block;
}
</style>
```

将这段代码替代到代码清单 19-1 所示示例中，然后重新运行该示例，运行结果如图 19-2
所示。

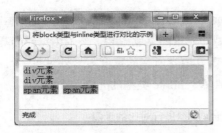

图 19-1 将 block 类型与 inline 类型进行
对比的示例

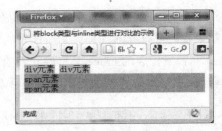

图 19-2 将 div 元素的类型与 span 元素的
类型进行互换

19.1.2 inline-block 类型

1. inline-block 类型概述

inline-block 类型是在 CSS 2.1 中追加的一个盒类型。目前为止，它受到了 Safari 浏览器、Opera 浏览器、Chrome 浏览器、Firefox 浏览器以及 IE 8 以上版本浏览器的支持。

inline-block 类型盒属于 block 类型盒的一种，但是在显示时具有 inline 类型盒的特点。例如，在 div 元素的样式代码中将 display 属性设定为"inline-block"，则 div 元素在显示时与将 div 元素的 display 属性设定为"inline"后的显示效果相同。

代码清单 19-2 为 inline-block 类型 div 元素的一个示例。在该示例中，具有四个 div 元素，其中两个被指定为 inline-block 类型，背景为浅蓝色；另外两个被指定为 inline 类型，背景为绿色。

代码清单 19-2　inline-block 类型 div 元素的示例

```
<!DOCTYPE html PUBLIC "-//W3C//DTD XHTML 1.0 Transitional//EN"
"http://www.w3.org/TR/xhtml1/DTD/xhtml1-transitional.dtd">
<html xmlns="http://www.w3.org/1999/xhtml">
<head>
<meta http-equiv="Content-Type" content="text/html; charset=gb2312" />
<title>inline-block 类型 div 元素的示例</title>
<style type="text/css">
div.inlineblock{
    display: inline-block;
    background-color: #00aaff;
}
div.inline{
    display: inline;
    background-color: #aaff00;
}
</style>
</head>
<body>
<div>
        <div class="inlineblock">inline-block 类型 </div>
```

```
            <div class="inlineblock">inline-block 类型 </div>
</div>
<div>
        <div class="inline">inline 类型 </div>
        <div class="inline">inline 类型 </div>
</div>
</body>
</html>
```

这段代码的运行结果如图 19-3 所示。

如果对 inline-block 类型的元素使用 width 属性或 height 属性，就能看出它与 inline 类型的元素的区别。width 属性或 height 属性分别用来指定元素的宽度与高度，只能使用在 block 类型的元素上。接下来我们将代码清单 19-2 中的样式代码修改为如下所示的样式代码，该代码中将设定示例中四个元素的宽度，修改后重新运行该示例。从运行结果中我们可以看出，两个 inline-block 类型的元素的宽度发生了变化，两个 inline 类型的元素的宽度没有发生任何变化。

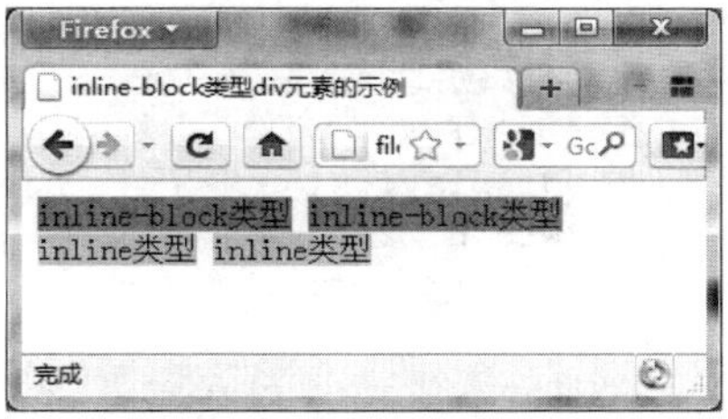

```
<style type="text/css">
div.inlineblock{
    display: inline-block;
    background-color: #00aaff;
    width: 300px;
}
div.inline{
    display: inline;
    background-color: #aaff00;
    width: 300px;
}
</style>
```

图 19-3 inline-block 类型 div 元素的示例

这段代码的运行结果如图 19-4 所示。

图 19-4 指定 inline-block 类型与 inline 类型元素的宽度示例

2. 使用 inline-block 类型来执行分列显示

在 CSS 2.1 之前，如果需要在一行中并列显示多个 block 类型的元素，需要使用 float

属性或 position 属性，但这样会使样式变得比较复杂。因此，在 CSS 2.1 中，追加了 inline-block 类型，使得并列显示多个 block 类型元素的操作变得非常简单。

接下来，我们在代码清单 19-3 中看一个在一行中并列显示多个 block 类型的元素的示例。在该示例中，具有三个 block 类型的 div 元素，使用 float 类型将前两个 div 元素并列显示，将第三个 div 元素显示在前两个 div 元素的下部，因为前两个元素的高度不一致，所以对第三个元素使用 clear 属性去除环形围绕方式。

代码清单 19-3　使用 float 属性将 div 元素并列显示示例

```
<!DOCTYPE html PUBLIC "-//W3C//DTD XHTML 1.0 Transitional//EN"
"http://www.w3.org/TR/xhtml1/DTD/xhtml1-transitional.dtd">
<html xmlns="http://www.w3.org/1999/xhtml">
<head>
<meta http-equiv="Content-Type" content="text/html; charset=gb2312" />
<title>将 div 元素并列显示示例 </title>
<style type="text/css">
div#a, div#b{
    display: block;
    width: 200px;
    float: left;
}
div#a{
    background-color: #0088ff;
    }
div#b{
    background-color: #00ccff;
    }
div#c{
    width: 400px;
    background-color: #ffff00;
    }
</style>
</head>
<body>
<div id="a">A A A A A A A A A A A A A A A A A A A A A A A A A A A A A
A A A A A A A A A A</div>
<div id="b">B B B B B B B B B B B B B B B B B B B B B B B B B B B B B</div>
<div id="c">C C C C C C C C C C C C C C C C C C C C C C C C C C C C </div>
</body>
</html>
```

这段代码的运行结果如图 19-5 所示。

但是，如果使用 inline-block 类型，可以直接将两个 div 元素进行并列显示，不需要使用 float 属性，同时也不需要去除环形围绕方式的 clear 属性了。

将代码清单 19-3 中的样式代码修改为如下代码，然后重新运行该示例，运行结果如图 19-6 所示。

```
<style type="text/css">
div#a, div#b{
    display: inline-block;
    width: 200px;
}
div#a{
        background-color: #0088ff;
}
div#b{
        background-color: #00ccff;
}
div#c{
        width: 400px;
        background-color: #ffff00;
}
</style>
```

图 19-5　使用 float 属性将 div 元素并列
　　　　显示示例

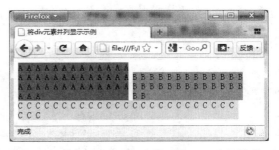

图 19-6　使用 inline-block 类型将 div 元素并列
　　　　显示示例

　　默认情况下使用 inline-block 类型时并列显示的元素的垂直对齐方式是底部对齐，为了使垂直对齐方式改为顶部对齐，还需要在 div 元素的样式中加入 vertical-align 属性。另外，如果要让两个 div 元素当中没有缝隙，还需要去除代码中两个 div 元素之间的换行符。最终修改后的整个页面代码如代码清单 19-4 所示。

代码清单 19-4　使用 inline-block 类型将 div 元素并列显示示例

```
<!DOCTYPE html PUBLIC "-//W3C//DTD XHTML 1.0 Transitional//EN"
"http://www.w3.org/TR/xhtml1/DTD/xhtml1-transitional.dtd">
<html xmlns="http://www.w3.org/1999/xhtml">
<head>
<meta http-equiv="Content-Type" content="text/html; charset=gb2312" />
<title>使用 inline-block 类型将 div 元素并列显示示例</title>
<style type="text/css">
div{
    display: inline-block;
    width: 200px;
    vertical-align:top;
}
```

```
div#a{
        background-color: #0088ff;
}
div#b{
        background-color: #00ccff;
}
div#c{
        width: 400px;
        background-color: #ffff00;
}
</style>
</head>
<body>
<div id="a">A A A A A A A A A A A A A A A A A A A A A A A A A A A A
A A A A A A A A A A</div>
<div id="b">B B B B B B B B B B B B B B B B B B B B B B B B B B</div>
<div id="c"> C C C C C C C C C C C C C C C C C C C C C C C C C C C
</div>
</body>
</html>
```

这段代码的运行结果如图 19-7 所示。

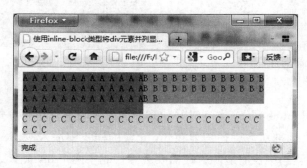

图 19-7　使用 inline-block 类型将 div 元素并列显示示例

3. 使用 inline-block 类型来显示水平菜单

在 CSS 2.1 之前，对于水平菜单的实现也需要使用 float 属性。在大多数情况下，水平菜单是利用 ul 列表与 li 列表项目来实现的，li 元素属于 block 类型下的 list-item 类型。因此，如果要让 li 元素并列显示，需要使用 float 属性。

代码清单 19-5 是一个使用了 ul 列表与 li 列表项目来实现水平菜单的示例，在该示例中，使用 float 属性来让四个列表项目并列显示。

代码清单 19-5　使用 float 属性实现水平菜单

```
<!DOCTYPE html PUBLIC "-//W3C//DTD XHTML 1.0 Transitional//EN"
"http://www.w3.org/TR/xhtml1/DTD/xhtml1-transitional.dtd">
```

```
<html xmlns="http://www.w3.org/1999/xhtml">
<head>
<meta http-equiv="Content-Type" content="text/html; charset=gb2312" />
<title>使用 float 属性实现水平菜单示例</title>
<style type="text/css">
ul{
        margin: 0;
        padding: 0;
}
li{
        width: 100px;
        padding: 10px 0;
        background-color: #00ccff;
        border: solid 1px #666666;
        text-align: center;
        float: left;
}
a{
        color: #000000;
        text-decoration: none;
}
</style>
</head>
<body>
<ul>
<li><a href="#">菜单 1</a></li>
<li><a href="#">菜单 2</a></li>
<li><a href="#">菜单 3</a></li>
<li><a href="#">菜单 4</a></li>
</ul>
</body>
```

这段代码的运行结果如图 19-8 所示。

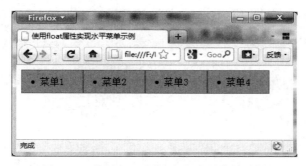

图 19-8　使用 float 属性实现水平菜单示例

　　使用 inline-block 类型同样可以实现代码清单 19-5 中所实现的水平菜单。同时可以去除列表项目中的"●"标记。使用 inline-block 类型实现水平菜单的代码如代码清单 19-6 所示。

代码清单 19-6　使用 inline-block 类型实现水平菜单

```
<!DOCTYPE html PUBLIC "-//W3C//DTD XHTML 1.0 Transitional//EN"
"http://www.w3.org/TR/xhtml1/DTD/xhtml1-transitional.dtd">
<html xmlns="http://www.w3.org/1999/xhtml">
<head>
<meta http-equiv="Content-Type" content="text/html; charset=gb2312" />
<title>使用 inline-block 类型实现水平菜单示例</title>
<style type="text/css">
ul{
        margin: 0;
        padding: 0;
}
li{
        display:inline-block;
        width: 100px;
        padding: 10px 0;
        background-color: #00ccff;
        border: solid 1px #666666;
        text-align: center;
}
a{
        color: #000000;
        text-decoration: none;
}
</style>
</head>
<body>
<ul>
        <li><a href="#">菜单 1</a></li><li><a href="#">菜单 2</a></li><li>
        <a href="#">菜单 3</a></li><li><a href="#">菜单 4</a></li>
</ul>
</body>
</html>
```

这段代码的运行结果如图 19-9 所示。

图 19-9　使用 inline-block 类型实现水平菜单示例

另外，还可以让 a 元素也属于 inline-block 类型，然后使用背景色，并且指定宽度，使 a

元素占据整个菜单。将代码清单 19-6 中的样式代码修改成如下所示的代码，然后重新运行该示例，运行结果如图 19-10 所示。

```
<style type="text/css">
ul{
        margin: 0;
        padding: 0;
}
li{
        display: inline-block;
        background-color: #00ccff;
        border: solid 1px #666666;
        text-align: center;
}
a{
        color: #000000;
        text-decoration: none;
        background-color: #ffcc00;
        display: inline-block;
        width: 100px;
        padding: 10px 0;
}
</style>
```

图 19-10　使用 inline-block 类型实现水平菜单示例

19.1.3　inline-table 类型

接下来，我们介绍另外一种 CSS 2 中新增的盒类型——inline-table 类型。到目前为止，该类型受到了 Safari、Opera、Chrome、Firefox 以及 IE 8 以上版本浏览器的支持。

首先，我们在代码清单 19-7 中看一个 CSS 中使用 table 元素的示例，该示例中有一个表格，表格前后都有一些文字将其围绕。

代码清单 19-7　CSS 中使用 table 元素的示例

```
<!DOCTYPE html PUBLIC "-//W3C//DTD XHTML 1.0 Transitional//EN"
"http://www.w3.org/TR/xhtml1/DTD/xhtml1-transitional.dtd">
<html xmlns="http://www.w3.org/1999/xhtml">
<head>
<meta http-equiv="Content-Type" content="text/html; charset=gb2312" />
<title>inline-table 类型使用示例 </title>
<style type="text/css">
table{
        border: solid 3px #00aaff;
}
td{
        border: solid 2px #ccff00;
        padding: 5px;
}
</style>
```

```
</head>
<body>
你好
<table>
<tr>
        <td>A</td><td>B</td><td>C</td><td>D</td><td>E</td>
</tr>
<tr>
        <td>F</td><td>G</td><td>H</td><td>I</td><td>J</td>
</tr>
<tr>
        <td>K</td><td>L</td><td>M</td><td>N</td><td>O</td>
</tr>
</table>
你好
</body>
</html>
```

这段代码的运行结果如图 19-11 所示。

在代码清单 19-7 的运行结果中，表格前后的文字都处于不同的行中，因为 table 元素属于 block 类型，所以不能与其他文字处于同一行中，但是如果将 table 元素修改成 inline-table 类型，就可以让表格与其他文字处于同一行中了。

将代码清单 19-7 中针对 table 元素指定的样式代码修改为如下所示的样式代码，然后重新运行该示例，运行结果如图 19-12 所示。

```
table{
        display: inline-table;
        border: solid 3px #00aaff;
}
```

图 19-11　CSS 中使用 table 元素的示例

图 19-12　inline-table 类型使用示例

但是在各个浏览器中，对于文字与表格的垂直对齐方式并不完全相同。在 Safari 浏览器以及 Chrome 浏览器中，垂直对齐方式为底部对齐，在 IE 浏览器、Opera 浏览器以及 Firefox

浏览器中，垂直对齐方式为顶部对齐。图 19-13 为在 Chrome 浏览器中 inline-table 类型元素的垂直对齐方式的一个示例。

可以在样式中显式指定表格与文字的对齐方式，如将代码清单 19-7 中针对 table 元素指定的样式代码修改为如下所示的样式代码，然后重新运行该示例，运行结果中表格与文字的垂直对齐方式将被强制设定为底部对齐，如图 19-14 所示。

```
table{
        display: inline-table;
        border: solid 3px #00aaff;
        vertical-align: bottom;
}
```

图 19-13　在 Chrome 浏览器中 inline-table 类型元素的垂直对齐方式

图 19-14　显式指定 inline-table 类型的元素的垂直对齐方式为底部对齐

19.1.4　list-item 类型

如果在 display 属性中将元素的类型设定为 list-item 类型，可以将多个元素作为列表来显示，同时在元素的开头加上列表的标记。

代码清单 19-8 为 list-item 类型的一个使用示例，在该示例中，具有多个 div 元素，使用 display 属性将这些 div 元素的类型设定为 list-item 类型，使用 list-style-type 属性将列表标记设定为 circle，最终呈现出来的页面中的 div 元素以列表形式呈现，列表标记为一个空心小圆圈。

代码清单 19-8　list-item 类型的使用示例

```
<!DOCTYPE html PUBLIC "-//W3C//DTD XHTML 1.0 Transitional//EN"
"http://www.w3.org/TR/xhtml1/DTD/xhtml1-transitional.dtd">
<html xmlns="http://www.w3.org/1999/xhtml">
<head>
<meta http-equiv="Content-Type" content="text/html; charset=gb2312" />
<title>list-item 类型使用示例 </title>
<style type="text/css">
div{
        display:list-item;
```

```
        list-style-type:circle;
        margin-left:30px;
}
</style>
</head>
<body>
<div>示例 div1</div>
<div>示例 div2</div>
<div>示例 div3</div>
<div>示例 div4</div>
</body>
</html>
```

这段代码的运行结果如图 19-15 所示。

19.1.5　run-in 类型与 compact 类型

将元素指定为 run-in 类型或 compact 类型时，如果元素后面还有 block 类型的元素，run-in 类型的元素将被包含在后面的 block 类型的元素内部，而 compact 类型的元素将被放置在 block 类型的元素左边。

图 19-15　list-item 类型使用示例

代码清单 19-9 为 run-in 类型与 compact 类型结合使用的一个示例。示例中有两个解释列表用的 dl 元素，将需要被解释的名词用红色框框出，将第一个 dl 元素中的 dt 元素指定为 run-in 类型，第二个 dl 元素中的 dt 元素指定为 compact 类型。将两个 dl 元素中的 dd 元素的背景色均设定为黄色。

另外，到目前为止，run-in 类型只被 Opera 浏览器与 Safari 浏览器所支持，compact 类型只被 Opera 浏览器所支持。另外，compact 类型在 CSS 2.1 中被删除了，在 CSS 3 中又被恢复了。

代码清单 19-9　run-in 类型与 compact 类型使用示例

```
<!DOCTYPE html PUBLIC "-//W3C//DTD XHTML 1.0 Transitional//EN"
"http://www.w3.org/TR/xhtml1/DTD/xhtml1-transitional.dtd">
<html xmlns="http://www.w3.org/1999/xhtml">
<head>
<meta http-equiv="Content-Type" content="text/html; charset=gb2312" />
<title>run-in 类型与 compact 类型使用示例 </title>
<style type="text/css">
dl#runin dt{
    display: run-in;
    border: solid 2px red;
}
dl#compact dt{
    display: compact;
    border: solid 2px red;
```

```
}
dd{
    margin-left: 100px;
    background-color: yellow;
}
</style>
</head>
<body>
<dl id="runin">
<dt>名词一</dt>
<dd>关于"名词一"的名词解释。</dd>
</dl>
<dl id="compact">
<dt>名词二</dt>
<dd>关于"名词二"的名词解释。</dd>
</dl>
</body>
</html>
```

这段代码在 Opera 浏览器中的运行结果如图 19-16 所示。

图 19-16　Opera 浏览器中的 run-in 类型与 compact 类型使用示例

19.1.6　表格相关类型

在 CSS3 中所有与表格相关的元素及其所属类型如表 19-1 所示。

表 19-1　CSS 3 中所有与表格相关的元素及其所属类型

元素	所属类型	说　　明
table	table	代表整个表格
table	inline-table	代表整个表格，可以被指定为 table 类型，也可以被指定为 inline-table 类型
tr	table-row	代表表格中的一行
td	table-cell	代表表格中的单元格
th	table-cell	代表表格中的列标题
tbody	table-row-group	代表表格中的所有行
thead	table-header-group	代表表格中的表头部分
tfoot	table-footer-group	代表表格中的脚注部分

（续）

元素	所属类型	说　明
col	table-column	代表表格中的一列
colgroup	table-column-group	代表表格中的所有列
caption	table-caption	代表整个表格的标题

代码清单 19-10 为 CSS 3 中一个完整表格的构成示例，在该示例中，通过将许多 div 元素的类型指定为各种表格相关类型，使这些 div 元素共同构成了一个完整的表格。

代码清单 19-10　CSS 3 中完整表格的构成示例

```
<!DOCTYPE html PUBLIC "-//W3C//DTD XHTML 1.0 Transitional//EN"
"http://www.w3.org/TR/xhtml1/DTD/xhtml1-transitional.dtd">
<html xmlns="http://www.w3.org/1999/xhtml">
<head>
<meta http-equiv="Content-Type" content="text/html; charset=gb2312" />
<title>CSS3 中完整表格的构成示例</title>
<style type="text/css">
.table{
        display: table;
        border: solid 3px #00aaff;
}
.caption{
        display: table-caption;
        text-align: center;
}
.tr{
        display: table-row;
}
.td {
        display: table-cell;
        border: solid 2px #aaff00;
        padding: 10px;
}
.thead{
        display: table-header-group;
        background-color: #ffffaa;
}
</style>
</head>
<body>
<div class="table">
    <div class="caption"> 字母表 </div>
    <div class="thead">
        <div class="tr">
            <div class="td">1st</div>
            <div class="td">2nd</div>
            <div class="td">3rd</div>
            <div class="td">4th</div>
            <div class="td">5th</div>
```

```
            </div>
        </div>
        <div class="tr">
            <div class="td">A</div>
            <div class="td">B</div>
            <div class="td">C</div>
            <div class="td">D</div>
            <div class="td">E</div>
        </div>
        <div class="tr">
            <div class="td">F</div>
            <div class="td">G</div>
            <div class="td">H</div>
            <div class="td">I</div>
            <div class="td">J</div>
        </div>
    </div>
    </body>
    </html>
```

这段代码的运行结果如图 19-17 所示。

19.1.7　none 类型

将元素的类型指定为 none 类型后，该元素将不会被显示。

代码清单 19-11 为 none 类型的一个使用示例，示例中有四个 div 元素，分别显示四段文字，通过指定 none 类型，使其中两段文字不被显示。

代码清单 19-11　none 类型的使用示例

```
<!DOCTYPE html PUBLIC "-//W3C//DTD XHTML 1.0 Transitional//EN"
"http://www.w3.org/TR/xhtml1/DTD/xhtml1-transitional.dtd">
<html xmlns="http://www.w3.org/1999/xhtml">
<head>
<meta http-equiv="Content-Type" content="text/html; charset=gb2312" />
<title>none 类型的使用示例 </title>
<style type="text/css">
.none{
        display: none;
}
</style>
</head>
<body>
<div> 示例文字 1</div>
<div class="none"> 示例文字 2</div>
<div class="none"> 示例文字 3</div>
<div> 示例文字 4</div>
</body>
</html>
```

这段代码的运行结果如图 19-18 所示。

图 19-17　CSS 3 中完整表格的构成示例

图 19-18　none 类型的使用示例

19.1.8 各种浏览器对于各种盒类型的支持情况

最后，我们总结一下目前为止各种浏览器对于 CSS 3 中各种盒类型的支持情况，如表 19-2 所示。

表 19-2　各种浏览器对于 CSS 3 中各种盒类型的支持情况

盒类型	Firefox	Safari	Opera	Internet Explorer 8	Chrome
inline	√	√	√	√	√
block	√	√	√	√	√
inline-block	√	√	√	√	√
list-item	√	√	√	√	√
run-in	×	√	√	×	√
compact	×	×	√	×	×
table	√	√	√	√	√
inline-table	√	√	√	√	√
table-row	√	√	√	√	√
table-cell	√	√	√	√	√
table-row-group	√	√	√	√	√
table-header-group	√	√	√	√	√
table-footer-group	√	√	√	√	√
table-column	√	√	×	√	×
table-column-group	√	√	×	√	×
table-caption	√	√	√	√	√
ruby	×	×	×	√	×
ruby-base	×	×	×	√	×
ruby-text	×	×	×	√	×
none	√	√	√	√	√

19.2　对于盒中容纳不下的内容的显示

如果在样式中指定了盒的宽度与高度，就有可能出现某些内容在盒中容纳不下的情况，可以使用 overflow 属性来指定如何显示盒中容纳不下的内容。同时，与 overflow 属性相关的还有 overflow-x 属性、overflow-y 属性以及 text-overflow 属性，这几个属性原本是 IE 浏览器独自发展出来的属性，由于在 CSS 3 中被采用，因而受到了其他浏览器的支持。

19.2.1　overflow 属性

在 CSS 3 中，可以使用 overflow 属性来指定对于盒中容纳不下的内容的显示方法。这个属性是在 CSS 2 中定义的属性，目前受到了 Firefox、Safari、Opera、IE、Chrome 浏览器的支持。

例如，在代码清单 19-12 中，div 元素内的文字超出了 div 元素的容纳范围。

代码清单 19-12　内容超出元素容纳范围示例

```
<!DOCTYPE html PUBLIC "-//W3C//DTD XHTML 1.0 Transitional//EN"
"http://www.w3.org/TR/xhtml1/DTD/xhtml1-transitional.dtd">
<html xmlns="http://www.w3.org/1999/xhtml">
<head>
<meta http-equiv="Content-Type" content="text/html; charset=gb2312" />
<title>overflow 属性使用示例 </title>
<style type="text/css">
div{
        width: 300px;
        height: 150px;
        border: solid 1px orange;
}
</style>
</head>
<body>
<div>
<h1>标题文字 </h1>
<p> 示例文字。示例文字。示例文字。示例文字。示例文字。示例文字。示例文字。示例文字。
示例文字。示例文字。示例文字。示例文字。示例文字。示例文字。示例文字。示例文字。示例文字。
示例文字。示例文字。示例文字。示例文字。示例文字。示例文字。示例文字。示例文字。示例文字。
</p>
<p> 示例文字。示例文字。示例文字。示例文字。示例文字。示例文字。示例文字。示例文字。
示例文字。示例文字。示例文字。示例文字。示例文字。示例文字。示例文字。示例文字。示例文字。
示例文字。示例文字。示例文字。示例文字。示例文字。示例文字。示例文字。示例文字。示例文字。
</p>
</div>
</body>
</html>
```

这段代码的运行结果如图 19-19 所示。

这时，如果在 div 元素的样式代码中加入 overflow 属性，并且将属性值设定为 hidden，则超出容纳范围的文字将被隐藏起来。div 元素修改后的样式代码如下所示。

```
<style type="text/css">
div{
        overflow:hidden;
        width: 300px;
        height: 150px;
        border: solid 1px orange;
}
</style>
```

将这段样式代码替换到代码清单 19-12 中，然后重新运行该示例，运行结果如图 19-20
所示。

图 19-19　内容超出元素容纳范围示例　　　图 19-20　overflow 属性使用 hidden 属性值示例

如果将 overflow 属性的属性值设定为 scroll，则 div 元素中将出现固定的水平滚动条与
垂直滚动条，文字超出 div 元素的容纳范围时将被滚动显示。div 元素修改后的样式代码如下
所示。

```
<style type="text/css">
div{
        overflow:scroll;
        width: 300px;
        height: 150px;
        border: solid 1px orange;
}
</style>
```

将这段样式代码替换到代码清单 19-12 中，然后重新运行该示例，运行结果如图 19-21

所示。

　　如果将 overflow 属性的属性值设定为 auto，则当文字超出 div 元素的容纳范围时根据需要出现水平滚动条或垂直滚动条，并且滚动显示超出容纳范围的内容。div 元素修改后的样式代码如下所示。

```
<style type="text/css">
div{
        overflow:auto;
        width: 300px;
        height: 150px;
        border: solid 1px orange;
}
</style>
```

将这段样式代码替换到代码清单 19-12 中，然后重新运行该示例，运行结果如图 19-22 所示。

图 19-21　overflow 属性使用 scroll 属性值示例　　　图 19-22　overflow 属性使用 auto 属性值示例

　　如果将 overflow 属性的属性值设定为 visible，则与不使用 overflow 属性时的显示效果一样，超出容纳范围的文字按原样显示。div 元素修改后的样式代码如下所示。

```
<style type="text/css">
div{
        overflow:visible;
        width: 300px;
        height: 150px;
        border: solid 1px orange;
}
</style>
```

将这段样式代码替换到代码清单 19-12 中，然后重新运行该示例，运行结果如图 19-23 所示。

19.2.2 overflow-x 属性与 overflow-y 属性

如果使用 overflow-x 属性或 overflow-y 属性，可以单独指定在水平方向上或垂直方向上如果内容超出盒的容纳范围时的显示方法。

例如将代码清单 19-12 中 div 元素的样式代码修改成如下所示的样式代码，将 overflow-x 属性设定为 hidden，将 overflow-y 属性设定为 scroll，则只显示垂直方向上的滚动条。

```
<style type="text/css">
div{
        overflow-x:hidden;
        overflow-y:scroll;
        width: 300px;
        height: 150px;
        border: solid 1px orange;
}
</style>
```

将这段样式代码替换到代码清单 19-12 中，然后重新运行该示例，运行结果如图 19-24 所示。

图 19-23 overflow 属性使用 visible 属性值示例　图 19-24 overflow-x 属性与 overflow-y 属性使用示例

overflow-x 属性与 overflow-y 属性原本是 IE 浏览器中独自扩展出来的属性，后被 CSS 3 所采用，并被标准化。目前为止，受到 IE 浏览器、Firefox 浏览器、Chrome 6 以上版本浏览器、Safari3 以上版本浏览器以及 Opera10 以上版本浏览器的支持。

19.2.3　text-overflow 属性

当通过把 overflow 属性的属性值设定为"hidden"的方法将盒中容纳不下的内容隐藏起来时，如果使用 text-overflow 属性，可以在盒的末尾显示一个代表省略的符号"…"。但是，text-overflow 属性只在当盒中的内容在水平方向上超出盒的容纳范围时有效。

text-overflow 属性目前受到了 IE 6 以上版本浏览器、Firefox 浏览器、Chrome 浏览器、Safari 浏览器以及 Opera 浏览器的支持。

在代码清单 19-13 中，通过将 white-space 属性的属性值设定为 nowrap，使得盒的右端内容不能换行显示，这样一来，盒中的内容就在水平方向上溢出了。

代码清单 19-13　盒中的内容在水平方向上溢出示例

```
<!DOCTYPE html PUBLIC "-//W3C//DTD XHTML 1.0 Transitional//EN"
"http://www.w3.org/TR/xhtml1/DTD/xhtml1-transitional.dtd">
<html xmlns="http://www.w3.org/1999/xhtml">
<head>
<meta http-equiv="Content-Type" content="text/html; charset=gb2312" />
<title>text-overflow 属性使用示例</title>
<style>
div{
        white-space: nowrap;
        width: 300px;
        border: solid 1px orange;
}
</style>
</head>
<body>
<div>
这是一句非常非常非常非常非常非常非常非常非常非常长的例句。
</div>
</body>
</html>
```

这段代码在 IE 浏览器中的运行结果如图 19-25 所示。

图 19-25　盒中的内容在水平方向上溢出示例（在 IE 浏览器中运行）

这时，如果在 div 元素的样式中加入 overflow 属性，并且指定 overflow 属性的属性值为"hidden"，超出 div 元素部分的文字将会隐藏起来，修改后的样式代码如下所示。

```
<style type="text/css">
div{
        overflow:hidden;
        white-space: nowrap;
        width: 300px;
        border: solid 1px orange;
}
</style>
```

将这段样式代码替换到代码清单 19-13 中，然后重新运行该示例，运行结果如图 19-26 所示。

图 19-26　overflow 属性使用 hidden 属性值示例（在 IE 浏览器中运行）

如果在此基础上使用 text-overflow 属性，并且将属性值设定为 "ellipsis"，则在 div 元素的末尾会出现一个省略号。在代码清单 19-13 的 div 元素的样式代码中加入 text-overflow 属性后的样式代码如下所示。

```
<style type="text/css">
div{
        overflow:hidden;
        text-overflow: ellipsis;
        white-space: nowrap;
        width: 300px;
        border: solid 1px orange;
}
</style>
```

将这段样式代码替换到代码清单 19-13 中，然后重新运行该示例，运行结果如图 19-27 所示。

图 19-27　text-overflow 属性使用示例（在 IE 浏览器中运行）

另外，text-overflow 属性也是由 IE 浏览器扩展出来，并被 CSS3 所采纳的一个属性。

19.3　对盒使用阴影

19.3.1　box-shadow 属性的使用方法

在 CSS 3 中，可以使用 box-shadow 属性让盒在显示时产生阴影效果。到目前为止，该属性受到了 Firefox 浏览器、Chrome 浏览器、Safari 浏览器及 Opera 浏览器的支持。box-shadow 属性的指定方式如下所示。

```
box-shadow: length length length color
```

其中，前面 3 个 length 分别指阴影离开文字的横方向距离、阴影离开文字的纵方向距离和阴影的模糊半径，color 指阴影的颜色。

代码清单 19-14 为 box-shadow 属性的一个使用示例。在该示例中，对一个橘色盒使用灰色阴影。box-shadow 属性中的前三个参数均设为 10 个像素。

代码清单 19-14　box-shadow 属性使用示例

```
<!DOCTYPE html PUBLIC "-//W3C//DTD XHTML 1.0 Transitional//EN"
"http://www.w3.org/TR/xhtml1/DTD/xhtml1-transitional.dtd">
<html xmlns="http://www.w3.org/1999/xhtml">
<head>
<meta http-equiv="Content-Type" content="text/html; charset=gb2312" />
<title>box-shadow 属性使用示例 </title>
<style type="text/css">
div{
        background-color: #ffaa00;
        box-shadow: 10px 10px 10px gray;
        width:200px;
        height:100px;
}
</style>
</head>
<body>
<div> </div>
</body>
</html>
```

这段代码的运行结果如图 19-28 所示。

19.3.2　将参数设定为 0

将阴影的模糊半径设定为 0 时，将绘制不向外模糊的阴影。将代码清单 19-14 中的样式代码修改为如下所示的样式代码，然后重新运行该示例，运行结果如图 19-29 所示。

```
<style type="text/css">
div{
```

```
background-color: #ffaa00;
box-shadow: 10px 10px 0 gray;
width:200px;
height:100px;
}
</style>
```

图 19-28　box-shadow 属性使用示例　　　　图 19-29　将阴影的模糊半径设定为 0

　　将阴影离开文字的横方向距离与阴影离开文字的纵方向距离均设定为 0 时，将在盒的周围绘制阴影。将代码清单 19-14 中的样式代码修改为如下所示的样式代码，然后重新运行该示例，运行结果如图 19-30 所示。

```
<style type="text/css">
div{
        background-color: #ffaa00;
        box-shadow: 0px 0px 50px gray;
        width:200px;
        height:100px;
}
</style>
```

图 19-30　将阴影离开文字的横方向距离与阴影离开文字的纵方向距离均设定为 0

　　可以将阴影离开文字的横方向距离或阴影离开文字的纵方向距离设定为负数值：将阴影离开文字的横方向距离设定为负数值时，向左绘制阴影；将阴影离开文字的纵方向距离设定为负数值时，向上绘制阴影。将代码清单 19-14 中的样式代码修改为如下所示的样式代码，然后重新运行该示例，运行结果如图 19-31 所示。

```
<style type="text/css">
div{
        background-color: #ffaa00;
        box-shadow: -10px -10px 10px gray;
```

图 19-31　将阴影离开文字的横方向距离与阴影离开文字的纵方向距离均设定为负数值

```
        width:200px;
        height:100px;
}
</style>
```

19.3.3 创建盒内阴影

可以通过一个可选的 inset 关键字在盒元素内部创建阴影，该阴影只被创建在盒元素内部，超出盒元素边框的部分将被裁剪。

继续修改代码清单 19-14，创建盒内阴影，指定盒元素的内部阴影的水平方向与垂直方向上的偏移距离均为 0，模糊半径与展开半径均为 5 个像素，样式代码如下所示。

将代码清单 19-14 中的样式代码修改为如下所示的样式代码，然后重新运行该示例，运行结果如图 19-31 所示。

```
<style type="text/css">
div{
        background-color: #ffaa00;
        box-shadow: inset 0 0 5px 5px #888;
        width:200px;
        height:100px;
}
</style>
```

重新运行该示例，运行结果如图 19-32 所示。

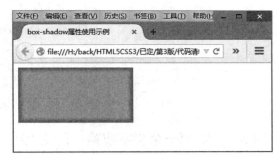

图 19-32　创建盒内阴影

19.3.4 对盒内子元素使用阴影

可以单独对盒内的子元素使用阴影。代码清单 19-15 是对盒内的子元素使用阴影的一个示例，该示例中具有一个 div 元素，div 元素内部有一个 span 子元素，使用 box-shadow 属性让 span 子元素具有阴影效果。

代码清单 19-15　对盒内子元素使用阴影示例

```
<!DOCTYPE html PUBLIC "-//W3C//DTD XHTML 1.0 Transitional//EN"
"http://www.w3.org/TR/xhtml1/DTD/xhtml1-transitional.dtd">
<html xmlns="http://www.w3.org/1999/xhtml">
<head>
<meta http-equiv="Content-Type" content="text/html; charset=gb2312" />
<title> 对盒内子元素使用阴影示例 </title>
<style type="text/css">
span{
        background-color: #ffaa00;
        box-shadow: 10px 10px 10px gray;
```

```
}
</style>
</head>
<body>
<div>示例文字示例文字示例文字示例文字示例文字<span>示例文字示例文字示例文字示例文字示
例文字示例文字示例文字示例文字示例文字示例文字</span>示例文字示例文字示例文字示例文字
示例文字</div>
</body>
</html>
```

这段代码的运行结果如图 19-33 所示。

图 19-33　对盒内子元素使用阴影示例

19.3.5　对第一个文字或第一行使用阴影

可以使用 first-letter 选择器或 first-line 选择器来只让第一个文字或第一行具有阴影效果，代码清单 19-16 展示了一个只让第一个文字具有阴影效果的示例。该示例中具有一个 div 元素，元素内有一些文字，使用 first-letter 选择器来只让第一个文字具有阴影效果。

代码清单 19-16　对第一个文字使用阴影示例

```
<!DOCTYPE html PUBLIC "-//W3C//DTD XHTML 1.0 Transitional//EN"
"http://www.w3.org/TR/xhtml1/DTD/xhtml1-transitional.dtd">
<html xmlns="http://www.w3.org/1999/xhtml">
<head>
<meta http-equiv="Content-Type" content="text/html; charset=gb2312" />
<title>对第一个文字使用阴影示例</title>
<style type="text/css">
div:first-letter{
        font-size: 22px;
        float: left;
        background-color: #ffaa00;
        box-shadow: 5px 5px 5px gray;
}
</style>
</head>
```

```
<body>
<div> 示例文字 </div>
</body>
</html>
```

这段代码的运行结果如图 19-34 所示。

19.3.6 对表格及单元格使用阴影

可以使用 box-shadow 属性让表格及表格内的单元格产生阴影效果。代码清单 19-17 是使用 box-shadow 属性让表格及单元格产生阴影效果的一个示例。该示例中有一个表格，表格内有一些数字，使用 box-shadow 属性让表格及单元格都产生了阴影，使表格看起来具有数字面板的视觉效果。

代码清单 19-17 使用 box-shadow 属性让表格及单元格产生阴影效果的示例

```
<!DOCTYPE html PUBLIC "-//W3C//DTD XHTML 1.0 Transitional//EN"
"http://www.w3.org/TR/xhtml1/DTD/xhtml1-transitional.dtd">
<html xmlns="http://www.w3.org/1999/xhtml">
<head>
<meta http-equiv="Content-Type" content="text/html; charset=gb2312" />
<title> 使用 box-shadow 属性让表格及单元格产生阴影效果的示例 </title>
<style type="text/css">
table{
        border-spacing:10px;
        box-shadow:5px 5px 20px gray;
}
td{
        background-color: #ffaa00;
        box-shadow:5px 5px 5px gray;
        padding:10px;
}
</style>
</head>
<body>
<table>
<tr>
<td>1</td>
<td>2</td>
<td>3</td>
<td>4</td>
<td>5</td>
</tr>
<tr>
<td>6</td>
<td>7</td>
<td>8</td>
```

```
<td>9</td>
<td>0</td>
</tr>
</table>
</body>
</html>
```

这段代码的运行结果如图 19-35 所示。

图 19-34　对第一个文字使用阴影示例

图 19-35　使用 box-shadow 属性让表格及
　　　　　单元格产生阴影效果的示例

19.4　指定针对元素的宽度与高度的计算方法

在 CSS 3 中，使用 box-sizing 属性来指定针对元素的宽度与高度的计算方法。到目前为止，Firefox 4、Opera 10、Safari 3、Chrome 8 与 IE 8 版本的浏览器都对这个属性提供了支持，本节针对这个属性做一详细介绍。

19.4.1　box-sizing 属性

在 CSS 中，使用 width 属性与 height 属性来指定元素的宽度与高度。但是使用 box-sizing 属性，可以指定用 width 属性与 height 属性分别指定的宽度值与高度值是否包含元素的内部补白区域与边框的宽度与高度。

可以为 box-sizing 属性指定的属性值为 content-box 与 border-box。content-box 属性值表示元素的宽度与高度不包括内部补白区域与边框的宽度与高度，border-box 属性值表示元素的宽度与高度包括内部补白区域与边框的宽度与高度，在没有使用 box-sizing 属性的时候，默认使用 content-box 属性值。

代码清单 19-18 所示示例可以很直观地说明这两个属性值的区别。在该示例中存在两个 div 元素，在第一个 div 元素的 box-sizing 属性中指定 content-box 属性值，在第二个 div 元素

的 box-sizing 属性中指定 border-box 属性值，通过在浏览器中的运行结果我们可以很直观地
看出这两个属性值的区别。

代码清单 19-18　box-sizing 属性使用示例

```
<!DOCTYPE html PUBLIC "-//W3C//DTD XHTML 1.0 Transitional//EN"
"http://www.w3.org/TR/xhtml1/DTD/xhtml1-transitional.dtd">
<html xmlns="http://www.w3.org/1999/xhtml">
<head>
<meta http-equiv="Content-Type" content="text/html; charset=gb2312" />
<title>box-sizing 属性使用示例 </title>
</head>
<style type="text/css">
div{
        width: 300px;
        border: solid 30px #ffaa00;
        padding: 30px;
        background-color: #ffff00;
        margin: 20px auto;
}
div#div1{
        box-sizing: content-box;
}
div#div2{
        box-sizing: border-box;
}
</style>
<body>
<div id="div1">
示例文字示例文字示例文字示例文字示例文字示例文字示例文字示例文字示例文字示例文字
示例文字示例文字示例文字示例文字示例文字示例文字示例文字示例文字示例文字示例文字
</div>
<div id="div2">
示例文字示例文字示例文字示例文字示例文字示例文字示例文字示例文字示例文字示例文字
示例文字示例文字示例文字示例文字示例文字示例文字示例文字示例文字示例文字示例文字
</div>
</body>
</html>
```

代码清单 19-18 所示示例的运行结果如图 19-36 所示。

在这个示例中，虽然同时指定两个 div 元素的宽度都是 300px，但是第一个元素的 box-sizing 属性中指定了 content-box 属性值，所以元素内容部分的宽度为 300px，元素的总宽度为：元素内容宽度 300px+ 内部补白宽度 30px*2+ 边框宽度 30px*2=420px；第二个元素的 box-sizing 属性中指定了 border-box 属性值，所以元素的总宽度为 300px，元素内容部分的宽度 = 元素总宽度 300px- 内部补白宽度 30px*2- 边框宽度 30px*2=180px。

另外，在 Firefox 浏览器中，还可以在 box-sizing 属性中指定属性值为 padding-box，意思是指定的宽度与高度包括内容的宽度与高度和内部补白区域的宽度与高度，不包括边框的宽度与高度。将代码清单 19-18 中代码修改为代码清单 19-19 中所示代码，在该示例的两个 div 元

素的后面追加一个 div 元素，并且指定该元素的 box-sizing 属性的属性值为 padding-box，在表示示例运行结果的图 19-37 中观察第三个 div 元素的宽度与前两个 div 元素的宽度有什么区别。

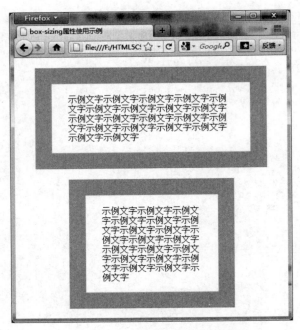

图 19-36　box-sizing 属性使用示例

代码清单 19-19　三种 box-sizing 属性值的使用示例

```
<!DOCTYPE html PUBLIC "-//W3C//DTD XHTML 1.0 Transitional//EN"
"http://www.w3.org/TR/xhtml1/DTD/xhtml1-transitional.dtd">
<html xmlns="http://www.w3.org/1999/xhtml">
<head>
<meta http-equiv="Content-Type" content="text/html; charset=gb2312" />
<title> 三种 box-sizing 属性值的使用示例 </title>
</head>
<style type="text/css">
div{
        width: 300px;
        border: solid 30px #ffaa00;
        padding: 30px;
        background-color: #ffff00;
        margin: 20px auto;
}
div#div1{
        box-sizing: content-box;
}
div#div2{
        box-sizing: border-box;
}
div#div3{
```

```
        box-sizing:padding-box;
}
</style>
<body>
<div id="div1">
示例文字示例文字示例文字示例文字示例文字示例文字示例文字示例文字示例文字示例文字
示例文字示例文字示例文字示例文字示例文字示例文字示例文字示例文字示例文字示例文字
</div>
<div id="div2">
示例文字示例文字示例文字示例文字示例文字示例文字示例文字示例文字示例文字示例文字
示例文字示例文字示例文字示例文字示例文字示例文字示例文字示例文字示例文字示例文字
</div>
<div id="div3">
示例文字示例文字示例文字示例文字示例文字示例文字示例文字示例文字示例文字示例文字
示例文字示例文字示例文字示例文字示例文字示例文字示例文字示例文字示例文字示例文字
</div>
</body>
</html>
```

图 19-37　三种 box-sizing 属性值的使用示例

19.4.2　为什么要使用 box-sizing 属性

使用 box-sizing 属性的目的是对元素的总宽度做一个控制，如果不使用该属性，样式中默认使用的是 content-box 属性值，它只对内容的宽度做了一个指定，却没有对元素的总宽度进行指定。在有些场合下利用 border-box 属性值会使得页面布局更加方便。譬如代码清单

19-20 中所示的示例，只要将两个 div 元素的 border-box 属性值都设定为 50%，就可以确保两个 div 元素并列显示。

代码清单 19-20　确保两个 div 元素并列显示

```
<!DOCTYPE html PUBLIC "-//W3C//DTD XHTML 1.0 Transitional//EN"
"http://www.w3.org/TR/xhtml1/DTD/xhtml1-transitional.dtd">
<html xmlns="http://www.w3.org/1999/xhtml">
<head>
<meta http-equiv="Content-Type" content="text/html; charset=gb2312" />
<title>确保两个 div 元素的并列显示</title>
</head>
<style>
div{
        width: 50%;
        border: solid 30px #ffaa00;
        padding: 30px;
        background-color: #ffff00;
        float: left;
        box-sizing: border-box;
}
div#div2{
    border: solid 30px  #00ffff;
}
</style>
<body>
<div id="div1">
示例文字示例文字示例文字示例文字示例文字示例文字示例文字示例文字示例文字示例文字
示例文字示例文字示例文字示例文字示例文字示例文字示例文字示例文字示例文字示例文字
</div>
<div id="div2">
示例文字示例文字示例文字示例文字示例文字示例文字示例文字示例文字示例文字示例文字
示例文字示例文字示例文字示例文字示例文字示例文字示例文字示例文字示例文字示例文字
</div>
</body>
</html>
```

代码清单 19-20 的运行结果如图 19-38 所示。

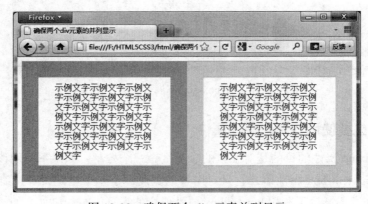

图 19-38　确保两个 div 元素并列显示

第 20 章 *Chapter 20*

背景与边框相关样式

本章主要介绍 CSS 3 中与背景和边框相关的一些样式，其中包括与背景相关的几个属性、如何在一个元素的背景中使用多个图像文件、如何绘制圆角边框、如何为元素添加图像边框。

学习内容：

❑ 掌握 CSS 3 中新增的与背景相关的 background-clip 属性、background-origin 属性、background-size 属性以及 background-break 属性的概念、使用方法以及各种浏览器的支持情况。

❑ 知道如何在一个元素的背景中使用多个图像文件来完成复杂背景图像的绘制。

❑ 知道如何使用 CSS 3 中的 border-radius 属性来为元素添加一个圆角边框。

❑ 知道如何使用 CSS 3 中的 border-image 属性来为元素添加一个可随着元素尺寸的变化而自动伸缩的图像边框。

20.1　与背景相关的新增属性

CSS 3 中追加了一些与背景相关的属性，如表 20-1 所示。

表 20-1　CSS 3 中追加的背景相关属性

属　　性	功　　能
background-clip	指定背景的显示范围
background-origin	指定绘制背景图像时的起点
background-size	指定背景中图像的尺寸
background-break	指定内联元素的背景图像进行平铺时的循环方式

20.1.1 指定背景的显示范围——background-clip 属性

在 HTML 页面中，一个具有背景的元素通常由元素的内容、内部补白（padding）、边框、外部补白（margin）构成，它们的结构示意如图 20-1 所示。

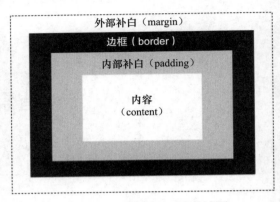

图 20-1　具有背景的元素构成图

在元素中背景的显示范围在 CSS 2 与 CSS 2.1、CSS 3 中并不相同。在 CSS 2 中，背景的显示范围是指内部补白之内的范围，不包括边框；而在 CSS 2.1 乃至 CSS 3 中，背景的显示范围是指包括边框在内的范围。在 CSS 3 中，可以使用 background-clip 来修改背景的显示范围，如果将 background-clip 的属性值设定为 border-box，则背景范围包括边框区域，如果设定为 padding-box，则背景范围仅包括内部补白区域，如果设定为 content-box，则背景区域仅包括内容区域。

为了更直观地说明问题，我们来看代码清单 20-1 中的一个示例。该示例中具有三个 div 元素，设定三个 div 元素的背景颜色均为黑色，边框均为绿色点划线。在样式代码中指定一个 div 元素的 background-clip 的属性值为 border-box，第二个 div 元素的 background-clip 的属性值为 padding-box，第三个元素的 background-clip 的属性值为 content-box。我们来看一下在示例的运行结果中两个 div 元素在显示上有什么区别。

代码清单 20-1　两种 background-clip 属性值的对比示例

```
<!DOCTYPE html PUBLIC "-//W3C//DTD XHTML 1.0 Transitional//EN"
"http://www.w3.org/TR/xhtml1/DTD/xhtml1-transitional.dtd">
<html xmlns="http://www.w3.org/1999/xhtml">
<head>
<meta http-equiv="Content-Type" content="text/html; charset=gb2312" />
<title>三种 background-clip 属性值的对比示例 </title>
<style type="text/css">
div{
        background-color: black;
        border: dashed 15px green;
        padding: 30px;
        color:white;
        font-size:30px;
        font-weight:bold;
}
div.div1{
        background-clip: border-box;
}
div.div2{
```

```
        background-clip: padding-box;
}
div.div3{
        background-clip: content-box;
}
</style>
</head>
<body>
<div class="div1">示例文字 1</div><br>
<div class="div2">示例文字 2</div><br>
<div class="div3">示例文字 3</div>
</body>
```

这段代码的运行结果如图 20-2 所示。

从图 20-2 中我们可以看出，当 div 元素的背景色是黑色，边框是点划线的时候，如果 background-clip 的属性值为 border-box，则边框点划线中的点与点之间的颜色也变为 div 元素的背景色黑色，说明背景的显示范围包括边框在内；如果 background-clip 的属性值为 padding-box，则边框点划线中的点与点之间的颜色为网页的背景色白色，说明背景的显示范围仅包括内部补白区域，不包括边框在内，如果 background-clip 的属性值为 content-box，则说明 div 元素的背景颜色中黑色的显示范围仅包括内部区域。

另外，当背景为图像时运行结果也同样如此，当 background-clip 的属性值为 border-box 时，图像会占据边框点划线的点与点中间的空间，而当 background-clip 的属性值为 padding-box 时，边框点划线的点与点中间的颜色仍然为网页背景色，div 元素的背景颜色仅包括内部补白区域，当 background-clip 的属性值为 content-box 时，div 元素的背景颜色中黑色的显示范围仅包括内部区域。

将代码清单 20-1 中的样式代码修改为如下代码，然后重新运行该示例，运行结果如图 20-3 所示。

```
<style type="text/css">
div{
        background-color: black;
        background-image: url(flower-green.png);
        border: dashed 15px green;
        padding: 30px;
        color:white;
        font-size:2em;
        font-weight:bold;
}
div.div1{
        background-clip: border-box;
}
div.div2{
        background-clip: padding-box;
}
```

```
div.div3{
        background-clip:content-box;
}
</style>
```

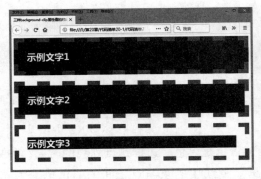

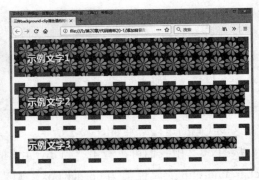

图 20-2 三种 background-clip 属性值的   图 20-3 背景为图像时的三种 background-
对比示例   clip 属性值的对比示例

20.1.2 指定背景图像的绘制起点——background-origin 属性

在绘制背景图像时，默认是从内部补白（padding）区域的左上角开始绘制的，但是可以利用 background-origin 属性来指定绘制时从边框的左上角开始绘制，或者从内容的左上角开始绘制。

在 Firefox 浏览器中指定绘制起点时，需要在样式代码中将 background-origin 属性书写成 "-moz-background-origin" 的形式；在 Safari 浏览器或 Chrome 浏览器中指定绘制起点时，需要在样式代码中将 background-origin 属性书写成 "-webkit-background-origin" 的形式。接下来，我们在代码清单 20-2 中看一个 background-origin 属性的使用示例，在本示例中有三个 div 元素，这三个 div 元素的背景均指定为同一背景图像，分别指定其 background-origin 属性为 border-box、padding-box 以及 content-box，分别代表从边框的左上角、内部补白区域的左上角或内容的左上角开始绘制。另外，将三个 div 元素的 background-repeat 属性均指定为 no-repeat，表示不使用平铺方式。

代码清单 20-2 background-origin 属性使用示例

```
<!DOCTYPE html PUBLIC "-//W3C//DTD XHTML 1.0 Transitional//EN"
"http://www.w3.org/TR/xhtml1/DTD/xhtml1-transitional.dtd">
<html xmlns="http://www.w3.org/1999/xhtml">
<head>
<meta http-equiv="Content-Type" content="text/html; charset=gb2312" />
<title>background-origin 属性使用示例 </title>
</head>
<style type="text/css">
```

```
div{
        background-color: black;
        background-image: url(flower-green.png);
        background-repeat: no-repeat;
        border: dashed 15px green;
        padding: 30px;
        color:white;
        font-size:2em;
        font-weight:bold;
}
div.div1{
        background-origin: border-box;
}
div.div2{
        background-origin: padding-box;
}
div.div3{
        background-origin: content-box;
}
</style>
<body>
<div class="div1">示例文字 1</div><br>
<div class="div2">示例文字 2</div><br>
<div class="div3">示例文字 3</div>
</body>
```

这段代码的运行结果如图 20-4 所示。

图 20-4 background-origin 属性的使用示例

20.1.3 指定背景图像的尺寸——background-size 属性

在 CSS 3 中，可以使用 background-size 属性来指定背景图像的尺寸。到目前为止，background-size 属性受到了 Firefox 4、Safari 3、Opera 10、Chrome 8 版本浏览器的支持。

使用 background-size 属性来指定背景图像尺寸的最简单方法类似如下所示：

```
background-size: 40px 20px;
```

其中，40px 为背景图像的宽度，20px 为背景图像的高度，中间用半角空格进行分隔。

代码清单 20-3 为 background-size 属性的一个使用示例。在该示例中，有一个 div 元素，使用 background-size 属性来指定该 div 元素的背景图像的宽度为 40px，高度为 20px。

代码清单 20-3 background-size 属性的使用示例

```
<!DOCTYPE html PUBLIC "-//W3C//DTD XHTML 1.0 Transitional//EN"
"http://www.w3.org/TR/xhtml1/DTD/xhtml1-transitional.dtd">
<html xmlns="http://www.w3.org/1999/xhtml">
<head>
<meta http-equiv="Content-Type"
content="text/html; charset=gb2312" />
<title>background-size 属性的使用示例 </title>
</head>
<style type="text/css">
div{
        background-color: black;
        background-image: url(flower-red.png);
        padding: 30px;
        color:white;
        font-size:2em;
        font-weight:bold;
        background-size: 40px 20px;
}
</style>
<body>
<div> 示例文字 </div><br>
</body>
</html>
```

代码清单 20-3 的运行结果如图 20-5 所示。

图 20-5 background-size 属性的使用示例

　　另外，如果要维持图像纵横比例，可以在设定图像宽度与高度的同时，将另一个参数设定为 auto。例如，将代码清单 20-3 中的样式代码修改为如下所示的样式代码，在该代码中将图像的高度设定为 20 像素，宽度设定为 auto。修改代码后运行该示例，运行结果如图 20-6 所示。

```
<style type="text/css">
div{
        background-color: black;
        background-image: url(flower-red.png);
        padding: 30px;
        color:white;
        font-size:2em;
        font-weight:bold;
        background-size: auto 20px;
}
</style>
```

图 20-6　background-size 属性中使用 auto 参数示例

　　在使用 background-size 属性的时候，可以将宽度与高度中的一个参数省略，只指定一个参数。在这种情况下，在浏览器中将该值作为宽度值，auto 作为高度值进行处理。

　　将代码清单 20-3 中的样式代码修改为如下所示的样式代码，该代码只在 background-size 属性的参数中设定一个值 20px，然后重新运行该示例，在浏览器中的运行结果如图 20-7 所示。

```
<style type="text/css">
div{
        background-color: black;
        background-image: url(flower-red.png);
        padding: 30px;
        color:white;
        font-size:2em;
        font-weight:bold;
        background-size:20px;
}
</style>
```

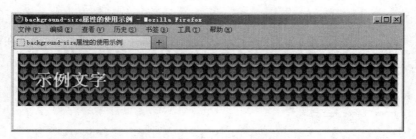

图 20-7 在浏览器的 background-size 属性中使用唯一参数示例

在指定宽度与高度的时候，也可以使用百分比的值来作为参数。这时，在浏览器中将指定的百分比视为图像尺寸除以整个边框区域的尺寸后得出的百分比来处理。

将代码清单 20-3 中的样式代码修改为如下所示的样式代码，在该代码中设定宽度与高度均为 50%，然后重新运行该示例，运行结果如图 20-8 所示。

```
<style type="text/css">
div{
        background-color: black;
        background-image: url(flower-red.png);
        border: dotted 15px yellow;
        padding: 30px;
        color:white;
        font-size:2em;
        font-weight:bold;
        background-size: 50% 50%;
}
</style>
```

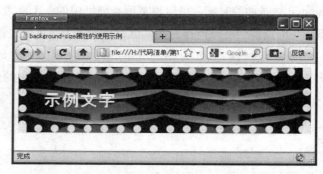

图 20-8 background-size 属性中使用百分比参数示例

也可以将 background-size 属性值指定为 contain 关键字，这将把原始图像在维持纵横比的前提下自动放大或缩小，以使原始图像的宽度或高度完全等于元素的宽度或高度（确保图像能被完整显示在元素中）。

将代码清单 20-3 中的样式代码修改为如下所示的样式代码，该代码设定 div 元素的宽度及高度，同时将 div 元素的 background-size 属性值为 contain，然后重新运行该示例，运行结果如图 20-9 所示。

```
<style type="text/css">
div{
    width:300px;
    height:300px;
    background-color: black;
    background-image: url(flower-red.png);
    border: dotted 15px yellow;
    padding: 30px;
    color:white;
    font-size:2em;
    font-weight:bold;
    background-size: contain;
    background-repeat:no-repeat;
}

</style>
```

可以将 background-size 属性值指定为 cover 关键字，这会使原始图像在维持纵横比的前提下将背景图像自动缩放到填满元素内部，如果元素的长宽比例与原始图像的长宽比例不一致，那么多余部分将被剪去。

将前述代码中的 contain 关键字修改为 cover 关键字，代码如下所示：

```
<style type="text/css">
div{
    width:300px;
    height:300px;
    background-color: black;
    background-image: url(flower-red.png);
    border: dotted 15px yellow;
    padding: 30px;
    color:white;
    font-size:2em;
    font-weight:bold;
    background-size: cover;
    background-repeat:no-repeat;
}

</style>
```

在浏览器中重新运行该示例，运行结果如图 20-10 所示。

图 20-9　将 div 元素的 background-size 属性值为 contain

图 20-10　将 div 元素的 background-size 属性值为 cover

20.1.4 新增的用于平铺背景图像的选项——space 与 round

在 CSS 2.1 中，在平铺背景图像时，可以使用 4 个选项：no-repeat、repeat、repeat-x 与 repeat-y。虽然这几个选项毫无疑问是有用的，但是如果进行平铺之后图像超出了背景的范围，它们并没有对图像进行更好地控制，只是简单地裁剪掉图像超出背景范围的部分。

CSS 3 中添加了两个新的可用于更好地平铺背景图像的选项：space 与 round。

其中 space 选项在水平方向或垂直方向平铺背景图像时并不裁剪掉图像超出背景的部分，也不会调整背景图像尺寸，而是自动调整图像与图像之间的间距，而 round 选项在水平方向或垂直方向平铺背景图像时同样不会裁剪掉图像超出背景的部分，而是会自动调整背景图像的尺寸。

到目前为止，IE 9 以上、Chrome 浏览器与 Opera 浏览器均支持这两个选项。

代码清单 20-4 为 background-size 属性的一个使用示例。在该示例中，具有一个 div 元素，我们将分别使用 space 选项与 round 选项来平铺这个 div 元素的背景图像。

代码清单 20-4　使用 space 选项与 round 选项来平铺这个 div 元素的背景图像

```
<!DOCTYPE html PUBLIC "-//W3C//DTD XHTML 1.0 Transitional//EN"
"http://www.w3.org/TR/xhtml1/DTD/xhtml1-transitional.dtd">
<html xmlns="http://www.w3.org/1999/xhtml">
<head>
<meta http-equiv="Content-Type" content="text/html; charset=gb2312" />
<title> 使用 space 选项与 round 选项来平铺这个 div 元素的背景图像 </title>
</head>
<style type="text/css">
div{
    width:500px;
    height:500px;
    border:1px solid blue;
    background:#339933;
    background-image: url(sheep.png);
    background-repeat: space;
}
</style>
<body>
<div> 示例文字 </div><br>
</body>
</html>
```

在上述 div 元素的样式代码中，我们首先使用 space 选项来平铺背景图像，这将调整图像与图像之间的间距，在 Chrome 浏览器中打开示例页面，页面显示效果如图 20-11 所示。

将 space 选项修改为 round 选项，代码如下所示：

```
div{
    width:500px;
    height:500px;
    border:1px solid blue;
    background:#339933;
    background-image: url(sheep.png);
    background-repeat: round;
}
```

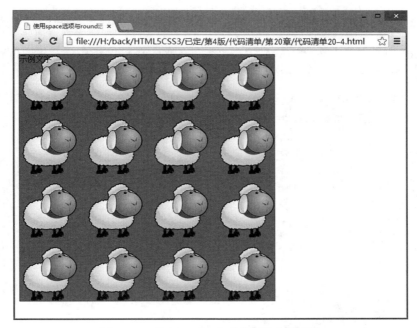

图 20-11　使用 space 选项来平铺背景图像

在 Chrome 浏览器中打开示例页面，页面显示效果如图 20-12 所示。

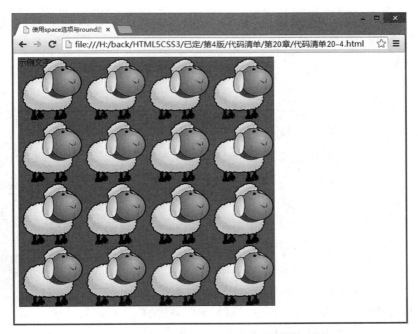

图 20-12　使用 round 选项来平铺背景图像

20.2　在一个元素中显示多个背景图像

在 CSS 3 中可以在一个元素中显示多个背景图像，还可以将多个背景图像进行重叠显示，从而使得调整背景图像中所用的素材变得更加容易。

首先，我们在代码清单 20-5 中看一个示例——在一个元素中显示多个背景图像。在该示例中具有一个 div 元素，我们来看一下怎样在这个 div 元素显示多个背景图像。

代码清单 20-5　在一个元素中显示多个背景图像的示例

```
<!DOCTYPE html PUBLIC "-//W3C//DTD XHTML 1.0 Transitional//EN"
"http://www.w3.org/TR/xhtml1/DTD/xhtml1-transitional.dtd">
<html xmlns="http://www.w3.org/1999/xhtml">
<head>
<meta http-equiv="Content-Type" content="text/html; charset=gb2312" />
<title>在一个元素中显示多个背景图像的示例</title>
</head>
<style>
div{
        background-image:url(flower-red.png),
        url(flower-green.png),url(sky.jpg);
        background-repeat: no-repeat, repeat-x, no-repeat;
        background-position: 3% 98%,85%, center center,  top;
        width: 300px;
        padding: 90px 0px;
}
</style>
<body>
<div></div>
</body>
</html>
```

这段代码运行结果如图 20-13 所示。

在 div 元素的样式代码中，我们使用到了几个关于背景的属性——background-image 属性、background-repeat 属性与 background-position 属性。这些属性都是 CSS 1 中就有的属性，但是在 CSS 3 中，通过利用逗号作为分隔符来同时指定多个属性的方法，可以指定多个背景图像，并且实现在一个元素中显示多个背景图像的功能。

注意，在使用 background-image 属性来指定图像文件的时候，指定的时候是按在浏览器中显示时图像叠放的顺序从上往下指定的，第一个图像文件是放在最上面的，

图 20-13　在一个元素中显示多个背景图像的示例

最后指定的文件是放在最下面的。另外，通过多个 background-repeat 属性与 background-position 属性的指定，可以单独指定背景图像中某个图像文件的平铺方式与放置位置。

在代码清单 20-5 中，通过指定多个 background-image 属性、background-repeat 属性与 background-position 属性，我们实现了在一个元素的背景中显示多个图像文件的功能。具体来说，允许被多重指定并配合多个图像文件一起利用的属性如下：

- ❑ background-image
- ❑ background-repeat
- ❑ background-position
- ❑ background-clip
- ❑ background-origin
- ❑ background-size

20.3　使用渐变色背景

在 CSS 3 中，支持对于元素指定渐变色背景。所谓渐变是指从一种颜色慢慢过渡到另外一种颜色。渐变分为线性渐变与放射性渐变。

20.3.1　绘制线性渐变

首先我们介绍一下线性渐变的指定方法，最简单的使用代码如下所示：

```
background: linear-gradient(to bottom,orange,black);
```

在上述代码中，我们通过在样式属性值中使用 linear-gradient 函数实现线性渐变，函数中使用三个参数，其中第一个参数的可指定参数值如下所示。

- ❑ to bottom：指定从上往下的渐变，默认渐变起点为元素顶端，渐变终点为元素底端。
- ❑ to bottom right：指定从左上往右下的渐变，默认渐变起点为元素左上角，渐变终点为元素右下角。
- ❑ to right：指定从左往右的渐变，默认渐变起点为元素左边，渐变终点为元素右边。
- ❑ to up right: 指定从左下往右上的渐变，默认渐变起点为元素左下角，渐变终点为元素右上角。
- ❑ to up：指定从下往上的渐变，默认渐变起点为元素底端，渐变终点为元素顶端。
- ❑ to up left：指定从右下往左上的渐变，默认渐变起点为元素右下角，渐变终点为元素左上角。
- ❑ to left：指定从右往左的渐变，默认渐变起点为元素右边，渐变终点为元素左边。

❑ to bottom left：指定从右上往左下的渐变，默认渐变起点为元素右上角，渐变终点为
元素左下角。

❑ 可指定一个角度，用于指定渐变线的旋转角度。

在上述代码中，linear-gradient 函数的第二个参数值与第三个参数值分别代表渐变的起点
色与终点色。

看一个线性渐变的使用示例，示例代码如代码清单 20-6 所示。在示例代码中，我们对
div 元素指定从顶端到底端、从桔色到黑色的线性渐变。

代码清单 20-6　线性渐变的使用示例

```
<!DOCTYPE html>
<head>
<meta charset="UTF-8">
<title>线性渐变的使用示例</title>
<style type="text/css">
div{
    width:300px;
    height:300px;
    background: linear-gradient(to bottom,orange,black);
}
</style>
</head>
<body>
<div></div>
</body>
</html>
```

在浏览器中访问示例页面，页面显示效果如图 20-14 所示。

可以将 linear-gradient 函数的第一个参数值指定
为一个角度，其作用为修改渐变线的角度。代码如下
所示：

background: linear-gradient(30deg,orange,black);

如果角度为 0，则渐变线的方向为从下往上，当角度
值增加时渐变线顺时针方向旋转，如图 20-15 所示。

将代码清单 20-6 中 div 元素的 background 样式属性
值修改为如下所示（指定渐变线旋转方向为 30°）：

background: linear-gradient(30deg,orange,black);

在浏览器中访问修改后的示例页面。页面显示效果
如图 20-16 所示。

图 20-14　绘制渐变色背景

如果不想将渐变色的起点或终点设置为元素的顶端、底端、左边、右边、左上角、左下角、右上角或右下角，可以在起点色或终点色后边指定离渐变色起点或渐变色终点的偏离位置（不指定时默认值分别为 0% 及 100%）。

将代码清单 20-6 中 div 元素的 background 样式属性值修改为如下所示：

```
background: linear-gradient(to bottom,orange
20%,black 70%);
```

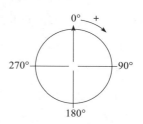

图 20-15　渐变线旋转示意图

这段代码表示从 div 元素的顶端往下 20%，即离元素顶端 300（300 为元素高度）*20%=60 像素处开始渐变，一直渐变到离元素底端 30%（100%–70%），即离元素底端 300*30%=90 像素处停止渐变。

在浏览器中访问修改后的示例页面。页面显示效果如图 20-17 所示。

通过同样的方法，我们可以添加多个渐变的中间点。

将代码清单 20-6 中 div 元素的 background 样式属性值修改为如下所示：

```
background: linear-gradient(to bottom,orange
0%,red 25%,yellow 50%,
green 75%,black 100%);
```

图 20-16　修改渐变线旋转角度

在浏览器中访问修改后的示例页面。页面显示效果如图 20-18 所示。

图 20-17　指定渐变色起点及终点的偏离位置

图 20-18　指定多个渐变中间点

20.3.2 绘制放射性渐变

接着介绍放射性渐变的指定方法，最简单的使用代码如下所示：

```
background-image:radial-gradient(orange,black);
```

在上述代码中，我们通过在样式属性值中使用 radial-gradient 函数实现放射性渐变，函数中使用两个参数，分别为渐变起点色与渐变终点色。

接下来看一个线性渐变的使用示例，示例代码如代码清单 20-7 所示。在示例代码中，我们对 div 元素指定从中心向外扩散、从橘色到黑色的放射性渐变。

代码清单 20-7　放射性渐变的使用示例

```
<!DOCTYPE html>
<head>
<meta charset="UTF-8">
<title>radial-gradient</title>
<style type="text/css">
div{
    width:400px;
    height:200px;
    background-image:radial-gradient(orange,black);
}
</style>
</head>
<body>
<div></div>
</body>
</html>
```

在浏览器中访问示例页面。页面显示效果如图 20-19 所示。

可以通过 circle 关键字或 ellipse 关键字指定绘制渐变呈圆形向外扩散方式还是呈椭圆形向外扩散方式。

将代码清单 20-7 所示示例代码中 div 元素的 background 样式属性值修改为如下所示（指定圆形渐变方式）：

```
background-image:radial-
gradient(circle,orange,black);
```

图 20-19　绘放射性渐变色背景

在浏览器中访问修改后的示例页面。页面显示效果如图 20-20 所示。

可以通过 at 关键字指定渐变起点位置，代码如下所示：

```
background:radial-gradient(at left top,orange,black);
```

可指定如下选项值。

❑ center center：从元素中心点向外扩散（默认选项值）。

❑ left top：从元素左上角向外扩散。

❑ center top：从元素顶部中央向外扩散。

❑ right top：从元素右上角向外扩散。

❑ right center：从元素右端中央向外扩散。

❑ right bottom：从元素右下角向外扩散。

❑ center bottom：从元素底部中央向外扩散。

❑ left bottom：从元素左上角向外扩散。

❑ 坐标值：例如（30，50），从指定坐标点处向外扩散。

将代码清单 20-7 所示示例代码中 div 元素的 background 样式属性值修改为如下所示（指定从元素顶部中央向下扩散）：

```
background:radial-gradient(circle at center top,orange,black);
```

在浏览器中访问修改后的示例页面。页面显示效果如图 20-21 所示。

图 20-20　指定圆形渐变

图 20-21　指定从元素顶部中央向下扩散

将代码清单 20-7 所示示例代码中 div 元素的 background 样式属性值修改为如下所示（指定渐变起点坐标）：

```
background:radial-gradient(at 130px 50px,orange,black);
```

在浏览器中访问修改后的示例页面。页面显示效果如图 20-22 所示。

可以使用下述选项指定渐变尺寸：

❑ closest-side：可渐变到离渐变起点最近的一条边。

❑ farthest-side：可渐变到离渐变起点最远的一条边。

❑ closest-corner：可渐变到离渐变起点最近的一个角。

❑ farthest-corner：可渐变到离渐变起点最远的一个角。

将代码清单 20-7 所示示例代码中 div 元素的 background 样式属性值修改为如下所示（使用 closest-side 选项）：

```
background:radial-gradient(ellipse closest-side at 130px 50px,orange,
black);
```

在浏览器中访问修改后的示例页面。页面显示效果如图 20-23 所示。

图 20-22　指定渐变起点坐标

图 20-23　使用 closest-side 选项

将代码清单 20-7 所示示例代码中 div 元素的 background 样式属性值修改为如下所示（使用 farthest-side 选项）：

```
background:radial-gradient(ellipse farthest -side at 130px 50px,orange,
black);
```

在浏览器中访问修改后的示例页面。页面显示效果如图 20-24 所示。

也可通过对圆形渐变指定半径的方法指定渐变尺寸。

将代码清单 20-7 所示示例代码中 div 元素的 background 样式属性值修改为如下所示（将圆形半径指定为 95px）：

```
background:radial-gradient(circle 95px at 130px 50px,orange, black);
```

在浏览器中访问修改后的示例页面。页面显示效果如图 20-25 所示。

也可通过对渐变椭圆形渐变指定横向半径及纵向半径的方法指定渐变尺寸。

将代码清单 20-7 所示示例代码中 div 元素的 background 样式属性值修改为如下所示（将椭圆形横向半径指定为 235px，纵向半径指定为 95px）：

```
background:radial-gradient(ellipse 235px 95px at 130px 50px,orange, black);
```

图 20-24　使用 farthest-side 选项

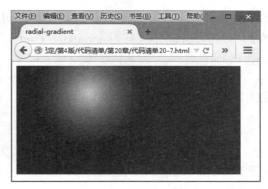

图 20-25　将渐变圆形半径指定为 95px

在浏览器中访问修改后的示例页面。页面显示效果如图 20-26 所示。

最后，也可通过添加多个渐变色并指定偏离百分比的方法在渐变起点与渐变终点中添加多个渐变中间点。

将代码清单 20-7 所示示例代码中 div 元素的 background 样式属性值修改为如下所示（添加红色、黄色及绿色中间点）：

```
background:radial-gradient(circle 130px at 130px 50px,orange 0%,red 25%,
yellow 50%,green 75%,black);
```

在浏览器中访问修改后的示例页面。页面显示效果如图 20-27 所示。

图 20-26　将渐变椭圆形横向半径指定为
235px，纵向半径指定为 95px

图 20-27　指定多个渐变中间点

20.4　圆角边框的绘制

本节介绍如何使用 CSS 3 的样式进行圆角边框的绘制。圆角边框的绘制也是 Web 网站或 Web 应用程序中经常用来美化页面效果的手法之一。在 CSS 3 之前，需要使用图像文件才能达到同样效果，如果只靠样式就能完成圆角边框的绘制，对界面设计者来说无疑是一件可喜的事情。到目前为止，IE、Safari、Firefox、Opera 以及 Chrome 浏览器都支持这种绘制圆角边框的样式。

20.4.1 border-radius 属性

在 CSS 3 中，只要使用 border-radius 属性指定好圆角的半径，就可以绘制圆角边框了。

代码清单 20-8 是绘制圆角边框的一个示例，在该示例中具有一个 div 元素，使用 border-radius 属性将其边框绘制为圆角边框，圆角半径为 20 像素，边框颜色为蓝色，div 元素的背景色为浅蓝色。

代码清单 20-8　绘制圆角边框示例

```
<!DOCTYPE html PUBLIC "-//W3C//DTD XHTML 1.0 Transitional//EN"
"http://www.w3.org/TR/xhtml1/DTD/xhtml1-transitional.dtd">
<html xmlns="http://www.w3.org/1999/xhtml">
<head>
<meta http-equiv="Content-Type" content="text/html; charset=gb2312" />
<title> 绘制圆角边框示例 </title>
</head>
<style type="text/css">
div{
        border: solid 5px blue;
        border-radius: 20px;
        background-color: skyblue;
        padding: 20px;
        width: 180px;
}
</style>
<body>
<div>
示例文字。示例文字。示例文字。示例文字。示例文字。示例文字。示例文字。
示例文字。示例文字。示例文字。
</div>
</body>
</html>
```

这段代码运行结果如图 20-28 所示。

20.4.2 在 border-radius 属性中指定两个半径

在 border-radius 属性中，可以指定两个半径，指定方法如下所示：

```
border-radius: 40px 20px;
```

针对这种情况，在浏览器中，将第一个半径作为边框左上

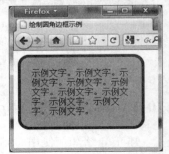

图 20-28　绘制圆角边框示例

角与右下角的圆半径来绘制，第二个半径作为边框右上角与左下角的圆半径来绘制。

将代码清单 20-8 中 div 元素的样式代码修改为如下所示的样式代码（使用两个半径），然后重新运行该示例，在浏览器中的运行结果如图 20-29 所示。

```
<style type="text/css">
div{
        border: solid 5px blue;
        border-radius: 40px 20px;
        background-color: skyblue;
        padding: 20px;
        width: 180px;
}
</style>
```

20.4.3　不显示边框的时候

在 CSS 3 中，如果使用了 border-radius 属性但是把边框设定为不显示的时候，浏览器将把背景的 4 个角绘制为圆角。

将代码清单 20-8 中 div 元素的样式代码修改为如下所示的样式代码（指定边框为不显示），然后重新运行该示例，运行结果如图 20-30 所示。

```
<style type="text/css">
div{
        border: none;
        border-radius: 20px;
        background-color: skyblue;
        padding: 20px;
        width: 180px;
}
</style>
```

图 20-29　在浏览器中使用两个半径参数的
border-radius 属性

图 20-30　使用 border-radius 属性但是设定
边框为不显示

20.4.4 修改边框种类的时候

使用 border-radius 属性后，不管边框是什么种类，都会将边框沿着圆角曲线进行绘制。将代码清单 20-8 中 div 元素的样式代码修改为如下所示的样式代码（将边框修改为虚线，颜色修改为红色，并指定边框宽度为 10px），然后重新运行该示例，运行结果如图 20-31 所示。

```
<style type="text/css">
div{
        border: dashed 5px blue;
        border-radius: 20px;
        background-color: skyblue;
        padding: 20px;
        width: 180px;
}
</style>
```

图 20-31 使用 border-radius 属性并且
指定边框为虚线时

20.4.5 绘制四个角不同半径的圆角边框

如果要绘制的圆角边框的 4 个角的半径各不相同时，可以将 border-top-left-radius 属性、border-top-right-radius 属性、border-bottom-right-radius 属性、border-bottom-left-radius 属性结合使用。其中，border-top-left-radius 属性指定左上角半径，border-top-right-radius 属性指定右上角半径，border-bottom-right-radius 属性指定右下角半径，border-bottom-left-radius 属性指定左下角半径。将代码清单 20-8 中 div 元素的样式代码修改为如下所示的样式代码（指定 4 个角分别为不同半径），然后重新运行该示例，运行结果如图 20-32 所示。

```
<style type="text/css">
div{
        border: solid 5px blue;
        border-top-left-radius: 10px;
        border-top-right-radius: 20px;
        border-bottom-right-radius: 30px;
        border-bottom-left-radius: 40px;
        background-color: skyblue;
        padding: 20px;
        width: 180px;
}
</style>
```

图 20-32 绘制 4 个角分别为不同半径
的圆角边框

20.5 使用图像边框

20.5.1 border-image 属性

在 CSS 3 之前，如果要使用图像边框，但是当元素的长或宽是随时可变的情况时，页面制作者通常采用的做法是让元素的每条边单独使用一幅图像文件。但是，这种做法也有缺点：一方面是比较麻烦，另一方面是页面上使用的元素比较多。

针对这种情况，CSS 3 中增加了一个 border-image 属性，可以让元素的长度或宽度处于随时变化状态的边框统一使用一个图像文件进行绘制。使用 border-image 属性，会让浏览器在显示图像边框时，自动将所使用到的图像分割为 9 部分进行处理，这样就不需要页面制作者另外进行人工处理了。另外，页面中也不需要因此而使用较多的元素。关于浏览器对于边框所使用到的图像的自动分割，会在 20.5.2 节中详细介绍。

到目前为止，IE、Safari、Firefox、Opera 以及 Chrome 浏览器都支持 border-image 属性的使用。

代码清单 20-9 展示了一个 border-image 属性的使用示例。该示例中有一个 div 元素，使用 border-image 属性为该 div 元素添加了一个图像边框。

代码清单 20-9　border-image 属性的使用示例

```
<!DOCTYPE html PUBLIC "-//W3C//DTD XHTML 1.0 Transitional//EN"
"http://www.w3.org/TR/xhtml1/DTD/xhtml1-transitional.dtd">
<html xmlns="http://www.w3.org/1999/xhtml">
<head>
<meta http-equiv="Content-Type" content="text/html; charset=gb2312" />
<title>border-image 属性的使用示例 </title>
</head>
<style type="text/css">
div{
        border-image: url(borderimage.png) 20 20 20 20 / 20px;
}
</style>
<body>
<div>
示例文字
</div>
</body>
</html>
```

这段代码的运行结果如图 20-33 所示。

代码清单 20-9 中没有对 div 元素指定宽度，所以图像边框的宽度等于浏览器的宽度，如果对 div 元素指定宽度，则图像边框也会自动伸缩成指定的宽度，而且能够正常显示。将代码清单 20-9 中的样式代码修改成如下所示的样式代码（指定 div 元素的宽度），然后重新运行该示例，运行结果如图 20-34 所示。

```
<style type="text/css">
div{
        border-image: url(borderimage.png) 20 20 20 20 / 20px;
```

```
        width:200px;
    }
    </style>
```

图 20-33　border-image 属性的使用示例　　　　图 20-34　添加图像边框后修改 div 元素的宽度

20.5.2　border-image 属性的最简单的使用方法

border-image 属性的最简单的使用方法如下所示。

```
border-image: url( 图像文件的路径 ) A B C D
```

border-image 属性值中至少必须指定 5 个参数，其中第一个参数为边框所使用的图像文件的路径，A、B、C、D 4 个参数表示当浏览器自动把边框所使用到的图像进行分隔时的上边距、右边距、下边距以及左边距。图 20-35 用图示的方法对这 4 个参数进行说明。

如果在 border-image 属性值中指定这 4 个参数后，浏览器对于边框所使用的图像是如何进行分割的。

首先，当在样式代码中书写如下所示的代码时，浏览器对于边框所使用的图像的分割方法如图 20-36 所示。

```
border-image: url(borderimage.png) 18 18 18 18
```

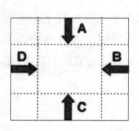

图 20-35　A、B、C、D 4 个参数的图示

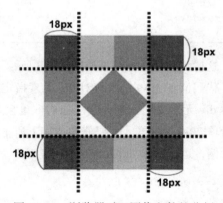

图 20-36　浏览器对于图像文件的分割

如图 20-37 所示，图像被自动分割为 9 部分。分割后的图像在 CSS 3 中的名称如表 20-2 所示。

表 20-2　被分割为 9 部分的图像名称（显示顺序与图 20-19 相对应）

border-top-left-image	border-top-image	border-top-right-image
border-left-image		border-right-image
border-bottom-left-image	border-bottom-image	border-bottom-right-image

具体显示的时候，4 个角上的 border-top-left-image、border-top-right-image、border-bottom-left-image、border-bottom-right-image 这 4 部分是没有任何展示效果的，不会平铺、不会重复，也不会拉伸，类似于视觉中盲点的意思。

对于 border-top-image、border-left-image、border-right-image、border-bottom-image 这 4 部分，浏览器分别作为上边框使用图像、左边框使用图像、右边框使用图像、下边框使用图像进行显示，必要时可以将这 4 部分图像进行平铺或伸缩。

20.5.3　使用 border-image 属性来指定边框宽度

代码清单 20-9 中使用了 border 属性来指定边框的宽度。在 CSS 3 中，除了可以使用 border 属性或 border-width 属性来指定边框的宽度外，使用 border-image 属性同样可以指定边框的宽度，指定方法如下所示。

```
border-image: url( 图像文件的路径 ) A B C D/border-width
```

将代码清单 20-9 中的样式代码修改为如下所示的样式代码（在 border-image 属性中将边框宽度修改为 18px），然后重新运行该示例，运行结果如图 20-37 所示。

```
<style type="text/css">
div{
        border:solid;
        border-image: url(borderimage.png) 18 18 18 18/10px;
        width:300px;
}
</style>
```

图 20-37　使用 border-image 属性来指定边框宽度

可以在 border-image 属性中将 4 条边的边框指定为不同宽度，将代码清单 20-9 中的样式代码修改为如下所示的样式代码（指定 4 条边分别为 5px、10px、15px、20px），然后重新运行该示例，运行结果如图 20-38 所示。

另外，在这段代码中 A、B、C、D 4 个参数只指定了一个参数 10px，这是因为在 CSS 3 中，如果此处的 4 个参数如果完全相同，可以只写一个参数，将其他 3 个参数省略。

```
<style type="text/css">
div{
    border:solid;
    border-image: url(borderimage.png) 10/5px 10px 15px 20px;
    width:300px;
}
</style>
```

图 20-38　指定 4 条边为不同宽度

20.5.4　指定 4 条边中图像的显示方法

可以在 border-image 属性中指定元素 4 条边中的图像是以拉伸的方式进行显示，还是以平铺的方式进行显示，指定方法如下所示。

```
border-image: url( 文件路径 ) A B C D/border-width topbottom leftright
```

其中，topbottom 表示元素的上下两条边中图像的显示方法，leftright 表示元素的左右两条边中的显示方法。在显示方法中可以指定的值为 repeat、stretch 与 round 三种。

（1）repeat

将显示方法指定为 repeat 时，图像将以平铺的方式进行显示。

代码清单 20-10 为在 border-image 属性中指定 4 条边中图像以平铺的方式进行显示的示例。

代码清单 20-10　指定 4 条边中图像为平铺显示

```
<!DOCTYPE html PUBLIC "-//W3C//DTD XHTML 1.0 Transitional//EN"
"http://www.w3.org/TR/xhtml1/DTD/xhtml1-transitional.dtd">
<html xmlns="http://www.w3.org/1999/xhtml">
<head>
<meta http-equiv="Content-Type" content="text/html; charset=gb2312" />
<title>指定四条边中图像为平铺显示</title>
```

```
</head>
<style type="text/css">
div{
        border-image: url(borderimage.png) 10/5px repeat repeat;
        width:300px;
        height:200px;
}
</style>
<body>
<div></div>
</body>
</html>
```

这段代码运行结果如图 20-39 所示。

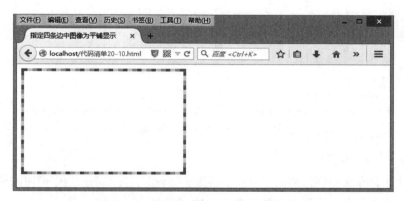

图 20-39　指定 4 条边中图像为平铺显示

（2）stretch

将显示方法指定为 stretch 时，图像将以拉伸的方式进行显示。

代码清单 20-11 为在 border-image 属性中指定 4 条边中图像以拉伸的方式进行显示的示例。如果 4 条边中图像均以拉伸方式进行显示，则中间图像也以拉伸方式进行显示。

代码清单 20-11　指定 4 条边中图像为拉伸显示

```
<!DOCTYPE html PUBLIC "-//W3C//DTD XHTML 1.0 Transitional//EN"
"http://www.w3.org/TR/xhtml1/DTD/xhtml1-transitional.dtd">
<html xmlns="http://www.w3.org/1999/xhtml">
<head>
<meta http-equiv="Content-Type" content="text/html; charset=gb2312" />
<title>指定四条边中图像为拉伸显示</title>
</head>
<style>
div{
        border-image: url(borderimage.png) 10/5px stretch stretch;
        width:300px;
        height:200px;
```

```
}
</style>
<body>
<div></div>
</body>
</html>
```

这段代码的运行结果如图 20-40 所示。

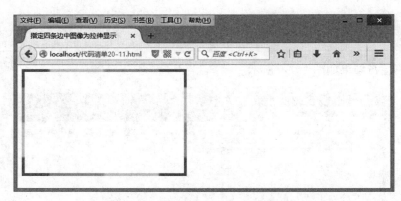

图 20-40　指定 4 条边中图像为拉伸显示

（3）repeat+stretch

可以将上下两条边中图像的显示方式指定为平铺显示，左右两条边中图像的显示方式指定为拉伸显示，或者将上下两条边中图像的显示方式指定为拉伸显示，左右两条边中图像的显示方式指定为平铺显示。使用第一种指定方式时，中央图像在水平方向为平铺显示，垂直方向为拉伸显示；使用第二种指定方式时，中央图像在水平方向为拉伸显示，垂直方向为平铺显示。

代码清单 20-12 为平铺显示方式与拉伸显示方式结合使用的一个示例。示例中元素垂直方向的显示方式为拉伸显示，水平方向的显示方式为平铺显示。

代码清单 20-12　平铺显示与拉伸显示结合使用的示例

```
<!DOCTYPE html PUBLIC "-//W3C//DTD XHTML 1.0 Transitional//EN"
"http://www.w3.org/TR/xhtml1/DTD/xhtml1-transitional.dtd">
<html xmlns="http://www.w3.org/1999/xhtml">
<head>
<meta http-equiv="Content-Type" content="text/html; charset=gb2312" />
<title>平铺显示与拉伸显示结合使用 </title>
</head>
<style type="text/css">
div{
        border-image: url(borderimage.png) 10/5px repeat stretch;
        width:300px;
        height:200px;
}
```

```
</style>
<body>
<div></div>
</body>
</html>
```

这段代码的运行结果如图 20-41 所示。

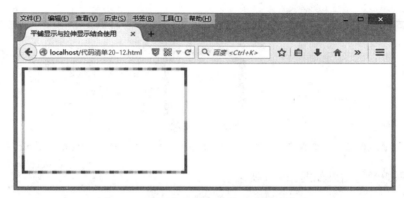

图 20-41　平铺显示与拉伸显示结合使用

20.5.5　使用背景图像

在使用 border-image 属性的时候，仍然可以正常使用背景图像，但是为了不让边框图像挡住背景图像，需要使用中间为透明的边框图像，否则背景图像就有可能被边框图像的中央部分挡住部分或全体。

代码清单 20-13 为同时让元素具有边框图像和背景图像的示例，其中所使用到的边框图像如图 20-42 所示。

代码清单 20-13　元素同时具有边框图像和背景图像的示例

```
<!DOCTYPE html PUBLIC "-//W3C//DTD XHTML 1.0 Transitional//EN"
"http://www.w3.org/TR/xhtml1/DTD/xhtml1-transitional.dtd">
<html xmlns="http://www.w3.org/1999/xhtml">
<head>
<meta http-equiv="Content-Type" content="text/html; charset=gb2312" />
<title>元素同时具有边框图像和背景图像</title>
</head>
<style type="text/css">
div{
        background-image: url(bk.jpg);
        background-repeat: no-repeat;
        border-image: url("borderimage.png") 20 20 20 20 / 5px;
        background-origin: border;
```

```
        border-radius: 18px;
        width:711px;
        height:404px;
}
</style>
<body>
<div></div>
</body>
</html>
```

图 20-42　代码清单 20-13 示例中使用的边框图像——borderimage.png

这段代码的运行结果如图 20-43 所示。

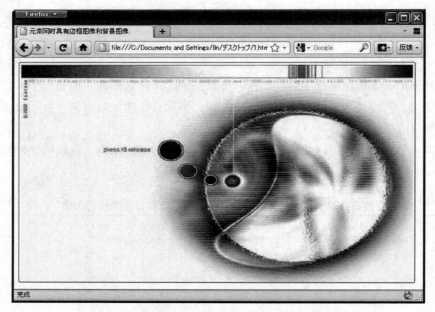

图 20-43　让元素同时具有边框图像和背景图像

CSS 3 中的变形处理

在 CSS 3 中，可以利用 transform 功能实现文字或图像的旋转、缩放、倾斜、移动这 4 种类型的变形处理，本章将对此进行详细介绍。

学习内容：

- 掌握 CSS 3 中 transform 功能的使用方法，能够使用 transform 功能来实现文字或图像的旋转、缩放、倾斜与移动的变形效果。
- 能够将旋转、缩放、倾斜与移动这 4 种变形效果结合使用，并知道使用的先后顺序不同，页面显示结果会有什么样的区别。
- 掌握 3D 变形功能的基本概念及其实现方法。
- 掌握变形矩阵的基本概念及其使用方法。

21.1 transform 功能的基础知识

21.1.1 如何使用 transform 功能

在 CSS 3 中，通过 transform 属性来使用 transform 功能。到目前为止，Safari 3.1 以上、Chrome 8 以上、Firefox 4 以上以及 Opera 10 以上版本浏览器都对该属性提供支持。

首先，我们在代码清单 21-1 中看一个简单使用 transform 属性实现变形处理的示例。在示例中有一个黄色的 div 元素，通过在样式代码中使用 " transform: rotate(45deg)" 语句使该 div 元素顺时针旋转 45°。deg 是 CSS 3 的 "Values and Units" 模块中定义的一个角度单位。

代码清单 21-1　transform 属性使用示例

```
<!DOCTYPE html PUBLIC "-//W3C//DTD XHTML 1.0 Transitional//EN"
"http://www.w3.org/TR/xhtml1/DTD/xhtml1-transitional.dtd">
<html xmlns="http://www.w3.org/1999/xhtml">
<head>
<meta http-equiv="Content-Type" content="text/html; charset=gb2312" />
<title>transform 属性使用示例 </title>
</head>
<style type="text/css">
div{
        width: 300px;
        margin: 150px auto;
        background-color: yellow;
        text-align: center;
        transform: rotate(45deg) ;
}
</style>
<body>
<div> 示例文字 </div>
</body>
</html>
```

这段代码的运行结果如图 21-1 所示。

21.1.2　transform 功能的分类

在 CSS 3 中，可以使用 transform 功能实现 4 种文字或图像的变形处理，分别是旋转、缩放、倾斜以及移动。

旋转功能的实现方法前面已经介绍过，使用 rotate 方法，在参数中加入角度值，角度值后面跟表示角度单位的 "deg" 文字即可，旋转方向为顺时针旋转。

1. 缩放

使用 scale 方法来实现文字或图像的缩放处理，在参数中指定缩放倍率。譬如 scale(0.5) 表示缩小一半。代码清单 21-2 为使用 scale 方法实现缩放处理的一个示例。该示例中有一个 div 元素，使用 scale 方法使该元素缩小一半。

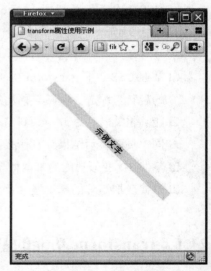

图 21-1　transform 属性使用示例

代码清单 21-2　scale 方法使用示例

```
<!DOCTYPE html PUBLIC "-//W3C//DTD XHTML 1.0 Transitional//EN"
"http://www.w3.org/TR/xhtml1/DTD/xhtml1-transitional.dtd">
<html xmlns="http://www.w3.org/1999/xhtml">
<head>
```

```
<meta http-equiv="Content-Type" content="text/html; charset=gb2312" />
<title>scale 方法使用示例 </title>
</head>
<style type="text/css">
div{
        width: 300px;
        margin: 150px auto;
        background-color: yellow;
        text-align: center;
        transform: scale(0.5);
}
</style>
<body>
<div> 示例文字 </div>
</body>
</html>
```

这段代码的运行结果如图 21-2 所示。

图 21-2　scale 方法使用示例

　　另外，可以分别指定元素的水平方向的放大倍率与垂直方向的放大倍率。例如，把代码清单 21-2 中的样式代码修改成如下所示的样式代码（即使水平方向缩小一半，垂直方向放大一倍），修改后重新运行该示例，结果如图 21-3 所示。

```
<style type="text/css">
div{
        width: 300px;
        margin: 150px auto;
        background-color: yellow;
```

```
        text-align: center;
        transform: scale(0.5,2);
}
</style>
```

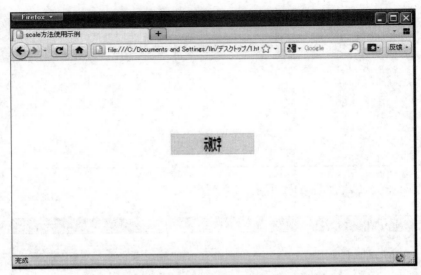

图 21-3　分别指定水平方向与垂直方向的放大倍率

2. 倾斜

使用 skew 方法实现文字或图像的倾斜处理，在参数中分别指定水平方向上的倾斜角度与垂直方向上的倾斜角度。例如 skew（30deg，30deg）表示水平方向上倾斜 30°，垂直方向上倾斜 30°。代码清单 21-3 为 skew 方法的一个使用示例，该示例中有一个 div 元素，通过 skew 方法把元素水平方向上倾斜 30°，垂直方向上倾斜 30°。

代码清单 21-3　skew 方法使用示例

```
<!DOCTYPE html PUBLIC "-//W3C//DTD XHTML 1.0 Transitional//EN"
"http://www.w3.org/TR/xhtml1/DTD/xhtml1-transitional.dtd">
<html xmlns="http://www.w3.org/1999/xhtml">
<head>
<meta http-equiv="Content-Type" content="text/html; charset=gb2312" />
<title>skew 方法使用示例 </title>
</head>
<style>
div{
        width: 300px;
        margin: 150px auto;
        background-color: yellow;
        text-align: center;
        transform: skew(30deg,30deg);
}
```

```
</style>
<body>
<div> 示例文字 </div>
</body>
</html>
```

上述代码运行结果如图 21-4 所示。

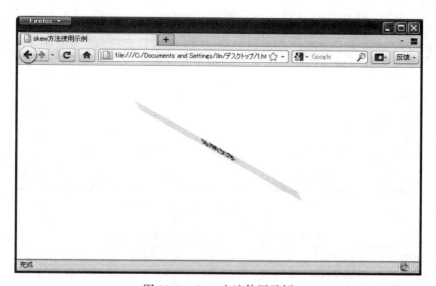

图 21-4　skew 方法使用示例

另外，skew 方法中的两个参数可以修改成只使用一个参数，省略另一个参数——这种情况下视为只在水平方向上进行倾斜，垂直方向上不进行倾斜。

将代码清单 21-3 中的样式代码修改成如下所示的样式代码（只指定一个参数），修改后重新运行该示例，结果如图 21-5 所示。

```
<style type="text/css">
div{
        width: 300px;
        margin: 150px auto;
        background-color: yellow;
        text-align: center;
        transform: skew(30deg);
}
</style>
```

3. 移动

使用 translate 方法来移动文字或图像，在参数中分别指定水平方向上的移动距离与垂直方向上的移动距离。例如 translate(50px，50px) 表示水平方向上移动 50px，垂直方向上移动 50px。代码清单 21-4 为 translate 方法的一个使用示例。该示例中有一个 div 元素，通过 translate 方法把元素水平方向上移动 50px，垂直方向上移动 50px。

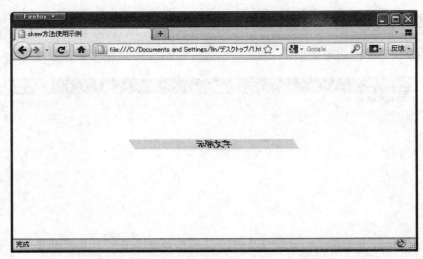

图 21-5　skew 方法中只使用一个参数

代码清单 21-4　translate 方法使用示例

```
<!DOCTYPE html PUBLIC "-//W3C//DTD XHTML 1.0 Transitional//EN"
"http://www.w3.org/TR/xhtml1/DTD/xhtml1-transitional.dtd">
<html xmlns="http://www.w3.org/1999/xhtml">
<head>
<meta http-equiv="Content-Type" content="text/html; charset=gb2312" />
<title>translate 方法使用示例 </title>
</head>
<style type="text/css">
div{
        width: 300px;
        margin: 150px auto;
        background-color: yellow;
        text-align: center;
        transform: translate(50px,50px);
}
</style>
<body>
<div> 示例文字 </div>
</body>
</html>
```

上述代码的运行结果如图 21-6 所示。

另外，translate 方法中的两个参数可以修改成只使用一个参数，省略另一个参数，这种情况下视为只在水平方向上移动，垂直方向上不移动。

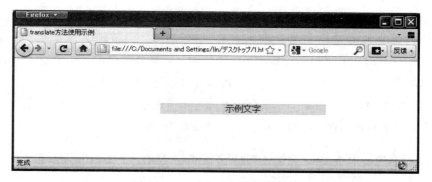

图 21-6　translate 方法使用示例

将代码清单 21-4 中的样式代码修改成如下所示的样式代码（只指定一个参数），修改后重新运行该示例，结果如图 21-7 所示。

```
<style type="text/css">
div{
        width: 300px;
        margin: 150px auto;
        background-color: yellow;
        text-align: center;
        transform: translate(50px);
}
</style>
```

图 21-7　translate 方法中只使用一个参数

21.2　对一个元素使用多种变形

21.2.1　对一个元素使用多种变形的方法

上一节介绍了使用 transform 对元素进行旋转、缩放、倾斜以及移动的方法，本节介绍如何综合使用这几种方法来对一个元素使用多重变形。

首先，我们来看两个示例。代码清单 21-5 是一个对元素先移动，然后旋转，最后缩放的示例；代码清单 21-6 是一个对元素先旋转，然后缩放，最后移动的示例。这两个示例都是对同一个页面中同一个元素进行多重变形的示例，而且各种变形方法中所使用的参数也都相同，旋转时都是顺时针旋转 45°，缩放时都是将元素放大 1.5 倍，移动时都是向右移动 150px，向下移动 200px——两个示例的差别只是在使用 3 种变形方法的先后顺序不一样而已，我们来看一下两种示例在浏览器中的运行结果是否相同。

代码清单 21-5　对元素使用多重变形示例（先移动，然后旋转，最后缩放）

```
<!DOCTYPE html PUBLIC "-//W3C//DTD XHTML 1.0 Transitional//EN"
"http://www.w3.org/TR/xhtml1/DTD/xhtml1-transitional.dtd">
<html xmlns="http://www.w3.org/1999/xhtml">
<head>
<meta http-equiv="Content-Type" content="text/html; charset=gb2312" />
<title> 对元素使用多重变形示例 </title>
</head>
<style type="text/css">
div{
     width: 300px;
     background-color: yellow;
     text-align: center;
     transform:  translate(150px, 200px) rotate(45deg)  scale(1.5);
}
</style>
<body>
<div> 示例文字 </div>
</body>
</html>
```

代码清单 21-5 的运行结果如图 21-8 所示。

代码清单 21-6　对元素使用多重变形示例（先旋转，然后缩放，最后移动）

```
<!DOCTYPE html PUBLIC "-//W3C//DTD XHTML 1.0 Transitional//EN"
"http://www.w3.org/TR/xhtml1/DTD/xhtml1-transitional.dtd">
<html xmlns="http://www.w3.org/1999/xhtml">
<head>
<meta http-equiv="Content-Type" content="text/html; charset=gb2312" />
<title> 对元素使用多重变形示例 </title>
</head>
<style type="text/css">
div{
     width: 300px;
     background-color: yellow;
     text-align: center;
     transform:rotate(45deg) scale(1.5) translate(150px, 200px);
}
</style>
```

```
<body>
<div> 示例文字 </div>
</body>
</html>
```

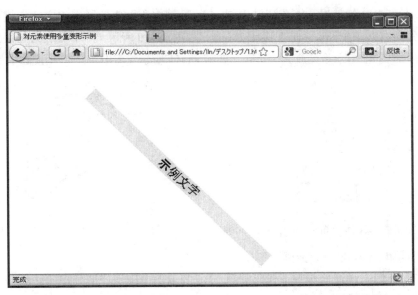

图 21-8　对元素使用多重变形示例（先移动，然后旋转，最后缩放）

代码清单 21-6 的运行结果如图 21-9 所示。

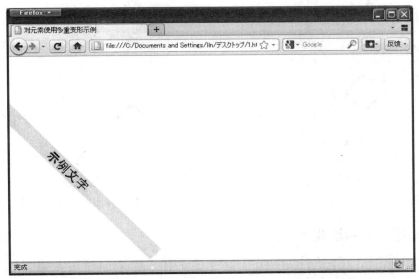

图 21-9　对元素使用多重变形示例（先旋转，然后缩放，最后移动）

从两个示例的运行结果中我们可以看出，元素在页面上所处位置并不相同，为什么会这样？

1. 代码清单 21-5 的变形步骤

首先，我们来详细地看一下代码清单 21-5 的示例中所做变形处理的详细步骤。

1）首先向右移动 150px，向下移动 200px，如图 21-10 所示（图中黑点为元素的中心点）。

2）然后旋转 45°，并且放大 1.5 倍，如图 21-11 所示（图中黑点为元素的中心点）。

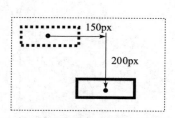

图 21-10　元素向右移动 150px，向下移动 200px

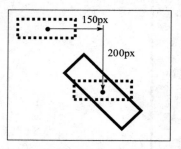

图 21-11　元素经过移动后旋转并放大

2. 代码清单 21-6 的变形步骤

接下来，我们来详细地看一下代码清单 21-6 的示例中所做变形处理的详细步骤。

1）首先旋转 45°，并且放大 1.5 倍，如图 21-12 所示（图中黑点为元素的中心点）。

2）然后向右移动 150px，向下移动 200px，如图 21-13 所示。

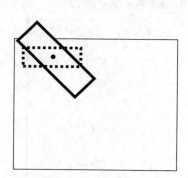

图 21-12　元素旋转 45°，并且放大 1.5 倍

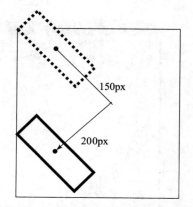

图 21-13　元素经过旋转并放大后移动

21.2.2　指定变形的基准点

在使用 transform 方法进行文字或图像变形的时候，是以元素的中心点为基准点进行变形的。使用 transform-origin 属性，可以改变变形的基准点。

代码清单 21-7 展示的示例中有两个 div。首先我们不改变变形的基准点，并且将第二个 div 元素进行旋转，然后看一下该示例的运行结果。

代码清单 21-7　不改变变形的基准点

```
<!DOCTYPE html PUBLIC "-//W3C//DTD XHTML 1.0 Transitional//EN"
"http://www.w3.org/TR/xhtml1/DTD/xhtml1-transitional.dtd">
<html xmlns="http://www.w3.org/1999/xhtml">
<head>
<meta http-equiv="Content-Type" content="text/html; charset=gb2312" />
<title> 不改变变形的基准点 </title>
</head>
<style type="text/css">
div{
        width: 200px;
        height:200px;
        display:inline-block;
}
div#a{
        background-color: pink;
}
div#b{
        background-color: green;
        transform: rotate(45deg);
}
</style>
<body>
<div id="a"></div>
<div id="b"></div>
</body>
</html>
```

代码清单 21-7 的运行结果如图 21-14 所示。

接下来，我们使用 transform-origin 属性把变形的基准点修改为第二个元素的左下角，样式代码如下所示：

```
<style type="text/css">
div{
        width: 200px;
        height:200px;
        display:inline-block;
}
div#a{
        background-color: pink;
}
div#b{
```

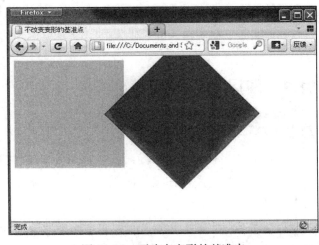

图 21-14　不改变变形的基准点

```
        background-color: green;
        transform: rotate(45deg);
        //修改变形基准点
        transform-origin: left bottom
    }
    </style>
```

将这段样式代码替代到代码清单 21-7 中的样式代码中，然后重新运行该示例，运行后结果如图 21-15 所示。

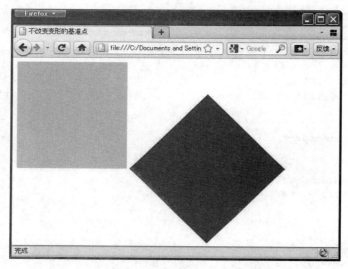

图 21-15　修改变形的基准点为元素的左下角

指定 transform-origin 属性值的时候，采用"基准点在元素水平方向上的位置，基准点在元素垂直方向上的位置"，其中"基准点在元素水平方向上的位置"中可以指定的值为 left、center、right，"基准点在元素垂直方向上的位置"中可以指定的值为 top、center、bottom。

21.3　使用 3D 变形功能

21.3.1　3D 变形功能概述

在过去相当长的一段时间内，3D 技术一直被应用在桌面型应用程序内。最近，随着智能电话中一些显卡硬件加速（即 GPU 加速）技术的应用，3D 技术也开始逐渐被应用在 Web 应用程序中。

自从 WPF 与 Silverlight 中使用透视投影变换（Perspective transforms）技术开始，对用户界面上的元素使用一个合适的 CSS 模型正式成为开发者实现 3D 效果的一种方法。

2009 年 3 月，CSS 3D Transform 模型正式推出，它允许 Web 应用程序的开发者通过对页面上任何可视元素应用 3D 透视投影变形特效来实现一个高级的、令人惊叹的用户界面。

CSS 3D Transform 模型是对 CSS 2D Transform 模型的一个扩展，其中添加了一些特性，其中包括在 3D 空间中实现透视投影、旋转及变形特效。由于 CSS 3D Transform 模型的使用可以大大降低实现 3D 界面的难度，所以现在可以很方便地实现一个 3D 用户界面。

21.3.2　实现 3D 变形功能

与 2D 变形一样，在 CSS 3 中，同样可以实现元素在 X 轴、Y 轴及 Z 轴方向上的旋转、缩放、倾斜以及移动变形处理，这三个轴的示意如图 21-16 所示。

图 21-16　3D 坐标轴示意图

接下来分别介绍如何实现这 4 种变形处理。

1. 旋转

与 2D 旋转功能的实现方法相类似，可以分别使用 rotateX 方法、rotateY 方法及 rotateZ 方法使元素围绕 X 轴、Y 轴及 Z 轴旋转，在参数中加入角度值，角度值后面跟表示角度单位的 deg 文字即可，旋转方向为顺时针旋转，样式代码如下所示。

```
transform: rotateX(45deg);
transform: rotateY(45deg);
transform: rotateZ(45deg);
```

可以将多个方法书写在一行样式代码中，以同时实现多个轴上的旋转处理，样式代码如下所示。

```
transform: rotateX(30deg) rotateY(45deg) rotateZ(60deg);
```

可以将 2D 变形方法与 3D 变形方法同时书写在一行样式代码中，以同时实现 2D 变形处理及 3D 变形处理，代码如下所示：

```
transform: scale(0.5) rotateX(30deg) rotateY(45deg);
```

接下来看一个 3D 旋转变形方法的使用示例。示例页面中显示一个 div 元素及一个"绕 X 轴旋转"按钮、一个"绕 Y 轴旋转"按钮及一个"绕 Z 轴旋转"按钮。用户鼠标单击"绕 X 轴旋转"按钮时脚本程序通过修改 div 元素的 transform 样式属性值中 rotateX 方法的参数值的方法使 div 元素围绕 X 轴旋转 $180°$；用户鼠标单击"绕 Y 轴旋转"按钮时脚本程序通过修改 div 元素的 transform 样式属性值中 rotateY 方法的参数值的方法使 div 元素围绕 Y 轴旋转 $180°$；用户鼠标单击"绕 Z 轴旋转"按钮时脚本程序通过修改 div 元素的 transform 样式属性值中 rotateZ 方法的参数值的方法使 div 元素围绕 Z 轴旋转 $180°$。示例代码如代码清单 21-8 所示。

代码清单 21-8　3D 旋转变形方法的使用示例

```
<!DOCTYPE html PUBLIC "-//W3C//DTD XHTML 1.0 Transitional//EN"
"http://www.w3.org/TR/xhtml1/DTD/xhtml1-transitional.dtd">
<html xmlns="http://www.w3.org/1999/xhtml">
<head>
<meta http-equiv="Content-Type" content="text/html; charset=gb2312" />
<title>3D 旋转变形方法的使用示例 </title>
<style type="text/css">
div{
        width: 300px;
        height:100px;
        background-color: yellow;
        text-align: center;
}
</style>
</head>
<body>
<div id="div"> 示例文字 </div>
<input type="button" value=" 绕 X 轴旋转 " onclick="rotateX()" />
<input type="button" value=" 绕 Y 轴旋转 " onclick="rotateY()" />
<input type="button" value=" 绕 Z 轴旋转 " onclick="rotateZ()" />
<script>
var n,rotINT,rotXINT,rotYINT,rotZINT;
var div=document.getElementById("div");

function rotateX()
{
    n=0;
    clearInterval(rotXINT);
    rotXINT=setInterval("startXRotate()",10);
}
function startXRotate()
```

```
{
    n=n+1;
    div.style.transform="rotateX(" + n + "deg)";
    if (n==180)
    {
        clearInterval(rotXINT);
        n=0;
    }
}
function rotateY()
{
    n=0;
    clearInterval(rotYINT);
    rotYINT=setInterval("startYRotate()",10);
}
function startYRotate()
{
    n=n+1;
    div.style.transform="rotateY(" + n + "deg)";
    if (n==180)
    {
        clearInterval(rotYINT);
        n=0;
    }
}
function rotateZ()
{
    n=0;
    clearInterval(rotZINT);
    rotZINT=setInterval("startZRotate()",10);
}
function startZRotate()
{
    n=n+1;
    div.style.transform="rotateZ(" + n + "deg)";
    if (n==180)
    {
        clearInterval(rotZINT);
        n=0;
    }
}
</script>
</body>
</html>
```

在浏览器中打开示例页面，页面显示效果如图 21-17 所示。

当用户单击"绕 Z 轴旋转"按钮后，div 元素按 Z 轴方向旋转 180°，如图 21-18 所示。

图 21-17　页面打开时的显示效果　　　　图 21-18　用户单击"绕 Z 轴旋转"按钮后 div
元素按 Z 轴方向旋转 180°

2. 缩放

与 2D 缩放功能的实现方法相类似，可以分别使用 scaleX 方法、scaleY 方法及 scaleZ 方法使元素按 *X* 轴、*Y* 轴及 *Z* 轴方向进行缩放，在参数中指定缩放倍率。譬如 scaleX(0.5) 表示在水平方向上缩小一半，scaleZ(2) 表示在 *Z* 轴方向上放大一倍，样式代码如下所示：

```
transform: scaleX(0.5);
transform: scaleY(1);
transform: scaleZ(2);
```

可以将多个方法书写在一行样式代码中，以同时实现多个轴上的缩放处理，样式代码如下所示：

```
transform: scaleX(0.5) scaleZ(2);
```

可以将多个变形方法同时书写在一行样式代码中，以同时实现多种变形处理，代码如下所示：

```
transform: scaleX(0.5) rotateY(30deg);
```

接下来看一个 3D 缩放变形方法的使用示例。示例页面中显示一个 div 元素及一个"X 轴方向放大"按钮、一个"Y 轴方向放大"按钮及一个"Z 轴方向放大"按钮。用户单击"X 轴方向放大"按钮时脚本程序通过修改 div 元素的 transform 样式属性值中 scaleX 方法的参数值的方法使 div 元素在 X 轴方向上放大一倍；用户单击"Y 轴方向放大"按钮时脚本程序通过修改 div 元素的 transform 样式属性值中 scaleY 方法的参数值的方法使 div 元素在 *Y* 轴方向上放大一倍；用户单击"Z 轴方向放大"按钮时脚本程序通过修改 div 元素的 transform 样式属性值中 scaleZ 方法的参数值的方法使 div 元素在 *Z* 轴方向上放大一倍。示例代码如代码清单 21-9 所示。

代码清单 21-9　3D 缩放变形方法的使用示例

```
<!DOCTYPE html PUBLIC "-//W3C//DTD XHTML 1.0 Transitional//EN"
"http://www.w3.org/TR/xhtml1/DTD/xhtml1-transitional.dtd">
```

```html
<html xmlns="http://www.w3.org/1999/xhtml">
<head>
<meta http-equiv="Content-Type" content="text/html; charset=gb2312" />
<title>3D 缩放变形方法的使用示例</title>
<style type="text/css">
div{
    width: 300px;
    height:100px;
    background-color: yellow;
    text-align: center;
    transform:rotateY(45deg);
}
</style>
</head>
<body>
<div id="div">示例文字</div>
<input type="button" value="X 轴方向放大" onclick="scaleX()" />
<input type="button" value="Y 轴方向放大" onclick="scaleY()" />
<input type="button" value="Z 轴方向放大" onclick="scaleZ()" />
<script>
var n,scINT,scXINT,scYINT,scZINT;
var div=document.getElementById("div");

function scaleX()
{
    n=1;
    clearInterval(scXINT);
    scXINT=setInterval("startXScale()",10);
}
function startXScale()
{
    n=n+0.1;
    div.style.transform="scaleX(" + n + ")";
    if (n>=2)
    {
        clearInterval(scXINT);
        n=0;
    }
}
function scaleY()
{
    n=1;
    clearInterval(scYINT);
    scYINT=setInterval("startYScale()",10);
}
function startYScale()
{
    n=n+0.1;
    div.style.transform="scaleY(" + n + ")";
    if (n>=2)
```

```
        {
            clearInterval(scYINT);
            n=0;
        }
    }
    function scaleZ()
    {
        n=0;
        clearInterval(scZINT);
        scZINT=setInterval("startZScale()",10);
    }
    function startZScale()
    {
        n=n+0.1;
        div.style.transform="scaleZ(" + n + ")";
        if (n>=2)
        {
            clearInterval(scZINT);
            n=0;
        }
    }
    </script>
    </body>
    </html>
```

在浏览器中打开示例页面，页面显示效果如图 21-19 所示。

当用户单击"Z 轴方向放大"按钮后，div 元素按 Z 轴方向放大一倍，如图 21-20 所示。

图 21-19　页面打开时的显示效果

图 21-20　当用户单击"Z 轴方向放大"按钮
后 div 元素按 Z 轴方向放大一倍

3. 倾斜

可以分别使用 skewX 方法及 skewY 方法使元素在 X 轴及 Y 轴上进行顺时针方向倾斜（请注意没有 skewZ 方法，因为倾斜是二维变形，不能在三维空间倾斜。元素可能会在 X 轴和 Y 轴倾斜，然后转化为三维，但它们不能在 Z 轴上倾斜），在参数中指定倾斜角度。譬如 skewX(30deg) 表示在 X 轴上顺时针倾斜 30°，样式代码如下所示。

```
transform: skewX(45deg);
transform: skewY(45deg);
```

4. 移动

与 2D 移动功能的实现方法相类似，可以分别使用 translateX 方法、translateY 方法及 translateZ 方法使元素在 X 轴、Y 轴及 Z 轴方向上进行移动，在参数中加入移动距离，样式代码如下所示。

```
transform: translateX(50px);
transform: translateY(50px);
transform: translateZ(50px);
```

接下来看一个 3D 移动变形方法的使用示例。示例页面中显示一个 div 元素及一个"在 X 轴上移动"按钮、一个"在 Y 轴上移动"按钮及一个"在 Z 轴上移动"按钮。用户单击"在 X 轴上移动"按钮时脚本程序通过修改 div 元素的 transform 样式属性值中 translateX 方法的参数值的方法使 div 元素在 X 轴方向上右移 50px；用户单击"在 Y 轴上移动"按钮时脚本程序通过修改 div 元素的 transform 样式属性值中 translateY 方法的参数值的方法使 div 元素在 Y 轴方向上下移 50px；用户单击"在 Z 轴上移动"按钮时脚本程序通过修改 div 元素的 transform 样式属性值中 translateZ 方法的参数值的方法使 div 元素在 Z 轴方向上前移 50px。示例代码如代码清单 21-10 所示。

代码清单 21-10　3D 移动变形方法的使用示例

```
<!DOCTYPE html PUBLIC "-//W3C//DTD XHTML 1.0 Transitional//EN"
"http://www.w3.org/TR/xhtml1/DTD/xhtml1-transitional.dtd">
<html xmlns="http://www.w3.org/1999/xhtml">
<head>
<meta http-equiv="Content-Type" content="text/html; charset=gb2312" />
<title>3D 移动变形方法的使用示例 </title>
<style type="text/css">
div{
    width: 300px;
    height:100px;
    background-color: yellow;
    text-align: center;
    transform:rotateY(60deg);
}
</style>
</head>
<body>
<div id="div"> 示例文字 </div>
<input type="button" value=" 在 X 轴上移动 " onclick="tranX()" />
<input type="button" value=" 在 Y 轴上移动 " onclick="tranY()" />
<input type="button" value=" 在 Z 轴上移动 " onclick="tranZ()" />
<script>
```

```
var n,tranINT,tranXINT,tranYINT,tranZINT;
var div=document.getElementById("div");

function tranX()
{
    n=0;
    clearInterval(tranXINT);
    tranXINT=setInterval("startXTran()",10);
}
function startXTran()
{
    n=n+1;
    div.style.transform="translateX(" + n + "px)";
    if (n==50)
    {
        clearInterval(tranXINT);
        n=0;
    }
}
function tranY()
{
    n=0;
    clearInterval(tranYINT);
    tranYINT=setInterval("startYTran()",10);
}
function startYTran()
{
    n=n+1;
    div.style.transform="translateY(" + n + "px)";
    if (n==50)
    {
        clearInterval(tranYINT);
        n=0;
    }
}
function tranZ()
{
    n=0;
    clearInterval(tranZINT);
    tranZINT=setInterval("startZTran()",10);
}
function startZTran()
{
    n=n+1;
    div.style.transform="translateZ(" + n + "px)";
    if (n==50)
    {
        clearInterval(tranZINT);
        n=0;
    }
```

```
}
</script>
</body>
</html>
```

在浏览器中打开示例页面，页面显示效果如图 21-21 所示。

当用户单击"在 Z 轴上移动"按钮后，div 元素沿 Z 轴方向前移 50px，如图 21-22 所示。

图 21-21　页面打开时的显示效果

图 21-22　当用户单击"在 Z 轴上移动"按钮
后 div 元素沿 Z 轴方向前移 50px

21.4　变形矩阵

矩阵函数 matrix() 函数与 matrix3d() 函数是理解 CSS 3 中变形技术的关键。在大多数时候，为了简单起见，你可以直接使用类似 rotate() 与 skewY() 之类的方法。但是在每一种变形方法的背后都存在着一个对应的矩阵。理解这些矩阵的工作原理对我们是很有帮助的。

CSS 变形是建立在线性代数与几何的基础上的，尽管这牵涉一些高等数学，但即使你没有学过这两门学科，也可以很熟练地使用 CSS 3 中的变形技术。

在本节中，我们介绍 CSS 3 中在实现 2D 变形时使用的 3×3 矩阵与实现 3D 变形时使用的 4×4 矩阵。

21.4.1　矩阵概述

矩阵是一个数学概念，它代表一组数字、符号或表达式的矩形阵列。矩阵应用在很多数学或科技用应用程序中。例如，物理学家在计算机图形软件中利用它们来研究量子数学。矩阵也被用在 2D 屏幕上进行 3D 图像的线性变换中。事实上，这种变换处理是通过矩阵函数完成的，matrix() 函数允许我们创建线性变换，matrix3d() 函数允许我们使用 CSS 代码将三维图形投射在二维坐标中。我们不想在这里介绍太多数学方面的知识。我们只需知道变形处理就是将坐标系统中一个坐标点位置乘以一个变形矩阵即可。

21.4.2 变形与坐标系统

首先，我们讨论计算机世界中的坐标系统。每一个页面都是一个坐标系统，原点为页面的左上角，坐标位置为（0，0）。X 轴方向为从左向右，Y 轴方向为从上往下，Z 轴决定阅读页面者与页面之间的距离。Z 坐标值越大代表距离越近，Z 坐标值越小代表距离越远。

当对一个对象应用变形时，首先建立本地坐标系统。在默认情况下，本地坐标系统中的原点在对象正中央，如图 21-23 所示。

我们可以通过在样式代码中使用 transform-origin 属性来调整坐标原点。在本地坐标系统中对任何坐标点进行的变形都是参考坐标原点进行的。例如，使用 transform-origin:50px 70px; 样式代码将把坐标轴原点右移 50px，下移 70px，如图 21-24 所示。

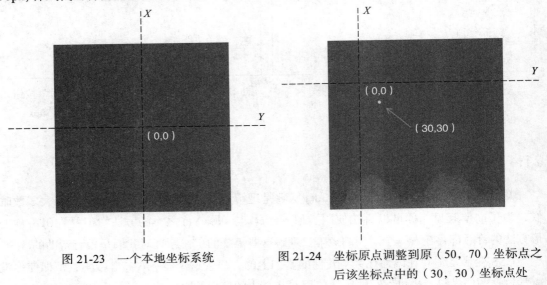

图 21-23　一个本地坐标系统　　　　图 21-24　坐标原点调整到原（50，70）坐标点之后该坐标点中的（30，30）坐标点处

当开发者使用变形处理时，浏览器将自动执行以上计算。开发者只需为变形处理提供有关参数即可。

21.4.3 计算 2D 变形

这里我们来看一个处理 2D 变形时所用的 3×3 矩阵，如图 21-25 所示。

$$\begin{bmatrix} a & c & e \\ b & d & f \\ 0 & 0 & 1 \end{bmatrix}$$

图 21-25　示例用 2D 变形矩阵

我们也可以将这个 2D 变形矩阵书写为 matrim(a,b,c,d,e,f)，a ~ f 均代表一个数字，用于决定怎样执行变形处理。

当我们应用一个 2D 变形处理时，浏览器将二维变形矩阵与一个数组 [x, y, 1] 相乘，其中 x 值与 y 值分别为一个坐标点在 X 轴方向上的位置与 Y 轴方向上的位置。

为了计算经过变形处理后的坐标点位置，我们将该数组与 2D 变形矩阵相乘，如图 21-26 所示。

虽然这个结果没有什么实际意义，但是我们在上面介绍过，每一种变形处理都有它特定的 2D 变形矩阵。例如一个平移用 2D 变形矩阵如图 21-27 所示。

$$
\begin{bmatrix} a & c & e \\ b & d & f \\ 0 & 0 & 1 \end{bmatrix} \cdot \begin{bmatrix} x \\ y \\ 1 \end{bmatrix} = \begin{bmatrix} ax + cy + e \\ bx + dy + f \\ 0 + 0 + 1 \end{bmatrix}
\qquad\qquad
\begin{bmatrix} 1 & 0 & tx \\ 0 & 1 & ty \\ 0 & 0 & 1 \end{bmatrix}
$$

图 21-26　将坐标点数组与 2D 变形矩阵相乘　　　　图 21-27　平移变形矩阵

在这个示例中，tx 与 ty 代表坐标原点被平移后新的坐标点位置。我们可以使用数组 [1 0 0 1 tx ty] 来代替它，这个数组将被用于 matrix 函数中，代码如下所示：

```
#mydiv{
    transform: matrix(1, 0, 0, 1, tx, ty);
}
```

在代码清单 21-11 所示示例中，我们首先使用 translate 方法将页面中的一个 div 元素从坐标原点（即浏览器窗口左上角）往右下方向平移 150px。

代码清单 21-11　使用 translate 方法平移元素

```
<!DOCTYPE html PUBLIC "-//W3C//DTD XHTML 1.0 Transitional//EN"
"http://www.w3.org/TR/xhtml1/DTD/xhtml1-transitional.dtd">
<html xmlns="http://www.w3.org/1999/xhtml">
<head>
<meta http-equiv="Content-Type" content="text/html; charset=gb2312" />
<title> 使用 translate 方法平移元素 </title>
<style type="text/css">
div{
    width: 300px;
    height:300px;
    transform: translate(150px,150px);
    background-color: blue;
}
</style>
</head>
<body>
<div id="div"></div>
</body>
</html>
```

在浏览器中打开示例页面，页面显示效果如图 21-28 所示。

图 21-28 页面打开时的显示效果

将 div 元素的 transform 样式属性代码修改为如下所示：

```
transform: matrix(1, 0, 0, 1, 150, 150);
```

在浏览器中打开修改后的示例页面，页面显示效果保持不变。

在这个示例中，两个 150 分别代表坐标原点被平移后新的 X 轴坐标点位置及 Y 轴坐标点位置。我们可以使用数组 [1 0 0 1 150 150] 来代替它，这个数组将被用于 matrix 函数中。

让我们以浏览器中坐标点（220，220）处的一个像素为例进行计算，平移后的坐标点计算过程如图 21-29 所示。

$$\begin{bmatrix} 1 & 0 & 150 \\ 0 & 1 & 150 \\ 0 & 0 & 1 \end{bmatrix} \cdot \begin{bmatrix} 220 \\ 220 \\ 1 \end{bmatrix} = \begin{bmatrix} 220 + 0 + 150 \\ 0 + 220 + 150 \\ 0 + 0 + 1 \end{bmatrix} = \begin{bmatrix} 370 \\ 370 \\ 1 \end{bmatrix}$$

图 21-29 平移后的坐标点计算过程

从这个示例中我们可以看出，与变形矩阵相乘后，原坐标点（220，220）处的像素位置将变为（370，370）。同样，该 div 元素中的所有像素都将右移 150px，下移 150px。

21.4.4 计算 3D 变形

接下来，我们来看一个处理 3D 缩放变形时所用的 4×4 矩阵，如图 21-30 所示。

$$\begin{bmatrix} sx & 0 & 0 & 0 \\ 0 & sy & 0 & 0 \\ 0 & 0 & sz & 0 \\ 0 & 0 & 0 & 1 \end{bmatrix}$$

图 21-30　3D 缩放变形时用 4×4 矩阵

在这个示例中，sx、sy 与 sz 代表 X 轴、Y 轴与 Z 轴方向上的缩放倍数。如果使用 matrix3d 函数，代码为：transform: matrix3d(sx, 0, 0, 0, 0, sy, 0, 0, 0, 0, sz, 0, 0, 0, 0, 1)。

在代码清单 21-12 所示示例中，我们首先使用 scale3d 方法将页面中的一个方形 div 元素在 X 轴方向上缩小五分之一，Y 轴方向上缩小一半。

代码清单 21-12　使用 scale3d 方法缩小元素

```
<!DOCTYPE html PUBLIC "-//W3C//DTD XHTML 1.0 Transitional//EN"
"http://www.w3.org/TR/xhtml1/DTD/xhtml1-transitional.dtd">
<html xmlns="http://www.w3.org/1999/xhtml">
<head>
<meta http-equiv="Content-Type" content="text/html; charset=gb2312" />
<title> 使用 scale3d 方法缩小元素 </title>
<style type="text/css">
div{
    width: 300px;
    height:300px;
    transform: scale3d(0.8, 0.5, 1);
    background-color: blue;
}
</style>
</head>
<body>
<div id="div"></div>
</body>
</html>
```

在浏览器中打开示例页面，页面显示效果如图 21-31 所示，由于 X 轴与 Y 轴方向上的缩放倍数不一致，所以正方形变成了长方形。

将 div 元素的 transform 样式属性代码修改为如下所示：

transform: matrix3d(0.8, 0, 0, 0, 0, 0.5, 0, 0, 0, 0, 1, 0, 0, 0, 0, 1);

在浏览器中打开修改后的示例页面，页面显示效果保持不变。

如果我们将这个三维缩放变形矩阵乘以坐标点（150,150,1），计算结果如图 21-32 所示（新的坐标点为 (120,75,1)）。

21.4.5　通过矩阵执行多重变形处理

最后，我们来看一下如何执行一个多重变形，即同时执行多种类型的变形处理。为了简单起见，我们选用 2D 变形，这意味着我们将使用 3×3 变形矩阵与 matrix() 函数。通过这个变形，我们将把我们的元素旋转 45°，然后放大 1.5 倍。

图 21-31　页面打开时的显示效果

$$\begin{bmatrix} .8 & 0 & 0 & 0 \\ 0 & .5 & 0 & 0 \\ 0 & 0 & 1 & 0 \\ 0 & 0 & 0 & 1 \end{bmatrix} \cdot \begin{bmatrix} 150 \\ 150 \\ 1 \\ 1 \end{bmatrix} = \begin{bmatrix} 120 + 0 + 0 + 0 \\ 0 + 75 + 0 + 0 \\ 0 + 0 + 1 + 0 \\ 0 + 0 + 0 + 1 \end{bmatrix} = \begin{bmatrix} 120 \\ 75 \\ 1 \\ 1 \end{bmatrix}$$

图 21-32　将 3D 缩放变形矩阵乘以坐标点（150,150,1）

旋转变形使用矩阵为 [cos(*a*) sin(*a*) –sin(*a*) cos(*a*) 0 0]，*a* 代表一个角度。为了放大元素，我们使用矩阵 [*sx* 0 0 *sy* 0 0]。为了同时使用多种变形，我们需要首先将这两个矩阵相乘，如图 21-33 所示（sin(45) 与 cos(45) 均等于 0.7071）。

$$\begin{bmatrix} 0.7071 & -0.7071 & 0 \\ 0.7071 & 0.7071 & 0 \\ 0 & 0 & 1 \end{bmatrix} \cdot \begin{bmatrix} 1.5 & 0 & 0 \\ 0 & 1.5 & 0 \\ 0 & 0 & 1 \end{bmatrix} = \begin{bmatrix} 1.0606 & -1.0606 & 0 \\ 1.0606 & 1.0606 & 0 \\ 0 & 0 & 1 \end{bmatrix}$$

图 21-33　计算多重变形用矩阵

将代码清单 21-12 中 div 元素的 transform 样式属性值修改为如下所示：

```
transform: matrix(1.0606, 1.0606, -1.0606, 1.0606, 0, 1);
```

在浏览器中打开修改后的示例页面，页面显示效果如图 21-34 所示。

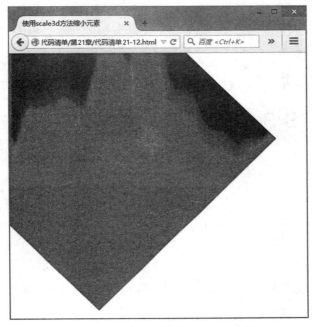

图 21-34　对 div 元素使用多重变形处理

如果对一个 (298,110) 坐标点使用经过计算后的变形矩阵，新的坐标点将为 (199.393, 432.725)，计算过程如图 21-35 所示。

$$\begin{bmatrix} 1.0606 & -1.0606 & 0 \\ 1.0606 & 1.0606 & 0 \\ 0 & 0 & 1 \end{bmatrix} \cdot \begin{bmatrix} 298 \\ 110 \\ 1 \end{bmatrix} = \begin{bmatrix} 199.393 \\ 432.725 \\ 1 \end{bmatrix}$$

图 21-35　对一个 (298,110) 坐标点使用经过计算后的变形矩阵

CSS 3 中的动画功能

在 CSS 3 中，如果使用动画功能，可以使页面上的文字或画像具有动画效果，可以使背景色从一种颜色平滑过渡到另一种颜色。

CSS 3 中的动画功能分为 Transitions 功能与 Animations 功能，这两种功能都可以通过改变 CSS 中的属性值来产生动画效果。例如，通过改变 background-color 属性的属性值来让背景色从一种颜色平滑过渡到另一种颜色。

到目前为止，Transitions 功能支持从一个属性值平滑过渡到另一个属性值，Animations 功能支持通过关键帧的指定来在页面上产生更复杂的动画效果。

本章针对 Transitions 功能与 Animations 功能做详细介绍。

虽然 CSS 3 具有较好的性能，可以使用关键帧，但是书写起来需要大量样式代码，目前只用于用户交互、页面加载等简单动画中。而 Web Animations API 弥补了 CSS 3 的不足。可以使用关键帧、也可以使用 JavaScript 控制元素，同时具有与 CSS 3 相同的性能。本章同时对该 API 进行详细介绍。

学习内容：

☐ 掌握 CSS 3 中 Transitions 功能的使用方法，能够使用 Transitions 功能来实现在属性值的开始值与属性的结束值之间进行平滑过渡的动画。

☐ 掌握 CSS 3 中 Animations 功能的使用方法，能够在样式中创建多个关键帧，在这些关键帧之中编写样式，并且能够在页面中创建结合这些关键帧所运行的较为复杂的动画。

☐ 掌握 Web Animations API 的基本概念及其优势，知道如何使用 Web Animations API 播放动画以及如何对动画播放进行控制。

22.1　Transitions 功能

本节针对 CSS 3 中的 Transitions 功能做详细介绍。到目前为止，Firefox 4 以上、Opera 10 以上、Safari 3.1 以上、Chrome 8 以上以及 IE 11 以上版本浏览器都对 Transitions 功能提供了支持。

22.1.1　Transitions 功能的使用方法

在 CSS 3 中，Transitions 功能通过将元素的某个属性从一个属性值在指定的时间内平滑过渡到另一个属性值来实现动画功能。

transitions 属性的使用方法如下所示。

```
transition: property duration timing-function
```

其中 property 表示对哪个属性进行平滑过渡，duration 表示在多久时间内完成属性值的平滑过渡，timing-function 表示通过什么方法进行平滑过渡。

接下来，我们在代码清单 22-1 中看到一个 Transitions 功能的使用示例。该页面中有一个 div 元素，背景色为黄色，通过 hover 属性指定当鼠标指针停留在 div 元素上时的背景色为浅蓝色，通过 transitions 属性指定：当鼠标指针移动到 div 元素上时，在 1 秒内让 div 元素的背景色从黄色平滑过渡到浅蓝色。

代码清单 22-1　Transitions 功能的使用示例

```
<!DOCTYPE html PUBLIC "-//W3C//DTD XHTML 1.0 Transitional//EN"
"http://www.w3.org/TR/xhtml1/DTD/xhtml1-transitional.dtd">
<html xmlns="http://www.w3.org/1999/xhtml">
<head>
<meta http-equiv="Content-Type" content="text/html; charset=gb2312" />
<title>Transitions 功能的使用示例 </title>
</head>
<style type="text/css">
div{
        background-color: #ffff00;
        transition: background-color 1s linear;
}
div:hover{
        background-color: #00ffff;
}
</style>
<body>
<div> 示例文字 </div>
</body>
</html>
```

代码清单 22-1 所示代码的运行结果如图 22-1 所示。

在 CSS 3 中，还有另外一种使用 Transitions 功能的方法，就是将 transitions 属性中的三个参数改写成 transition-property 属性、transition-duration 属性、transition-timing-function 属性，这三个属性的含义和属性值的指定方法与 transitions 属性中的三个参数的含义和指定方法完全相同，样式代码如下代码。

图 22-1　Transitions 功能的使用示例

```
transition-property: background-color;
transition-duration: 1s;
transition-timing-function: linear;
```

除上述三个属性外，CSS 3 中还具有一个 transition-delay 属性，该属性指定变换动画特效延迟多久后开始执行。也就是说，当触发特效后，需要经过 transition-delay 属性值指定的延迟时间后才真正开始执行特效。可以用秒单位或毫秒单位来指定属性值。使用代码如下所示：

```
transition-delay: 1s;
// 或
transition: background-color 1s linear 2s;// 在第四个参数中书写延迟时间
```

22.1.2　使用 Transitions 功能同时平滑过渡多个属性值

可以使用 Transitions 功能同时对多个属性值进行平滑过渡。代码清单 22-2 为使用 Transitions 功能实现多个属性的平滑过渡的示例。该示例中有一个 div 元素，元素的背景色为黄色，字体色为黑色，宽度为 300px，通过 hover 属性指定当鼠标指针停留在 div 元素上时的背景色为深蓝色，字体为白色，宽度为 400px。通过 transitions 属性指定当鼠标指针移动到 div 元素上时在 1 秒内完成这几个属性值的平滑过渡。

代码清单 22-2　使用 Transitions 功能实现多个属性的平滑过渡

```
<!DOCTYPE html PUBLIC "-//W3C//DTD XHTML 1.0 Transitional//EN"
"http://www.w3.org/TR/xhtml1/DTD/xhtml1-transitional.dtd">
<html xmlns="http://www.w3.org/1999/xhtml">
<head>
<meta http-equiv="Content-Type" content="text/html; charset=gb2312" />
<title> 使用 Transitions 功能实现多个属性的平滑过渡 </title>
</head>
<style type="text/css">
div{
        background-color: #ffff00;
        color: #000000;
```

```
        width: 300px;
        transition:  background-color 1s linear, color 1s linear, width 1s
        linear;
}
div:hover{
        background-color: #003366;
        color: #ffffff;
        width: 400px;
}
</style>
<body>
<div> 示例文字 </div>
</body>
</html>
```

代码清单 22-2 中示例的运行结果分为如下三种情况：

1）当鼠标指针没有停留在 div 元素上时，页面显示如图 22-2 所示。

2）当鼠标指针停留在 div 元素上，该 div 元素的几个属性的属性值处于变化状态时的页面如图 22-3 所示。

图 22-2　鼠标指针没有停留在 div 元素上时的页面显示

图 22-3　鼠标指针停留在 div 元素上，div 元素的属性值处于变化状态中

3）当鼠标指针停留在 div 元素上，div 元素的几个属性的属性值变化结束后的页面显示如图 22-4 所示。

另外，可以通过改变元素的位置属性值，实现变形处理的 transform 属性值来让元素实现移动、旋转等动画效果。

代码清单 22-3 为使用 Transitions 功能实现元素的移动与旋转动画的一个示例，该示例中有一个 div 元素，div 元素中有一幅图像，当鼠标指针停留在图像上时，图像会向右移动 30px，并且顺时针旋转 720°。

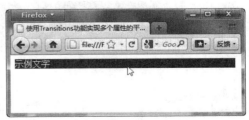

图 22-4　鼠标指针停留在 div 元素上，div 元素的属性值已终止变化

代码清单 22-3 使用 Transitions 功能实现元素的移动与旋转动画

```
<!DOCTYPE html PUBLIC "-//W3C//DTD XHTML 1.0 Transitional//EN"
"http://www.w3.org/TR/xhtml1/DTD/xhtml1-transitional.dtd">
<html xmlns="http://www.w3.org/1999/xhtml">
<head>
<meta http-equiv="Content-Type" content="text/html; charset=gb2312" />
<title>使用 Transitions 功能实现元素的移动与旋转动画 </title>
</head>
<style type="text/css">
img{
        position: absolute;
        top: 70px;
        left: 0;

        transform: rotate(0deg);
        transition: left 1s linear, transform 1s linear;
}
div:hover img{
        position: absolute;
        left: 30px;

        transform: rotate(720deg);
}
</style>
<body>
<div>
<img src="flower-red.png" alt="*" title="" />
</div>
</body>
</html>
```

代码清单 22-3 中的示例的运行结果分为如下三种情况：

1）当鼠标指针没有停留在图像上时，页面显示如图 22-5 所示。

2）当鼠标指针停留在图像上，图像正在向右移动和旋转时的页面显示如图 22-6 所示。

图 22-5 鼠标指针没有停留在画像上   图 22-6 鼠标指针停留在图像上，图像正在
                                                    向右移动和旋转

3）当鼠标指针停留在图像上，图像向右移动和旋转结束后的页面显示如图 22-7 所示。

使用 Transitions 功能实现动画的缺点是只能指定属性的开始值与终点值，然后在这两个属性值之间实现平滑过渡，不能实现更为复杂的动画效果。在 CSS 3 中，除了使用 Transitions 功能外，还可以使用 Animations 功能来实现动画效果，它允许通过关键帧的指定来在页面上产生更复杂的动画效果，下一节我们针对这个 Animations 功能做一详细介绍。

图 22-7　鼠标指针停留在图像上，图像向
右移动和旋转结束后的页面显示

22.2　Animations 功能

在 CSS 3 中，除了可以使用 Transitions 功能实现动画效果之外，还可以使用 Animations 功能实现更为复杂的动画效果，到目前为止，Safari 4 以上、Chrome 2 以上、IE 11 以上、Opera 18 以上以及 Firefox 20 以上版本浏览器均对该功能提供支持。本节针对 Animations 功能进行详细介绍。

22.2.1　Animations 功能的使用方法

Animations 功能与 Transitions 功能相同，都是通过改变元素的属性值来实现动画效果。它们的区别在于：使用 Transitions 功能时只能通过指定属性的开始值与结束值，然后在这两个属性值之间进行平滑过渡的方式来实现动画效果，因此不能实现比较复杂的动画效果；而 Animations 通过定义多个关键帧以及定义每个关键帧中元素的属性值来实现更为复杂的动画效果。

首先，我们在代码清单 22-4 中看一个 Animations 功能的使用示例。该示例中具有一个 div 元素，背景色为红色，当鼠标指针移动到 div 元素上时，元素的背景色将经历从红色到深蓝色，从深蓝色到黄色，从黄色回到红色这样一系列的变化。在代码清单 22-4 之后，我们将结合这个示例对 Animations 功能的使用方法进行详细介绍。

代码清单 22-4　Animations 功能的使用示例

```
<!DOCTYPE html PUBLIC "-//W3C//DTD XHTML 1.0 Transitional//EN"
"http://www.w3.org/TR/xhtml1/DTD/xhtml1-transitional.dtd">
<html xmlns="http://www.w3.org/1999/xhtml">
<head>
<meta http-equiv="Content-Type" content="text/html; charset=gb2312" />
<title>Animations 功能使用示例 </title>
</head>
<style type="text/css">
```

```
div{
    background-color: red;
}
@keyframes mycolor{
    0%{
            background-color: red;
    }
    40%{
            background-color: darkblue;
    }
    70%{
            background-color: yellow;
    }
    100%{
            background-color: red;
    }
}
div:hover{
        animation-name: mycolor;
        animation-duration: 5s;
        animation-timing-function: linear;
}
</style>
<body>
<div>
示例文字
</div>
</body>
</html>
```

在代码清单 22-4 中所实现的动画中带有如下几个关键帧，通过这些关键帧之间的平滑过渡完成了动画的实现。

1. 开始帧

在浏览器中开始帧的页面显示如图 22-8 所示。

2. 背景色为深蓝色的关键帧

在整个动画过程中 40% 处有一帧为背景色是深蓝色的关键帧，在浏览器中这个关键帧的页面显示如图 22-9 所示。

3. 背景色为黄色的关键帧

在整个动画过程中 70% 处有一帧为背景色是黄色的关键帧，在 Chrome 浏览器中这个关键帧的页面显示如图 22-10 所示。

图 22-8 代码清单 22-4 中实现动画的开始帧

图 22-9　代码清单 22-4 所示动画中背景色为　　　图 22-10　代码清单 22-4 所示动画中背景色为
　　　　　深蓝色的关键帧　　　　　　　　　　　　　　　黄色的关键帧

4. 结束帧

整个动画中最后的一帧为结束帧，在结束帧之后，元素的属性不再发生变化。在代码清单 22-4 所示示例中，动画的结束帧与开始帧的页面显示完全相同，背景色都是红色。

使用 Animations 功能的时候，通过如下所示的方法来创建关键帧的集合。

```
@keyframes 关键帧集合名 { 创建关键帧的代码 }
```

在代码清单 22-4 所示示例中，关键帧集合的名称是 mycolor。

创建关键帧的代码类似如下所示。

```
40%{
        本关键帧中的样式代码
}
```

这里的 40% 表示该帧位于整个动画过程中的 40% 处，开始帧为 0%，结束帧为 100%。在代码清单 22-4 所示示例中，除了开始帧与结束帧外，在整个动画的 40% 处与 70% 处创建了两个关键帧。在表示过程百分比后的中括号中书写各关键帧中的样式代码，在代码清单 25-4 所示示例中通过在关键帧中设定 div 元素的不同背景色来完成三种背景色之间的平滑过渡。

创建好关键帧的集合之后，在元素的样式中使用该关键帧的集合。代码类似如下所示。

```
div:hover{
        animation-name: mycolor;
        animation-duration: 5s;
        animation-timing-function: linear;
}
```

在 animation-name 属性中指定关键帧集合的名称，在 animation-duration 属性中指定完成整个动画所花费的时间，在 animation-timing-function 属性中指定实现动画的方法。

除这三个属性外，可以使用如下的属性。

❑ animation-delay：用于指定延迟多少秒或多少毫秒后开始执行动画。指定方法如下所示：

```
animation-delay:2s;
// 或
animation-delay:100ms;
```

❑ animation-iteration-count：用于指定动画的执行次数，可指定为 infinite（无限次）。

❑ animation-direction：用于指定动画的执行方向。可指定属性值包括：

- normal：初始值（动画执行完毕后返回初始状态）。
- alternate：交替更改动画的执行方向。
- reverse：反方向执行动画。
- alternate-reverse：从反方向开始交替更改动画的执行方向。

在一行样式代码中定义 animation 动画时采用如下所示的书写方式：

animation:keyframe 的名称 动画的执行时长 动画的实现方法 延迟多少秒后开始执行动画 动画的执行次数 动画的执行方向

22.2.2 实现多个属性值同时改变的动画

如果要想实现让多个属性值同时变化的动画，只需在各关键帧中同时指定这些属性值就可以了。代码清单 22-5 给出了让多个属性值同时变化的动画示例，该示例由代码清单 22-4 修改而来，在动画中不仅完成了三种背景色之间的平滑过渡，而且在背景色为深蓝色的关键帧中，让 div 元素顺时针旋转了 30°，在背景色为黄色的关键帧中，让 div 元素逆时针旋转了 30°。

代码清单 22-5　让多个属性值同时变化

```
<!DOCTYPE html PUBLIC "-//W3C//DTD XHTML 1.0 Transitional//EN"
"http://www.w3.org/TR/xhtml1/DTD/xhtml1-transitional.dtd">
<html xmlns="http://www.w3.org/1999/xhtml">
<head>
<meta http-equiv="Content-Type" content="text/html; charset=gb2312" />
<title> 让多个属性值同时变化 </title>
</head>
<style type="text/css">
div{
    position: absolute;
    background-color: yellow;
    top:100px;
    width:500px;
}
@keyframes mycolor{
    0%{
```

```
                background-color: red;
                transform: rotate(0deg);
        }
    40%{
                background-color: darkblue;
                transform: rotate(30deg);
        }
    70%{
                background-color: yellow;
                transform: rotate(-30deg);
        }
    100%{
                background-color: red;
                transform: rotate(0deg);
        }
}
div:hover{
        animation-name: mycolor;
        animation-duration: 5s;
        animation-timing-function: linear;
}
</style>
<body>
<div>
示例文字
</div>
</body>
</html>   .
```

在 Chrome 浏览器中，代码清单 22-5 中开始帧与结束帧的页面显示如图 22-11 所示。

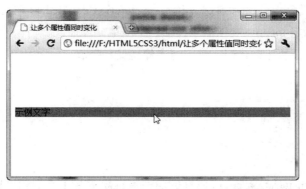

图 22-11　代码清单 22-5 中开始帧与结束帧的页面显示

在 Chrome 浏览器中，代码清单 22-5 中背景色为深蓝色的关键帧的页面显示如图 22-12 所示。

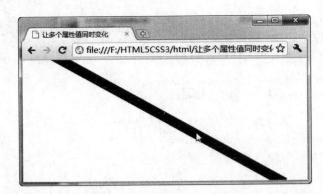

图 22-12　代码清单 22-5 中背景色为深蓝色的关键帧的页面显示

在 Chrome 浏览器中，代码清单 22-5 中背景色为黄色的关键帧的页面显示如图 22-13 所示。

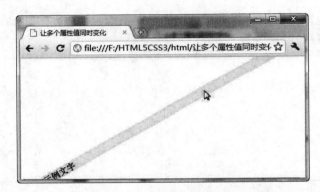

图 22-13　代码清单 22-5 中背景色为黄色的关键帧的页面显示

在元素的样式代码中，可以通过 animation-iteration-count 属性来指定动画的播放次数，也可通过对该属性指定 infinite 属性值来让动画不停地循环播放。将鼠标指针停留在 div 元素上时的样式修改为如下所示的代码，动画将不停地循环播放。

```
div:hover{
        animation-name: mycolor;
        animation-duration: 5s;
        animation-timing-function: linear;
        animation-iteration-count: infinite;
}
```

如果将 animation-iteration-count 属性的属性值设定为某个整数值，则动画播放的次数就等于该整数值。

如果去除鼠标指针停留在 div 元素上时的样式，并把样式中代码改写为 div 元素本身的样式，成为如下所示的代码，则动画将在页面打开时进行播放。

```
div{
        animation-name: mycolor;
        animation-duration: 5s;
        animation-timing-function: linear;
        animation-iteration-count:  infinite;
}
```

22.2.3　实现动画的方法

在前面几个 Animations 功能的使用示例中，我们只使用到了一种实现动画的方法——linear。linear 方法的含义是在动画从开始到结束时使用同样的速度进行各种属性值的改变，在一个动画过程中不改变各种属性值改变的速度。除了 linear 方法外，还有其他几种实现动画的方法，如表 22-1 所示。

表 22-1　Animations 功能中实现动画的方法

方　　法	属性值的变化速度
linear	在动画开始时与结束时以同样速度进行改变
ease-in	动画开始时速度很慢，然后速度沿曲线值进行加快
ease-out	动画开始时速度很快，然后速度沿曲线值进行放慢
ease	动画开始时速度很慢，然后速度沿曲线值进行加快，然后再沿曲线值进行放慢
ease-in-out	动画开始时速度很慢，然后速度沿曲线值进行加快，然后再沿曲线值进行放慢

接下来，我们通过代码清单 22-6 可以看出 Animations 功能中各种实现动画的方法的区别。该示例中有一个 div 元素，页面打开时，该 div 元素在 5 秒内从长 100px、宽 100px 扩大到长 500px、宽 500px，通过改变 animation-timing-function 属性的属性值，然后观察 div 元素的长度与宽度在整个动画中的变化速度，可以看出实现动画的各种方法之间的区别。

代码清单 22-6　实现动画的各种方法的比较示例

```
<!DOCTYPE html PUBLIC "-//W3C//DTD XHTML 1.0 Transitional//EN"
"http://www.w3.org/TR/xhtml1/DTD/xhtml1-transitional.dtd">
<html xmlns="http://www.w3.org/1999/xhtml">
<head>
<meta http-equiv="Content-Type" content="text/html; charset=gb2312" />
<title> 实现动画的各种方法的比较示例 </title>
</head>
<style type="text/css">
@keyframes mycolor{
    0%{
            width:100px;
            height:100px;
    }
    100%{
```

```
            width:500px;
            height:500px;
        }
}
div{
        background-color: red;
        width:500px;
        height:500px;
        animation-name: mycolor;
        animation-duration: 5s;
        animation-timing-function: ease-out;
}
</style>
<body>
<div>
</div>
</body>
</html>
```

代码清单 22-6 的运行结果如图 22-14 所示。

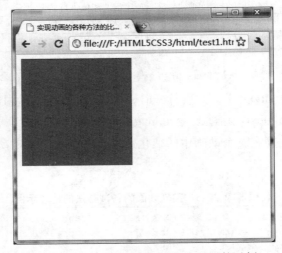

图 22-14　实现动画的各种方法的比较示例

22.2.4　实现网页的淡入效果

在本节的最后介绍一下如何使用 Animations 功能来实现网页设计中的一种经常使用的动画效果——网页的淡入效果。在代码清单 22-7 中给出一个实现网页淡入效果的示例，该示例的页面很简单，只有几个文字，通过在开始帧与结束帧中改变页面的 opacity 属性的属性值来实现页面的淡入效果。

代码清单 22-7　实现网页淡入效果的示例

```
<!DOCTYPE html PUBLIC "-//W3C//DTD XHTML 1.0 Transitional//EN"
"http://www.w3.org/TR/xhtml1/DTD/xhtml1-transitional.dtd">
<html xmlns="http://www.w3.org/1999/xhtml">
<head>
<meta http-equiv="Content-Type" content="text/html; charset=gb2312" />
<title> 实现网页淡入效果的示例 </title>
</head>
<style type="text/css">
@keyframes fadein{
    0%{
        opacity: 0;
        background-color: white;
    }
    100%{
        opacity: 1;
        background-color: white;
    }
}
body{
        animation-name: fadein;
        animation-duration: 5s;
        animation-timing-function: linear;
        animation-iteration-count: 1;
}
</style>
<body>
示例文字
</body>
</html>
```

22.3　Web Animations API

22.3.1　Web Animations API 的基本概念

从根本性质上来说，Web 动画技术可分为以下四种：

❑ CSS Transition 与 Animation: 虽然性能较好，可以使用关键帧，但是书写起来需要大量样式代码，目前只用于用户交互、页面加载等简单动画中。

❑ SMIL（同步多媒体集成语言）：虽然功能强大，但是书写起来非常不方便，浏览器的支持也非常有限。同时，只限用于控制 SVG 内的元素。

❑ JavaScript: 虽然可以直接操控元素，但是不能使用关键帧，也欠缺本地优化等功能，性能也不如 CSS 3。

Web Animations API 解决了这些缺点。可以使用关键帧、可以使用 JavaScript 控制元素，具有与 CSS 相同的性能。目前，Chrome 36 以上及 Firefox 48 以上版本浏览器对其提供支持。

22.3.2 Web Animations API 的使用示例

接下来首先看一个使用 CSS 3 动画的示例页面，如代码清单 22-8 所示。在示例页面中显示一个红色 div 元素，通过 border-radius 圆角样式代码使其成为圆形，使用 CSS 3 Animations 动画在页面打开时让该元素从浏览器左边快速向右移动 300px，然后向下慢速移动 300px。稍后我们将使用 Web Animations API 实现同样的动画功能。

代码清单 22-8　使用 CSS 3 动画的版本

```
<!DOCTYPE html>
<html>
<head>
<meta http-equiv="Content-Type" content="text/html; charset=gb2312" />
<title> 使用 CSS 3 动画的版本 </title>
<style>
#redball {
    background: red;
    width: 180px;
    height: 180px;
    border-radius: 50%;
}
@keyframes moveBall {
    from {
        transform: translateX(0px) translateY(0px);
    }
    20%{
        transform: translateX(300px) translateY(0px);
    }
    100% {
        transform: translateX(300px) translateY(300px);
    }
}
#redball {
    animation: moveBall 3s infinite;
}
</style>
</head>
<body>
<div id="redball"></div>
</body>
</html>
```

在浏览器中打开示例页面，页面打开时显示一个向右滚动的红色小球，如图 22-15 所示。

图 22-15　页面打开时显示一个向右滚动的红色小球

接下来我们改为使用 Web Animations API 实现同样的动画功能。

首先，我们需要创建一个用于实现关键帧动画的数组，方法如下所示：

```
let keyFrame = [{
    transform: 'translateX(0px) translateY(0px)'
}, {
    transform: 'translateX(300px) translateY(0px)'
}, {
    transform: 'translateX(300px) translateY(300px)'
}]
```

在上述代码中，keyFrame 变量被赋值为一个数组，数组中每一个对象均代表一个关键帧，与 CSS 代码不同，在使用 Web Animations API 时不需要显式指定每个关键帧的出现时刻，浏览器将根据关键帧数自动平均分配关键帧出现时刻。如果需要显式指定某个关键帧的出现时刻，可以对该对象使用 offset 属性，属性值为一个 0 到 1 之间的小数点值，代表该关键帧出现的时刻占动画总时长的百分比，代码如下所示：

```
{
    transform: 'translateX(300px) translateY(0px)',
    offset: 0.2
}
```

关键帧数组中必须至少拥有两个关键帧对象，如果只有一个关键帧对象，浏览器将抛出一个 NotSupportedError 错误。

我们同样需要创建一个用于设置动画的各种选项的对象，代码如下所示：

```
let set = {
    duration: 3000,
    iterations: Infinity
}
```

对该对象设置的各种属性的说明如下所示：

❑ id: 属性值为一个用于标识动画名称的字符串。

❑ delay：属性值为一个整数值，用于指定延迟多少毫秒后开始执行动画。

❑ direction：用于指定动画的执行方向。可指定属性值包括："forwards"（正方向执行动画，默认值）、"reverse"（反方向执行动画）、"alternate"（交替更改动画的执行方向）以及 "alternate-reverse"（从反方向开始交替更改动画的执行方向）。

❑ duration: 属性值为一个整数值，用于指定完成整个动画所花费的毫秒数。

❑ easing: 用于指定实现动画的方法，可指定属性值包括 "linear""ease""ease-in""ease-out" 以及 "ease-in-out"，对于各种属性值的说明如表 25-1 所示。

❑ iterations: 属性值为一个整数值，用于指定动画的执行次数，可指定为 Infinity（无限次）。

在 Web Animations API 中，使用任意元素对象的 animate 方法开始我们指定的动画，代码如下所示 (代码中的 elem 代表任意元素对象，keyFrame 代表一个关键帧数组，set 代表一个用于设置动画的对象)：

```
elem.animate(keyFrame,set);
```

animate 方法返回一个代表动画的 Animation 对象。

修改代码清单 22-8 所示代码，如代码清单 22-9 所示。在代码清单 22-9 中，我们改用 Web Animations API 实现同样的动画功能。

代码清单 22-9　使用 Web Animations API 的版本

```
<!DOCTYPE html>
<html>
<head>
<meta http-equiv="Content-Type" content="text/html; charset=gb2312" />
<title> 使用 Web Animations API 的版本 </title>
<style>
#redball {
    background: red;
    width: 180px;
    height: 180px;
    border-radius: 50%;
}
</style>
</head>
<body>
```

```
<div id="redball"></div>
<script>
document.getElementById('redball').animate([{
    transform: 'translateX(0px) translateY(0px)'
}, {
    transform: 'translateX(300px) translateY(0px)',
    offset: 0.2
}, {
    transform: 'translateX(300px) translateY(300px)'
}], {
    duration: 3000,
    iterations: Infinity,
    easing: 'ease'
});
</script>
</body>
</html>
```

在浏览器中打开示例页面，页面打开时显示一个向右滚动的红色小球，如图 22-15 所示。

关于 Web Animations API，有几点需要注意的地方：

❑ 在 JavaScript 中，使用毫秒为单位，而在 CSS 中，使用秒为单位。

❑ 在 Web Animations API 中，不使用 CSS 属性 interation-count，而使用 iterations 指定动画循环次数。关键字不使用 CSS 中的 infinite，而使用 Infinity（首字母必须大写）。

❑ Web Animations API 中的默认 easing 为 linear，本例中指定为 CSS 动画的默认值 ease。

当然，如果在脚本代码中只复制运行 CSS 动画的话，就失去了脚本语言的动态优势，因此，我们修改本例代码，使本例中小球在运动过程中不断随机地修改颜色。修改后的示例代码如代码清单 22-10 所示。

代码清单 22-10　小球在运动过程中不断随机地修改颜色

```
<!DOCTYPE html>
<html>
<head>
<meta http-equiv="Content-Type" content="text/html; charset=gb2312" />
<title>小球在运动过程中不断随机地修改颜色</title>
<style>
#redball {
    background: red;
    width: 180px;
    height: 180px;
    border-radius: 50%;
}
</style>
</head>
<body>
```

```
<div id="redball"></div>
<script>
let color1,color2,color3;
function getRandomColor(){
    return "#"+("00000"+((Math.random()*16777215+0.5)>>0).toString(16))
    .slice(-6);
}
moveBall();
setInterval(function(){
    moveBall();// 移动小球
},3000);
function moveBall(){
    let color1=getRandomColor();        // 设置颜色变量并赋予随机颜色值
    let color2=getRandomColor();        // 设置颜色变量并赋予随机颜色值
    let color3=getRandomColor();        // 设置颜色变量并赋予随机颜色值
    document.getElementById('redball').animate([{
        transform: 'translateX(0px) translateY(0px)',
        background:'red'
    }, {
        transform: 'translateX(300px) translateY(0px)',
        background:color1,
        offset: 0.25
    }, {
        transform: 'translateX(300px) translateY(300px)',
        background:color2,
        offset: 0.5
    }, {
        transform: 'translateX(0px) translateY(300px)',
        background:color3,
        offset: 0.75
    }, {
        transform: 'translateX(0px) translateY(0px)',
        background:'red'
    }], {
        duration: 3000,
        easing: 'ease'
    });
}
</script>
</body>
</html>
```

22.3.3 控制动画播放

Web Animations API 的另一个非常强大的优势在于它提供了一些有用的方法，可以让开发者很轻松地控制动画的播放。

可以使用 Animation 对象的 pause 方法暂停动画，代码如下所示（animation 代表一个 Animation 对象）：

```
animation.pause()
```

可以使用 Animation 对象的 play 方法继续执行动画，代码如下所示 (animation 代表一个 Animation 对象)：

```
animation.play()
```

修改代码清单 22-9 所示代码，如代码清单 22-11 所示，对页面中的小球添加指定 mouseenter 事件处理函数与 mouseleave 事件处理函数，当用户鼠标指针移动到小球上时暂停小球动画，鼠标指针离开小球时继续小球动画。

代码清单 22-11　控制动画的暂停与继续

```
<!DOCTYPE html>
<html>
<head>
<meta http-equiv="Content-Type" content="text/html; charset=gb2312" />
<title> 控制动画的暂停与继续 </title>
<style>
#redball {
    background: red;
    width: 180px;
    height: 180px;
    border-radius: 50%;
}
</style>
</head>
<body>
<div id="redball"></div>
<script>
let animate=document.getElementById('redball').animate([{
    transform: 'translateX(0px) translateY(0px)'
}, {
    transform: 'translateX(300px) translateY(0px)',
    offset: 0.2
}, {
    transform: 'translateX(300px) translateY(300px)'
}], {
    duration: 3000,
    iterations: Infinity,
    easing: 'ease'
});
document.getElementById('redball').addEventListener("mouseenter",
function(){
    animate.pause();
},false);
document.getElementById('redball').addEventListener("mouseleave",
function(){
    animate.play();
},false);
```

```
</script>
</body>
</html>
```

除了 pause 方法与 play 方法之外，Animation 对象还具有以下几个方法：

❑ cancel 方法：用于放弃动画播放。

❑ reverse 方法：用于回放动画（Animation 对象的 playbackRate 属性值将被设置为 –1 ）。

Animation 对象具有一个 playbackRate 属性，用于读取与设置动画播放速度，属性值为一个可带有小数点的数值，当该值为负数时将回放动画。

继续修改代码清单 22-11 所示代码，如代码清单 22-12 所示，在页面中添加一个"放弃播放"按钮、一个"回放"按钮、一个"加速播放"按钮与一个"减速播放"按钮，用户单击"放弃播放"按钮时放弃当前动画的播放，单击"回放"按钮时回放动画播放，单击"加速播放"按钮时将动画播放速度加快一倍，单击"减速播放"按钮时将动画播放速度放慢一倍。

代码清单 22-12　对动画播放进行更多控制

```
<!DOCTYPE html>
<html>
<head>
<meta http-equiv="Content-Type" content="text/html; charset=gb2312" />
<title> 对动画播放进行更多控制 </title>
<style>
#redball {
    background: red;
    width: 180px;
    height: 180px;
    border-radius: 50%;
}
</style>
</head>
<body>
<div id="redball"></div><br/>
<input type="button" id="btnCancel" value=" 放弃播放 " />
<input type="button" id="btnReverse" value=" 回放 "/>
<input type="button" id="btnSpeedUp" value=" 加速播放 "/>
<input type="button" id="btnSpeedDown" value=" 减速播放 "/>
<script>
let animate=document.getElementById('redball').animate([{
    transform: 'translateX(0px) translateY(0px)'
}, {
    transform: 'translateX(300px) translateY(0px)',
    offset: 0.2
}, {
    transform: 'translateX(300px) translateY(300px)'
}], {
```

```
        duration: 30000,
        iterations: Infinity,
        easing: 'ease'
});
console.log(animate);
document.getElementById('redball').addEventListener("mouseenter",
function(){
        animate.pause();
},false);
document.getElementById('redball').addEventListener("mouseleave",
function(){
        animate.play();
},false);
document.getElementById('btnCancel').addEventListener("click",
function(){
        animate.cancel();
},false);
function reverse(){
        animate.reverse();
}
function speedUp(){
        animate.playbackRate*=2;
}
function speedDown(){
        animate.playbackRate/=2;
}
</script>
</body>
</html>
```

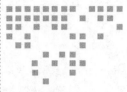

布局相关样式

Web 页面中的布局是指在页面中如何对标题、导航栏、主要内容、脚注、表单等各种构成要素进行合理编排。在 CSS 3 之前，主要使用 float 属性或 position 属性进行页面中的简单布局，但是也存在一些缺点，譬如如果两栏或多栏中元素的内容高度不一致则底部很难对齐。因此，在 CSS 3 中追加了一些新的布局方式，使用这些新的布局方式，除了可以修改之前存在的问题之外，还可以进行更为便捷、更为复杂的页面布局。

本章针对 CSS 3 中的布局做一详细介绍，主要介绍多栏布局、盒布局与网格布局。

学习内容：

❏ 掌握 CSS 3 中多栏布局的使用方法，知道为什么要使用多栏布局，它可以解决使用 float 属性或 position 属性时出现的什么问题。

❏ 掌握 CSS 3 中盒布局的使用方法，知道为什么要使用盒布局，它可以解决使用 float 或 position 属性时出现的什么问题，盒布局与多栏布局有什么区别，什么场合下应该使用盒布局，什么场合应该使用多栏布局。

❏ 掌握 CSS 中弹性盒布局的基本概念以及使用方法，能够指定容器中元素的水平方向或垂直方向上的排列方式，能够修改元素的显示顺序，能够指定子元素是否换行，掌握如何指定各子元素在水平方向及垂直方向上的对齐方式。

❏ 掌握 CSS 中网格布局的基本概念及使用方法，能够定义基本网格布局，能够通过命名网格线或区域更为灵活地定义网格布局。

❏ 掌握如何使用 calc 方法灵活指定元素的宽度与高度。

23.1 多栏布局

23.1.1 使用 float 属性或 position 属性的缺点

本节针对 CSS 3 中的多栏布局做一详细介绍，在介绍多栏布局之前，先来回顾一下 CSS 3 之前是如何使用 float 属性或 position 属性进行页面中简单布局的。代码清单 23-1 展示了使用 float 属性进行页面布局的一个示例。

代码清单 23-1 使用 float 属性进行页面布局的示例

```
<!DOCTYPE html PUBLIC "-//W3C//DTD XHTML 1.0 Transitional//EN"
"http://www.w3.org/TR/xhtml1/DTD/xhtml1-transitional.dtd">
<html xmlns="http://www.w3.org/1999/xhtml">
<head>
<meta http-equiv="Content-Type" content="text/html;charset=gb2312" />
<title>使用 float 属性进行页面布局的示例</title>
<style type="text/css">
div{
        width: 20em;
        float:left;
}
div#div1{
        margin-right:2em;
}
div#div3{
        width:100%;
        background-color:yellow;
        height:200px;
}
</style>
</head>
<body>
<div id="div1">
<p>示例文字 1。相对来说比较长的示例文字。示例文字。相对来说比较长的示例
文字。示例文字。相对来说比较长的示例文字。示例文字。相对来说比较长的示
例文字。示例文字。相对来说比较长的示例文字。示例文字。相对来说比较长的
示例文字。示例文字。</p>
</div>
<div id="div2">
<p>示例文字 2。相对来说比较长的示例文字。示例文字。相对来说比较长的示
例文字。示例文字。相对来说比较长的示例文字。示例文字。相对来说比较长的
示例文字。示例文字。相对来说比较长的示例文字。示例文字。相对来说比较长
的示例文字。示例文字。</p>
</div>
<div id="div3">
页面中其他内容
</div>
</body>
</html>
```

这段代码的运行结果如图 23-1 所示。

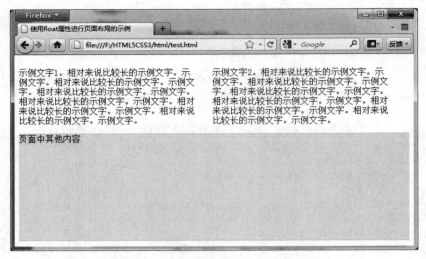

图 23-1　使用 float 属性进行页面布局的示例

使用 float 属性或 position 属性进行页面布局时有一个比较显著的缺点，就是第一个 div 元素与第二个 div 元素是各自独立的，因此如果在第一个 div 元素中加入一些内容，将会使得两个元素的底部不能对齐，导致页面中多出一块空白区域。譬如在代码清单 23-1 的第一个 div 元素的开头加上一幅图像，不改变 p 元素中的文字内容，代码如下所示。

```
<div id="div1">
<img src="test.jpg">
<p> 示例文字 1。相对来说比较长的示例文字。示例文字。相对来说比较长的示例
文字。示例文字。相对来说比较长的示例文字。示例文字。相对来说比较长的示
例文字。示例文字。相对来说比较长的示例文字。示例文字。相对来说比较长的
示例文字。示例文字。</p>
</div>
```

将以上这段代码替换到代码清单 23-1 中定义第一个 div 元素的 html 代码处，然后重新运行该示例，结果如图 23-2 所示。

23.1.2　使用多栏布局方式

针对代码清单 23-1 所示示例中展示的使用 float 属性或 position 属性时的缺点，在 CSS 3 中加入了多栏布局方式。使用多栏布局可以将一个元素中的内容分为两栏或多栏显示，并且确保各栏中内容的底部对齐。代码清单 23-2 为一个多栏布局方式的使用示例，该示例由代码清单 23-1 中示例修改而来，可以用来查看插入图像后左右两栏的底部是否对齐。

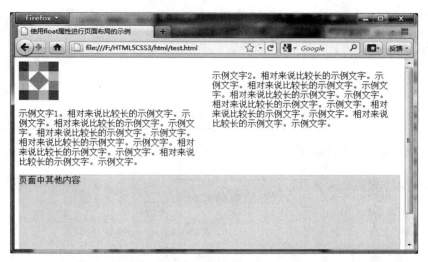

图 23-2 在第一个 div 元素的第一段中插入一幅图像

代码清单 23-2 多栏布局方式使用示例

```
<!DOCTYPE html PUBLIC "-//W3C//DTD XHTML 1.0 Transitional//EN"
"http://www.w3.org/TR/xhtml1/DTD/xhtml1-transitional.dtd">
<html xmlns="http://www.w3.org/1999/xhtml">
<head>
<meta http-equiv="Content-Type" content="text/html;charset=gb2312" />
<title> 多栏布局方式使用示例 </title>
<style type="text/css">
div#div1{
        width:40em;
        column-count: 2;
        -moz-column-count: 2;
        -webkit-column-count: 2;
}
div#div3{
        width:100%;
        background-color:yellow;
        height:200px;
}
</style>
</head>
<body>
<div id="div1">
<img src="test.jpg">
<p> 示例文字 1。相对来说比较长的示例文字。示例文字。相对来说比较长的示例
文字。示例文字。相对来说比较长的示例文字。示例文字。相对来说比较长的示
例文字。示例文字。相对来说比较长的示例文字。示例文字。相对来说比较长的
示例文字。示例文字。</p>
<p> 示例文字 2。相对来说比较长的示例文字。示例文字。相对来说比较长的示
例文字。示例文字。相对来说比较长的示例文字。示例文字。相对来说比较长的
```

```
示例文字。示例文字。相对来说比较长的示例文字。示例文字。相对来说比较长
的示例文字。示例文字。</p>
</div>
<div id="div3">
页面中其他内容
</div>
</body>
</html>
```

这段代码的运行结果如图 23-3 所示。

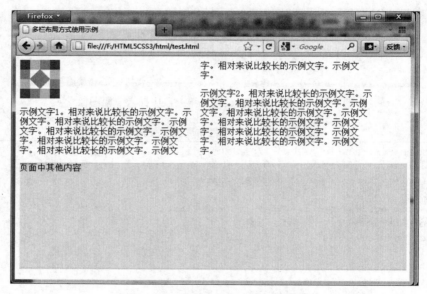

图 23-3　多栏布局方式使用示例

在 CSS 3 中，通过 column-count 属性来使用多栏布局方式，该属性的含义是将一个元素中的内容分为多栏进行显示。在 Firefox 浏览器中，需要书写成"-moz-column-count"的形式；在 Safari、Chrome 或 Opera 浏览器中，需要书写成"-webkit-column-count"的形式，在 IE 浏览器中，不需要添加浏览器供应商前缀。

使用多栏布局的时候，需要将元素的宽度设置成多个栏目的总宽度，与使用 float 属性和 position 属性时的区别是：使用后两个属性时只需单独设定每个元素的宽度即可，而使用多栏布局时需要设定元素中多个栏目相加后的总宽度。

我们也可以使用 column-width 属性单独设置每一栏的宽度而不设定元素的宽度。在 Firefox 浏览器中，需要书写成"-moz-column-width"的形式；在 Safari、Chrome 或 Opera 浏览器中，需要书写成"-webkit-column-width"的形式，在 IE 浏览器中，不需要添加浏览器供应商前缀。具体代码书写方法类似如下所示。

```
div#div1{
        column-count: 2;
        -moz-column-count: 2;
        -webkit-column-count: 2;
        column-width:20em;
        -moz-column-width:20em;
        -webkit-column-width:20em;
}
```

另外，如果此处使用 column-width 属性指定每栏宽度而不设定元素的宽度，则需要在元素外面单独设立一个容器元素，然后指定该容器元素的宽度，改成代码清单 23-3 中所示代码，否则指定的每栏宽度被浏览器视为未作设定。

代码清单 23-3　设定每栏宽度

```
<!DOCTYPE html PUBLIC "-//W3C//DTD XHTML 1.0 Transitional//EN"
"http://www.w3.org/TR/xhtml1/DTD/xhtml1-transitional.dtd">
<html xmlns="http://www.w3.org/1999/xhtml">
<head>
<meta http-equiv="Content-Type" content="text/html;charset=gb2312" />
<title>设定每栏宽度</title>
<style type="text/css">
div#container{
    width:42em;
}
div#div1{
        column-count: 2;
        -moz-column-count: 2;
        -webkit-column-count: 2;
        column-width:20em;
        -moz-column-width:20em;
        -webkit-column-width:20em;
}
div#div3{
        width:100%;
        background-color:yellow;
        height:200px;
}
</style>
</head>
<body>
<div id="container">
<div id="div1">
<img src="test.jpg">
<p>示例文字 1。相对来说比较长的示例文字。示例文字。相对来说比较长的示例
文字。示例文字。相对来说比较长的示例文字。示例文字。相对来说比较长的示
例文字。示例文字。相对来说比较长的示例文字。示例文字。相对来说比较长的
示例文字。示例文字。</p>
<p>示例文字 2。相对来说比较长的示例文字。示例文字。相对来说比较长的示
```

```
例文字。示例文字。相对来说比较长的示例文字。示例文字。相对来说比较长的
示例文字。示例文字。相对来说比较长的示例文字。示例文字。相对来说比较长
的示例文字。示例文字。</p>
</div>
<div id="div3">
页面中其他内容
</div>
</div>
</body>
</html>
```

这段代码的运行结果如图 23-4 所示。

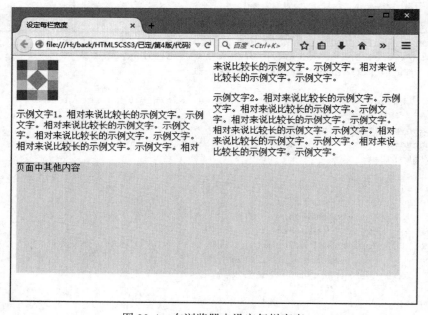

图 23-4　在浏览器中设定每栏宽度

可以使用 column-gap 属性来设定多栏之间的间隔距离。在 Firefox 浏览器中，需要书写
成"-moz-column-gap"的形式；在 Safari 或 Chrome 浏览器中，需要书写成"-webkit-column-
gap"的形式，在 IE 浏览器中，不需要添加浏览器供应商前缀。将代码清单 23-2 中设定 div
元素的样式代码修改为如下所示的样式代码（增加两栏之间的间隔距离），修改后重新运行该
示例，运行结果如图 23-5 所示。

```
div#div1{
    column-count: 2;
    -moz-column-count: 2;
    -webkit-column-count: 2;
    column-width:20em;
```

```
    -moz-column-width:20em;
    -webkit-column-width:20em;
    column-gap:3em;
    -moz-column-gap:3em;
    -webkit-column-gap:3em;
}
```

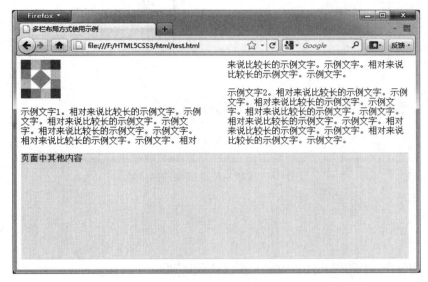

图 23-5　使用 column-gap 属性来设定多栏之间的间隔距离

可以使用 column-rule 属性在栏与栏之间增加一条间隔线，并且设定该间隔线的宽度、颜色等，该属性的属性值的指定方法与 CSS 中的 border 属性的属性值的指定方法相同。将代码清单 23-2 中设定 div 元素的样式代码修改为如下所示的样式代码，修改后重新运行该示例，页面中两栏之间将增加一条红色间隔线，宽度为 1px，如图 23-6 所示。

```
div#div1{
    column-count: 2;
    -moz-column-count: 2;
    -webkit-column-count: 2;
    column-width:20em;
    -moz-column-width:20em;
    -webkit-column-width:20em;
    column-gap:3em;
    -moz-column-gap:3em;
    -webkit-column-gap:3em;
    column-rule: 1px solid red;
    -moz-column-rule: 1px solid red;
    -webkit-column-rule: 1px solid red;
}
```

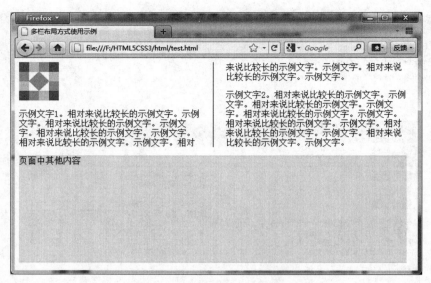

图 23-6　在栏与栏之间增加间隔线

23.2　盒布局

23.2.1　使用 float 属性或 position 属性时的缺点

在 CSS 3 中，除了多栏布局之外，还可以使用盒布局解决前面所述使用 float 属性或 position 属性时左右两栏或多栏中底部不能对齐的问题。

接下来，代码清单 23-4 展示了一个使用 float 属性进行布局的示例。该示例中有三个 div 元素，简单展示了网页中的左侧边栏、中间内容和右侧边栏。

代码清单 23-4　使用 float 属性进行布局的示例

```
<!DOCTYPE html PUBLIC "-//W3C//DTD XHTML 1.0 Transitional//EN"
"http://www.w3.org/TR/xhtml1/DTD/xhtml1-transitional.dtd">
<html xmlns="http://www.w3.org/1999/xhtml">
<head>
<meta http-equiv="Content-Type" content="text/html;charset=gb2312" />
<title>使用 float 属性进行布局的示例</title>
<style type="text/css">
#left-sidebar{
        float: left;
        width: 200px;
        padding: 20px;
        background-color: orange;
}
#contents{
        float: left;
```

```
        width: 300px;
        padding: 20px;
        background-color: yellow;
}
#right-sidebar{
        float: left;
        width: 200px;
        padding: 20px;
        background-color: limegreen;
}
#left-sidebar, #contents, #right-sidebar{
        box-sizing: border-box;
}
</style>
</head>
<body>
<div id="container">
<div id="left-sidebar">
<h2> 左侧边栏 </h2>
<ul>
<li><a href=""> 超链接 </a></li>
<li><a href=""> 超链接 </a></li>
<li><a href=""> 超链接 </a></li>
<li><a href=""> 超链接 </a></li>
<li><a href=""> 超链接 </a></li>
</ul>
</div>
<div id="contents">
<h2> 内容 </h2>
<p> 示例文字示例文字示例文字示例文字示例文字示例文字示例文字示例文字示
例文字示例文字。示例文字示例文字示例文字示例文字示例文字示例文字示例文
字示例文字示例文字示例文字。示例文字示例文字示例文字示例文字示例文字示
例文字示例文字示例文字示例文字示例文字。示例文字示例文字示例文字示例文
字示例文字示例文字示例文字示例文字示例文字示例文字。</p>
</div>
<div id="right-sidebar">
<h2> 右侧边栏 </h2>
<ul>
<li><a href=""> 超链接 </a></li>
<li><a href=""> 超链接 </a></li>
<li><a href=""> 超链接 </a></li>
</ul>
</div>
</div>
</body>
</html>
```

代码清单 23-4 的运行结果如图 23-7 所示。

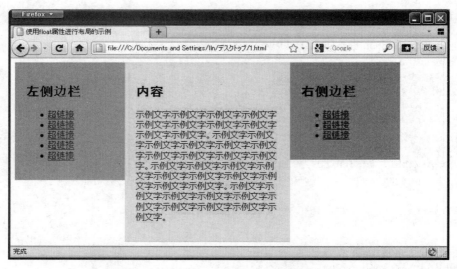

图 23-7　使用 float 属性进行布局的示例

从图 23-7 中我们可以看出，使用 float 属性或 position 属性时，左右两栏或多栏中 div 元素的底部并没有对齐。

23.2.2　使用盒布局

如果改为使用盒布局，这个问题将很容易解决。在 CSS 3 中，通过 box 属性来使用盒布局，在 Firefox 浏览器中，需要书写成 "-moz-box" 的形式；在 Safari、Chrome 或 Opera 浏览器中，需要书写成 "-webkit-box" 的形式。

在代码清单 23-4 所示示例的最外层的 id 为 container 的 div 元素的样式中使用 box 属性，并去除代表左侧边栏（id 为 left-sidebar）、中间内容（id 为 contents）、右侧边栏（id 为 right-sidebar）的 div 元素的样式中的 float 属性，修改代码如下所示。

```
<style type="text/css">
#container{
        display: -moz-box;
        display: -webkit-box;
}
#left-sidebar{
        width: 200px;
        padding: 20px;
        background-color: orange;
}
#contents{
        width: 300px;
        padding: 20px;
        background-color: yellow;
}
```

```
#right-sidebar{
        width: 200px;
        padding: 20px;
        background-color: limegreen;
}
#left-sidebar, #contents, #right-sidebar{
        box-sizing: border-box;
}
</style>
```

将以上这段样式代码替换到代码清单 23-4 所示示例的样式代码中，然后重新运行该示例，运行结果如图 23-8 所示。

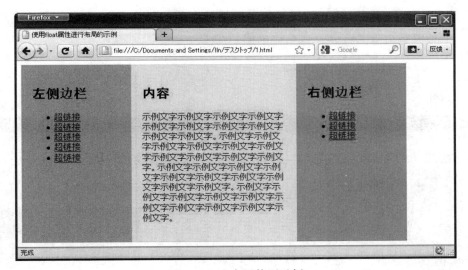

图 23-8　盒布局使用示例

23.2.3　盒布局与多栏布局的区别

盒布局与多栏布局的区别在于：使用多栏布局时，各栏宽度必须是相等的，在指定每栏宽度时，也只能为所有栏指定一个统一的宽度，栏与栏之间的宽度不可能是不一样的。另外，使用多栏布局时，也不可能具体指定什么栏中显示什么内容，因此比较适合使用在显示文章内容的时候，不适合用于安排整个网页中由各元素组成的网页结构的时候。

如果将代码清单 23-4 所示示例的最外层的 id 为 container 的 div 元素的样式中改为通过 column-count 属性来使用多栏布局，并去除代表左侧边栏、中间内容、右侧边栏的 id 分别为 left-sidebar、contents、right-sidebar 的 div 元素的样式中的 float 属性与 width 属性，修改代码如下所示，修改后重新运行该示例，则运行结果将如图 23-9 所示。

```
<style type="text/css">
```

```
#container{
        column-count: 3;
        -moz-column-count: 3;
        -webkit-column-count: 3;
}
#left-sidebar{
        padding: 20px;
        background-color: orange;
}
#contents{
        padding: 20px;
        background-color: yellow;
}
#right-sidebar{
        padding: 20px;
        background-color: limegreen;
}
#left-sidebar, #contents, #right-sidebar, #footer{
        box-sizing: border-box;
}
</style>
```

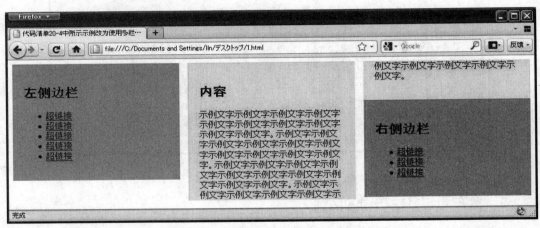

图 23-9   通过修改代码清单 23-4 所示示例，改为使用多栏布局

23.3　弹性盒布局

23.3.1　对多个元素使用 flex 属性

在 23.2.1 节介绍的盒布局中，我们对代表左侧边栏、中间内容、右侧边栏的三个 div 元素的宽度都进行了设定，如果我们想让这三个 div 元素的总宽度等于浏览器窗口的宽度，而且能够随着窗口宽度的改变而改变时，应该怎么设定呢？

在使用 float 属性或 position 属性的时候，我们需要使用包括负外边距（margin）在内的比较复杂的指定方法才能够达到这个要求，但是如果使用盒布局，我们只要使用一个 flex 属性，使盒布局变为弹性盒布局就可以了。

　　针对代码清单 23-4 中所示示例，将样式代码修改为如下所示的样式代码，在样式代码中使用盒布局，将表示左侧边栏与右侧边栏的两个 div 元素的宽度保留为 200px，在表示中间内容的 div 元素的样式代码中去除原来的指定宽度为 300px 的样式代码，加入 flex 属性。

```
<style type="text/css">
#container{
        display: flex;
}
#left-sidebar{
        width: 200px;
        padding: 20px;
        background-color: orange;
}
#contents{

        flex:1;
        padding: 20px;
        background-color: yellow;
}
#right-sidebar{
        width: 200px;
        padding: 20px;
        background-color: limegreen;
}
#left-sidebar, #contents, #right-sidebar{
        box-sizing: border-box;
}
</style>
```

　　将上面这段样式代码替代到代码清单 23-4 中，然后重新运行该示例，运行结果如图 23-10 所示。

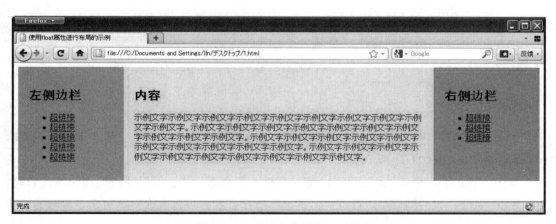

图 23-10　弹性盒布局使用示例

23.3.2 改变元素的显示顺序

使用弹性盒布局的时候，可以通过 order 属性来改变各元素的显示顺序。可以在每个元素的样式中加入 order 属性，该属性使用一个表示序号的整数属性值，浏览器在显示的时候根据该序号从小到大显示这些元素。

例如，针对代码清单 23-4 中所示示例，可以将该示例中的样式代码修改为如下所示的样式代码，在代表左侧边栏、中间内容、右侧边栏的 div 元素都加入一个 order 属性，并在该属性中指定显示时的序号，这里将中间内容的序号指定为 1，右侧边栏的序号指定为 2，左侧边栏的序号指定为 3，以观察元素显示顺序是否会发生改变。

```
<style type="text/css">
#container{
        display: flex;
}
#left-sidebar{
        order:3;
        width: 200px;
        padding: 20px;
        background-color: orange;
}
#contents{

        order:1;
        flex:1;
        padding: 20px;
        background-color: yellow;
}
#right-sidebar{

        order:2;
        width: 200px;
        padding: 20px;
        background-color: limegreen;
}
#left-sidebar, #contents, #right-sidebar{
        box-sizing: border-box;
}
</style>
```

将上面这段样式代码替换到代码清单 23-4 所示示例的样式代码中，然后重新运行该示例，运行后结果如图 23-11 所示。

从图 23-11 可以看出，虽然没有改变 HTML 5 的页面代码，但是通过使用弹性盒布局，使用 order 属性，我们同样可以改变元素的显示顺序，这样可以大大提高页面布局时的工作效率。

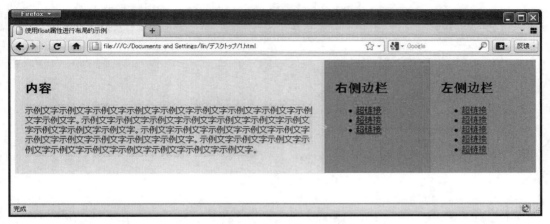

图 23-11　改变元素的显示顺序

23.3.3　改变元素的排列方向

使用弹性盒布局的时候，我们可以很简单地将多个元素的排列方向从水平方向排列修改为垂直方向排列，或者从垂直方向排列修改为水平方向排列。

在 CSS 3 中，使用 flex-direction 属性来指定多个元素的排列方向。可指定值如下所示：

❑ row：横向排列（默认值）。

❑ row-reverse：横向反向排列。

❑ column：纵向排列。

❑ column-reverse：纵向反向排列。

例如，针对代码清单 23-4 中所示示例，可以将该示例中的样式代码修改为如下所示的样式代码，在多个 div 元素的容器元素——id 为 container 的 div 元素中加入 flex-direction 属性，并设定属性值为 column（表示纵向排列），则代码示例中代表左侧边栏、中间内容、右侧边栏的三个 div 元素的排列方向将从水平方向排列改变为垂直方向排列，如图 23-12 所示。

```
<style type="text/css">
#container{
      display: flex;
      flex-direction:column;
}
#left-sidebar{
      order: 3;
      width: 200px;
      padding: 20px;
      background-color: orange;
}
```

```
#contents{
        order: 1;
        flex:1;
        padding: 20px;
        background-color: yellow;
}
#right-sidebar{
        order: 2;
        width: 200px;
        padding: 20px;
        background-color: limegreen;
}
#left-sidebar, #contents, #right-sidebar{
        box-sizing: border-box;
}
</style>
```

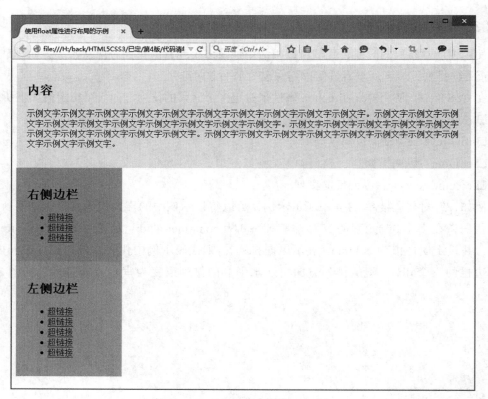

图 23-12   改变元素的排列方向

23.3.4   元素宽度与高度的自适应

使用盒布局的时候，元素的宽度与高度具有自适应性，即元素的宽度与高度可以根据排列方向的改变而改变。通过代码清单 23-5 所示示例，我们可以很清楚地看出这个特性。该示例中有一个容器元素，元素中有三个 div 元素，只对容器元素指定了宽度与高度，从运行结果中我们可以看出，当排列方向被指定为水平方向排列时，三个元素的宽度为元素中内容的宽度，高度自动变为容器的高度，当排列方向被指定为垂直方向排列时，三个元素的高度为元素中内容的高度，宽度自动变为容器的宽度。

代码清单 23-5　元素宽度与高度的自适应示例

```
<!DOCTYPE html PUBLIC "-//W3C//DTD XHTML 1.0 Transitional//EN"
"http://www.w3.org/TR/xhtml1/DTD/xhtml1-transitional.dtd">
<html xmlns="http://www.w3.org/1999/xhtml">
<head>
<meta http-equiv="Content-Type" content="text/html;charset=gb2312" />
<title> 元素宽度与高度的自适应示例 </title>
<style type="text/css">
#container{
            display: flex;
            border: solid 5px blue;
            flex-direction:row;
            width: 500px;
            height: 300px;
}
#text-a{
            background-color: orange;
}
#text-b{
            background-color: yellow;
}
#text-c{
            background-color: limegreen;
}
#text-a, #text-b, #text-c{
            box-sizing: border-box;
            font-size: 1.5em;
            font-weight: bold;
}
</style>
</head>
<body>
<div id="container">
<div id="text-a"> 示例文字 A</div>
<div id="text-b"> 示例文字 B</div>
<div id="text-c"> 示例文字 C</div>
</div>
</body>
</html>
```

这段示例中元素的排列方向被设定为水平方向排列，运行结果如图 23-13 所示。

图 23-13　元素宽度与高度的自适应示例（水平方向排列）

在代码清单 23-5 所示示例中，不修改其他代码，只在容器元素的样式代码中把排列方向改变为垂直方向排列，代码如下所示：

```
#container{
    display: flex;
    border: solid 5px blue;
    flex-direction:column;
    width: 500px;
    height: 300px;
}
```

将以上这段代码替换到代码清单 23-5 所示示例中，然后重新运行该示例，运行结果如图 23-14 所示。

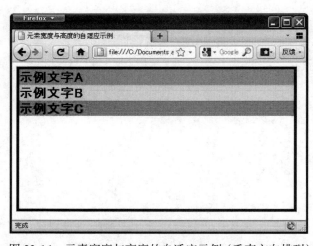

图 23-14　元素宽度与高度的自适应示例（垂直方向排列）

从图 23-13 与图 23-14 中我们可以看出，虽然使用盒布局的时候，元素的高度与宽度具有一定程度的适应性，但是容器中总是还会留出一大片空白的区域，如何消除这块空白区域呢？

23.3.5　使用弹性盒布局来消除空白

针对代码清单 23-5 所示示例中所产生的问题，我们可以改用弹性盒布局来解决，使得多个参与排列的元素的总宽度与总高度始终等于容器的宽度和高度。

将代码清单 23-5 所示示例中的样式代码修改如下，将排列方向设定为水平方向排列，在中间的一个 div 子元素的样式代码中加入 flex 属性。

```
<style type="text/css">
#container{
          flex-direction:flex;
          border: solid 5px blue;
          -moz-box-orient: horizontal;
          -webkit-box-orient:horizontal;
          width: 500px;
          height: 300px;
}
#text-a{
          background-color: orange;
}
#text-b{
          background-color: yellow;
          flex: 1;
}
#text-c{
          background-color: limegreen;
}
#text-a, #text-b, #text-c{
          -moz-box-sizing: border-box;
          -webkit-box-sizing: border-box;
          font-size: 1.5em;
          font-weight: bold;
}
</style>
```

将上面这段样式代码替代到代码清单 23-5 所示示例中，然后重新运行该示例，运行结果如图 23-15 所示。

在容器元素的样式代码中把排列方向修改为垂直方向排列，修改后重新运行该示例，运行结果如图 23-16 所示。

从图 23-15 与图 23-16 中我们可以看出，如果使用弹性盒布局，使用了 box-flex 属性的元素的宽度与高度总会自动扩大，使得参与排列的元素的总宽度与总高度始终等于容器元素的高度与宽度。

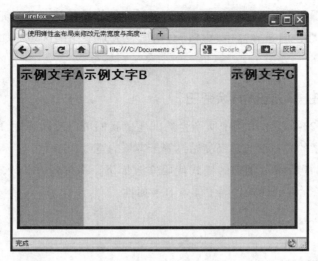

图 23-15　使用弹性盒布局来修改元素宽度与高度的自适应性（水平方向排列）

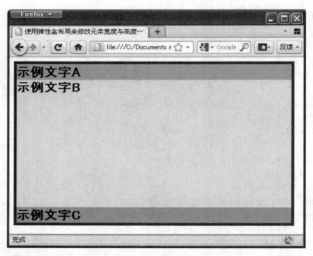

图 23-16　使用弹性盒布局来修改元素宽度与高度的自适应性（垂直方向排列）

23.3.6　对多个元素使用 flex 属性

　　前面我们所讲的示例中，都是只对一个元素使用 flex 属性，使其宽度和高度自动扩大，让浏览器或容器中所有元素的总宽度或总高度等于浏览器或容器的宽度或高度。在 CSS 3 中，也可以对多个元素使用 flex 属性，例如我们可以把代码清单 23-5 所示示例的容器中的前两个 div 元素的样式代码中都使用 flex 属性，元素排列方向为垂直排列，具体代码如下所示。

```
#container{
        display: flex;
        border: solid 5px blue;
        flex-direction:column;
        width: 500px;
        height: 300px;
}
#text-a{
        background-color: orange;
        flex: 1;
}
#text-b{
        background-color: yellow;
        flex: 1;
}
```

修改后重新运行该示例，从运行结果中我们可以看出，前两个 div 元素的高度都自动扩大了，而且扩大后前两个 div 元素的高度保持相等，而第三个 div 元素的高度仍保持为元素内容的高度，如图 23-17 所示。

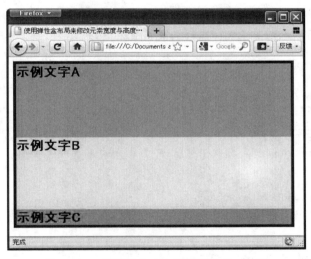

图 23-17　对前两个 div 元素使用 flex 属性

如果三个 div 元素的样式中都使用 flex 属性，则每个 div 元素的高度就等于容器的高度除以 3，如图 23-18 所示。

到现在为止，我们在样式中所使用的 flex 属性的属性值一直是 1，到底这个 box-flex 属性代表了什么含义？如果某个 div 元素的属性值大于 1（譬如为 2）时，页面显示会是什么情况？

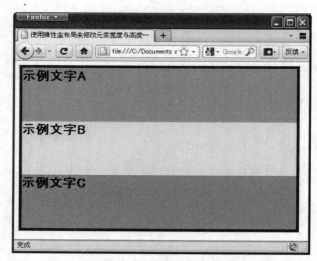

图 23-18　对三个 div 元素都使用 flex 属性

　　首先，我们将代码清单 23-5 所示示例中的样式代码修改为如下所示的样式代码，修改容器高度为 200px，在每个 div 子元素的样式代码中均使用 flex 属性，但是将第一个 div 元素的 flex 属性设定为 2，其他两个 div 子元素的 flex 属性仍保留为 1，元素排列方向为垂直排列，修改完毕后重新运行该示例，运行结果如图 23-19 所示。

```
<style type="text/css">
#container{
        display: flex;
        border: solid 5px blue;
        flex-direction:row;
        width: 500px;
        height: 200px;
}
#text-a{
        background-color: orange;
        flex: 2;
}
#text-b{
        background-color: yellow;
        flex: 1;
}
#text-c{
        background-color: limegreen;
        flex: 1;
}
#text-a, #text-b, #text-c{
        box-sizing: border-box;
        font-size: 1.5em;
```

```
            font-weight: bold;
    }
</style>
```

图 23-19　将第一个 div 子元素的 flex 属性设定为 2

首先，从图 23-19 中我们可以看出，第一个 div 子元素的高度并不等于其他两个 div 子元素的两倍。flex 属性的属性值的正确含义如图 23-20 所示。

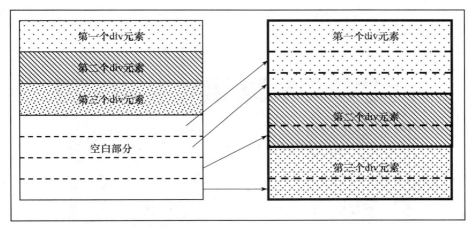

图 23-20　容器空白部分按元素的 flex 属性值分配图

可以使用 flex-grow 属性来指定元素宽度或高度，但是该样式属性对于元素宽度的计算方法与 flex 样式属性对于元素宽度或高度的计算方法有所不同。

将代码清单 23-5 所示示例中的样式代码修改为如下所示的样式代码，将所有 div 子元素的 flex-grow 属性设定为 1，宽度为 150px，指定第二个 div 子元素的 flex-grow 样式属性值为 3，元素排列方向为水平方向排列，容器元素宽度修改为 600px，样式代码如下所示：

```
<style type="text/css">
```

```
#container{
    display: flex;
    border: solid 5px blue;
    flex-direction:row;
    width:600px;
    height: 300px;
}
#text-a, #text-b, #text-c{
    box-sizing: border-box;
    font-size: 1.5em;
    font-weight: bold;
    width:150px;
    flex-grow:1;
}
#text-a{
    background-color: orange;
}
#text-b{
    background-color: yellow;
    flex-grow:3;
}
#text-c{
    background-color: limegreen;
}
</style>
```

修改完毕后重新运行该示例，运行结果如图 23-21 所示。

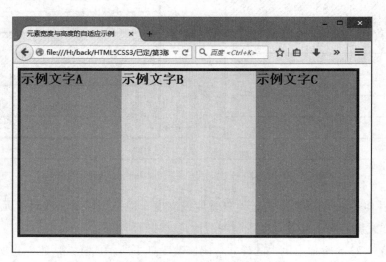

图 23-21　使用 flex-grow 属性指定元素的宽度

在此示例中，当使用 flex-grow 属性计算元素宽度时，计算过程如下所示：
1）600（容器宽度）−150×3（三个 div 子元素宽度的总宽度）=150。

2）150÷5（三个 div 子元素宽度的 flex-grow 样式属性值的总和）=30。

3）第一个与第三个 div 子元素宽度的宽度均等于 150（其 width 样式属性值 +）+30×1（其 flew-grow 样式属性值）=180。

4）第二个 div 子元素宽度的宽度等于 150（其 width 样式属性值 +）+30×3（其 flew-grow 样式属性值）=240。

可以使用 flex-shrink 属性来指定元素的宽度或高度，该样式属性与 flex-grow 样式属性的区别在于：当元素排列方向为横向排列时，如果子元素的 width 样式属性值的总和小于容器元素的宽度值，必须通过 flex-grow 样式属性来调整子元素宽度，如果子元素的 width 样式属性值的总和大于容器元素的宽度值，必须通过 flex-shrink 样式属性来调整子元素宽度；当元素排列方向为纵向排列时，如果子元素的 height 样式属性值的总和小于容器元素的高度值，必须通过 flex-grow 样式属性来调整子元素高度，如果子元素的 height 样式属性值的总和大于容器元素的高度值，必须通过 flex-shrink 样式属性来调整子元素高度。

接下来指定本例中所有 div 子元素的 flex-shrink 样式属性值为 1，宽度为 250px，指定第二个 div 子元素的 flex-shrink 样式属性值为 3，样式代码如下所示。

```
<style type="text/css">
#container{
    display: flex;
    border: solid 5px blue;
    flex-direction:row;
    width:600px;
    height: 300px;
}
#text-a, #text-b, #text-c{
    box-sizing: border-box;
    font-size: 1.5em;
    font-weight: bold;
    width:250px;
    flex-shrink:1;
}
#text-a{
    background-color: orange;
}
#text-b{
    background-color: yellow;
    flex-shrink:3;
}
#text-c{
    background-color: limegreen;
}
</style>
```

修改完毕后重新运行该示例，运行结果如图 23-22 所示。

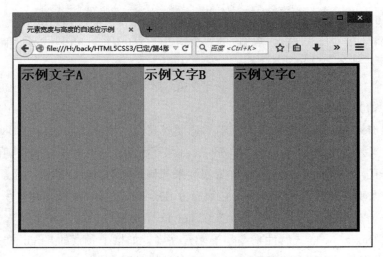

图 23-22 使用 flex-shrink 属性指定元素的宽度

在此示例中，当使用 flex-shrink 属性计算元素宽度时，计算过程如下所示：

1）250×3（三个 div 子元素宽度的总宽度）–600（容器宽度）=150。

2）150÷5（三个 div 子元素宽度的 flex-shrink 样式属性值的总和）=30。

3）第一个与第三个 div 子元素宽度的宽度均等于 250(其 width 样式属性值 +)–30×1(其 flew-shrink 样式属性值) =220。

4）第二个 div 子元素宽度的宽度等于 250（其 width 样式属性值 +）–30×3（其 flew-shrink 样式属性值）=160。

在使用 flex-grow 样式属性或 flex-shrink 样式属性调整子元素宽度时，也可以使用 flex-basis 样式属性指定调整前的子元素宽度，该样式属性与 width 样式属性的作用完全相同。

可以将 flex-grow、flex-shrink 以及 flex-basis 样式属性值合并写入 flex 样式属性中，方法如下所示：

```
flex:flex-grow 样式属性值 flex-shrink 样式属性值 flex-basis 样式属性值；
```

在使用 flex 样式属性值时，flex-grow、flex-shrink 以及 flex-basis 样式属性值均为可选用样式属性值，当不指定 flex-grow、flex-shrink 样式属性值时，默认样式属性值均为 1；当不指定 flex-basis 样式属性值时，默认样式属性值为 0px。

接下来指定本例中所有 div 子元素的 flex-basis 样式属性值为 250px，指定第二个 div 子元素的 flex-grow 样式属性值为 1，flex-shrink 样式属性值为 3，flex-basis 样式属性值为 250px，样式代码如下所示：

```
<style type="text/css">
#container{
```

```
        display: flex;
        border: solid 5px blue;
        flex-direction:row;
        width:600px;
        height: 300px;
    }
#text-a, #text-b, #text-c{
        box-sizing: border-box;
        font-size: 1.5em;
        font-weight: bold;
        flex:250px;
    }
#text-a{
        background-color: orange;
    }
#text-b{
        background-color: yellow;
        flex:1 3 250px;
    }
#text-c{
        background-color: limegreen;
    }
</style>
```

修改完毕后重新运行该示例，运行结果如图 23-22 所示。第一个与第三个 div 子元素的宽度均等于 220px，第二个 div 子元素的宽度等于 160px。

在子元素为横向排列时，flex、flex-grow、flex-shrink 以及 flex-basis 样式属性均用于指定或调整子元素宽度，当子元素为纵向排列时，flex、flex-grow、flex-shrink 以及 flex-basis 样式属性均用于指定或调整子元素高度。

23.3.7　控制换行方式

可以使用 flex-wrap 样式属性来指定单行布局或多行布局，可指定样式属性值如下所示：

❑ nowrap：不换行。

❑ wrap：换行。

❑ wrap-reverse：虽然换行，但是换行方向与使用 wrap 样式属性值时的换行方向相反。

将代码清单 23-5 所示样式代码修改为如下所示，首先将容器元素的 flex-wrap 样式属性值指定为 wrap，宽度为 500px，所有 div 子元素宽度为 250px。

```
<style type="text/css">
#container{
    display: flex;
    border: solid 5px blue;
    flex-direction:row;
    flex-wrap: wrap;
```

```
    width:500px;
    height: 300px;
}

#text-a{
    background-color: orange;
}
#text-b{
    background-color: yellow;
}
#text-c{
    background-color: limegreen;
}
#text-a, #text-b, #text-c{
    box-sizing: border-box;
    font-size: 1.5em;
    font-weight: bold;
    width:250px;
}
</style>
```

修改完毕后重新运行该示例，运行结果如图 23-23 所示。

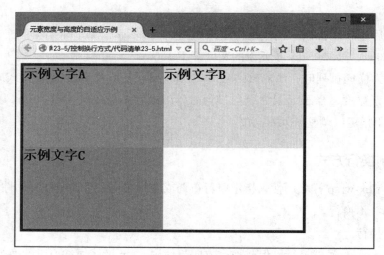

图 23-23　允许子元素换行显示

将容器元素的 flex-wrap 样式属性值指定为 nowrap，代码如下所示：

```
flex-wrap: nowrap;
```

修改完毕后重新运行该示例，运行结果如图 23-24 所示。

将容器元素的 flex-wrap 样式属性值指定为 wrap-reverse，代码如下所示：

```
flex-wrap: wrap-reverse;
```

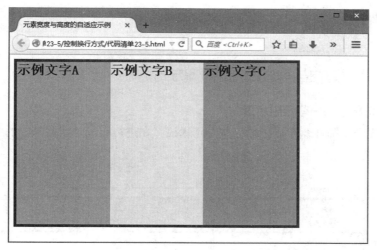

图 23-24　不允许子元素换行显示

修改完毕后重新运行该示例，运行结果如图 23-25 所示。

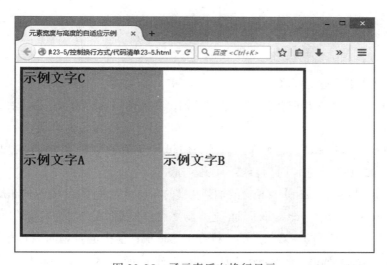

图 23-25　子元素反向换行显示

可以将 flex-direction 样式属性值与 flex-wrap 样式属性值合并书写在 flex-flow 样式属性中。以下两段代码的作用完全相同。

```
// 使用 flex-direction 样式属性与 flex-wrap 样式属性
#container{
    flex-direction: row;
    flex-wrap: wrap;
}
// 使用 flex-flow 样式属性
```

```
#container {
    flex-flow: row wrap;
}
```

23.3.8 指定水平方向与垂直方向的对齐方式

1. 弹性盒布局中的一些专用术语

接下来首先介绍弹性盒布局中的一些专用术语，在进行布局时这些术语的含义如图 23-26 所示。

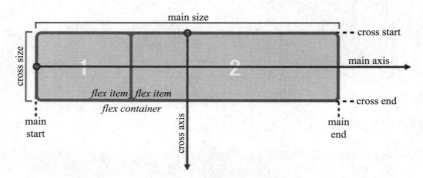

图 23-26 弹性盒布局中的一些专用术语示意

接下来对这些术语进行解释：

❑ main axis：进行布局时作为布局基准的轴，在横向布局时为水平轴，在纵向布局时为垂直轴。

❑ main-start / main-end：进行布局时的布局起点与布局终点。在横向布局时为容器的左端与右端，在纵向布局时为容器的顶端与底端。

❑ cross axis：与 main axis 垂直相交的轴，在横向布局时为垂直轴，在纵向布局时为水平轴。

❑ cross-start / cross-end：cross axis 轴的起点与终点。在横向布局时为容器的顶端与底端，在纵向布局时为容器的左端与右端。将 flex-wrap 属性值指定为 wrap 且进行横向多行布局时，按从 cross-start 到 cross-end 方向，即从上往下布局，将 flex-wrap 属性值指定为 wrap-reverse 且进行横向多行布局时，按从 cross-end 到 cross-start 方向，即从下往上布局。

2. justify-content 属性

justify-content 属性用于指定如何布局容器中除了子元素之外的 main axis 轴方向（横向布局时 main axis 轴方向为水平方向，纵向布局时 main axis 轴方向为垂直方向）上的剩余空白部分。

当 flex-grow 属性值不为 0 时，各子元素在 main axis 轴方向上自动填满容器，所以 justify-content 属性值无效。

可指定 justify-content 属性值如下所示：

❑ flex-start：从 main-start 开始布局所有子元素（默认值）。

❑ flex-end：从 main-end 开始布局所有子元素。

❑ center：居中布局所有子元素。

❑ space-between：将第一个子元素布局在 main-start 处，将最后一个子元素布局在 main-end 处，将空白部分平均分配在所有子元素与子元素之间。

❑ space-around：将空白部分平均分配在以下几处，如 main-start 与第一个子元素之间、各子元素与子元素之间、最后一个子元素与 main-end 之间。

接下来看一个 justify-content 属性的使用示例，示例代码如代码清单 23-6 所示。在示例代码中显示一个宽度为 600px 的 div 元素，该元素中横向排列三个宽度分别为 100px、150px、200px 的 div 子元素，将容器元素的 justify-content 样式属性值设置为 flex-start（默认值）。

代码清单 23-6　justify-content 属性的使用示例

```
<!DOCTYPE html PUBLIC "-//W3C//DTD XHTML 1.0 Transitional//EN"
"http://www.w3.org/TR/xhtml1/DTD/xhtml1-transitional.dtd">
<html xmlns="http://www.w3.org/1999/xhtml">
<head>
<meta http-equiv="Content-Type" content="text/html;charset=gb2312" />
<title>justify-content 属性的使用示例 </title>
<style type="text/css">
#container{
    display: flex;
    border: solid 5px blue;
    flex-direction:row;
    width:600px;
    height: 30px;
    justify-content:flex-start;
}
#text-a{
    background-color: orange;
    width:100px;
}
#text-b{
    background-color: yellow;
    width:150px;
}
#text-c{
    background-color: limegreen;
    width:200px;
}
</style>
</head>
<body>
<div id="container">
<div id="text-a"> 示例文字 A</div>
```

```
<div id="text-b">示例文字 B</div>
<div id="text-c">示例文字 C</div>
</div>
</body>
</html>
```

在浏览器中打开示例页面，页面显示效果如图 23-27 所示。

图 23-27　将容器元素的 justify-content 样式属性值设置为 flex-start

修改容器元素的 justify-content 样式属性值为 flex-end，代码如下所示：

```
#container{
    display: flex;
    border: solid 5px blue;
    flex-direction:row;
    width:600px;
    height: 30px;
    justify-content:flex-end;
}
```

在浏览器中打开修改后的示例页面，页面显示效果如图 23-28 所示。

图 23-28　将容器元素的 justify-content 样式属性值设置为 flex-end

修改容器元素的 justify-content 样式属性值为 center，在浏览器中打开修改后的示例页面，页面显示效果如图 23-29 所示。

图 23-29　将容器元素的 justify-content 样式属性值设置为 center

修改容器元素的 justify-content 样式属性值为 space-between，在浏览器中打开修改后的示例页面，页面显示效果如图 23-30 所示。

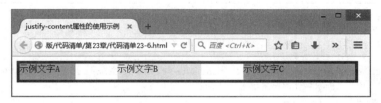

图 23-30　将容器元素的 justify-content 样式属性值设置为 space-between

修改容器元素的 justify-content 样式属性值为 space-around，在浏览器中打开修改后的示例页面，页面显示效果如图 23-31 所示。

图 23-31　将容器元素的 justify-content 样式属性值设置为 space-around

3. align-items 属性与 align-self 属性

align-items 属性与 justify-content 属性类似，用于指定子元素的对齐方式，但是 align-items 属性指定的是 cross axis 轴方向（横向布局时 cross axis 轴方向为垂直方向，纵向布局时 cross axis 轴方向为水平方向）上的对齐方式，可指定属性值如下所示：

❑ flex-start：从 cross-start 开始布局所有子元素（默认值）。

❑ flex-end：从 cross-end 开始布局所有子元素。

❑ center：居中布局所有子元素。

❑ baseline：如果子元素的布局方向与容器的布局方向不一致，则该值的作用等效于 flex-start 属性值的作用。如果子元素的布局方向与容器的布局方向保持一致，则所有子元素中的内容沿基线对齐。

❑ stretch：同一行中的所有子元素高度被调整为最大。如果未指定任何子元素高度，则所有子元素高度被调整为最接近容器高度（当考虑元素边框及内边距时，当边框宽度与内边距均为 0 则等于容器高度）。

看一个 align-items 属性的使用示例，示例代码如代码清单 23-7 所示。在示例代码中显示一个宽度为 600px 的 div 元素，该元素中横向排列三个宽度分别为 100px、150px、200px、字体大小分别为 12px、24px、36px 的 p 子元素，将容器元素的 align-items 样式属性值设置为 flex-start（默认值）。

代码清单 23-7　align-items 属性的使用示例

```
<!DOCTYPE html PUBLIC "-//W3C//DTD XHTML 1.0 Transitional//EN"
"http://www.w3.org/TR/xhtml1/DTD/xhtml1-transitional.dtd">
<html xmlns="http://www.w3.org/1999/xhtml">
<head>
<meta http-equiv="Content-Type" content="text/html;charset=gb2312" />
<title>align-items 属性的使用示例 </title>
<style type="text/css">
#container{
    display: flex;
    border: solid 5px blue;
    flex-direction:row;
    width:600px;
    align-items:flex-start;
}
#div-a{
    background-color: orange;
    width:100px;
    font-size:12px;
}
#div-b{
    background-color: yellow;
    width:150px;
    font-size:24px;
}
#div-c{
    background-color: limegreen;
    width:200px;
    font-size:36px;
}
</style>
</head>
<body>
<div id="container">
<div id="div-a"> 示例文字 </div>
<div id="div-b"> 示例文字 </div>
<div id="div-c"> 示例文字 </div>
</div>
</body>
</html>
```

在浏览器中打开示例页面，页面显示效果如图 23-32 所示。

修改容器元素的 align-items 样式属性值为 flex-end，代码如下所示：

```
#container{
    display: flex;
```

```
    border: solid 5px blue;
    flex-direction:row;
    width:600px;
    align-items:flex-end;
}
```

图 23-32 将容器元素的 align-items 样式属性值设置为 flex-start

在浏览器中打开修改后的示例页面，页面显示效果如图 23-33 所示。

图 23-33 将容器元素的 align-items 样式属性值设置为 flex-end

修改容器元素的 align-items 样式属性值为 center，在浏览器中打开修改后的示例页面，页面显示效果如图 23-34 所示。

修改容器元素的 align-items 样式属性值为 baseline，在浏览器中打开修改后的示例页面，页面显示效果如图 23-35 所示。

修改容器元素的 align-items 样式属性值为 stretch，在浏览器中打开修改后的示例页面，页面显示效果如图 23-36 所示。

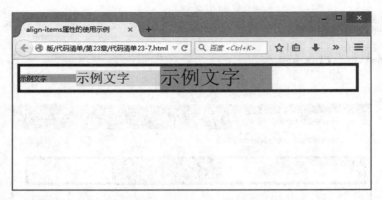

图 23-34 将容器元素的 align-items 样式属性值设置为 center

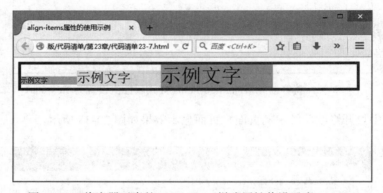

图 23-35 将容器元素的 align-items 样式属性值设置为 baseline

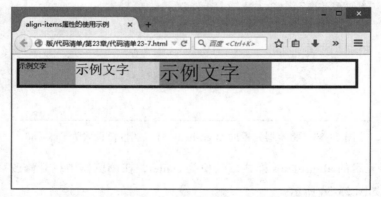

图 23-36 将容器元素的 align-items 样式属性值设置为 stretch

align-self 属性与 align-items 属性的区别在于：align-items 被指定为容器元素的样式属性，用于指定所有子元素的对齐方式，而 align-self 属性被用于单独指定某些子元素的对齐方式。例如将容器元素的 align-items 属性值指定为 center（居中对齐）后，可以将第一个子元素的

align-self 属性值指定为 flex-start（对齐在 cross-start 端）。可指定值如下所示。

❏ auto：继承父元素的 align-items 属性值。

❏ 其他可指定属性值同 align-items 属性的可指定属性值。

修改容器元素的 align-items 样式属性值为 flex-start，第一个 div 子元素的 align-self 样式属性值为 flex-end，修改后的完整样式代码如下所示：

```
<style type="text/css">
#container{
    display: flex;
    border: solid 5px blue;
    flex-direction:row;
    width:600px;
    align-items:flex-start;
}
#div-a{
    background-color: orange;
    width:100px;
    font-size:12px;
    align-self:flex-end;
}
#div-b{
    background-color: yellow;
    width:150px;
    font-size:24px;
}
#div-c{
    background-color: limegreen;
    width:200px;
    font-size:36px;
}
</style>
```

在浏览器中打开修改后的示例页面，页面显示效果如图 23-37 所示。

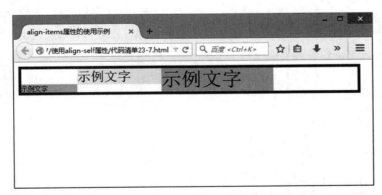

图 23-37　第一个 div 子元素的对齐方式为底部对齐

4. align-content 属性

当进行多行布局时，可以使用 align-content 属性指定各行对齐方式。该属性与 align-items 属性的区别在于：align-items 属性用于指定子元素的对齐方式，而 align-content 属性用于指定行对齐方式。可以指定如下属性值。

❏ flex-start：从 cross-start 开始布局所有行（默认值）。

❏ flex-end：从 cross-end 开始布局所有行。

❏ center：居中布局所有行。

❏ space-between：将第一行布局在 cross-start 处，将最后一行布局在 cross-end 处，将空白部分平均分配在各行之间。

❏ space-around：将空白部分平均分配在以下几处，如 cross-start 与第一行之间、各行与行之间、最后一行与 cross-end 之间。

接下来看一个 align-content 属性的使用示例，示例代码如代码清单 23-8 所示。在示例代码中显示一个宽度为 300px、高度为 400px 的 div 元素，该元素中横向排列 9 个宽度与高度均为 100px 的 div 子元素，将容器元素的 flex-wrap 样式属性值设置为 wrap，这将使这 9 个子元素分三行显示，将容器元素的 align-content 样式属性值设置为 flex-start。

代码清单 23-8　align-content 属性使用示例

```
<!DOCTYPE html PUBLIC "-//W3C//DTD XHTML 1.0 Transitional//EN"
"http://www.w3.org/TR/xhtml1/DTD/xhtml1-transitional.dtd">
<html xmlns="http://www.w3.org/1999/xhtml">
<head>
<meta http-equiv="Content-Type" content="text/html;charset=gb2312" />
<title>align-content 属性的使用示例 </title>
<style type="text/css">
#container{
    display: flex;
    border: solid 5px blue;
    flex-direction:row;
    flex-wrap:wrap;
    width:300px;
    height: 400px;
    align-content:flex-start;
}
#container div{
    width:100px;
    height:100px;
}
#container div:nth-child(3n+1){
    background-color: orange;
}
#container div:nth-child(3n+2){
    background-color: yellow;
}
```

```
#container div:nth-child(3n+3){
    background-color: limegreen;
}
</style>
</head>
<body>
<div id="container">
    <div> 示例文字 A</div>
    <div> 示例文字 B</div>
    <div> 示例文字 C</div>
    <div> 示例文字 D</div>
    <div> 示例文字 E</div>
    <div> 示例文字 F</div>
    <div> 示例文字 G</div>
    <div> 示例文字 H</div>
    <div> 示例文字 I</div>
</div>
</body>
</html>
```

在浏览器中打开示例页面，页面显示效果如图 23-38 所示。

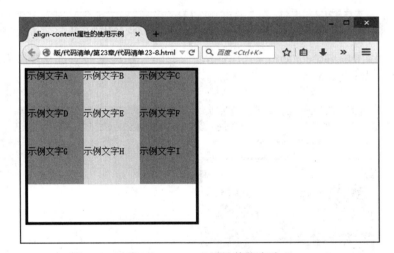

图 23-38　将 align-content 属性值指定为 flex-start

修改容器元素的 align-content 样式属性值为 flex-end，代码如下所示：

```
#container{
    display: flex;
    border: solid 5px blue;
    flex-direction:row;
    flex-wrap:wrap;
    width:300px;
    height: 400px;
```

```
    align-content:flex-end;
}
```

在浏览器中打开修改后的示例页面，页面显示效果如图 23-39 所示。

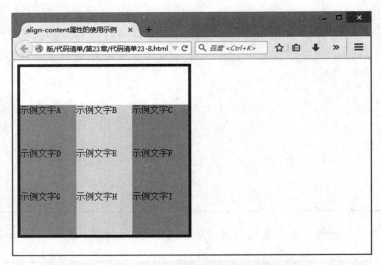

图 23-39　将 align-content 属性值指定为 flex-end

修改容器元素的 align-content 样式属性值为 center，在浏览器中打开修改后的示例页面，页面显示效果如图 23-40 所示。

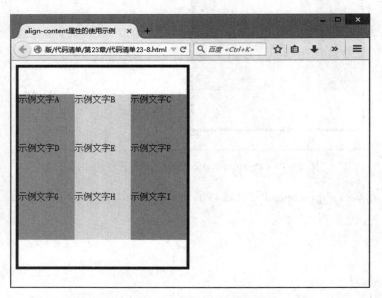

图 23-40　将 align-content 属性值指定为 center

修改容器元素的 align-content 样式属性值为 space-between，在浏览器中打开修改后的示例页面，页面显示效果如图 23-41 所示。

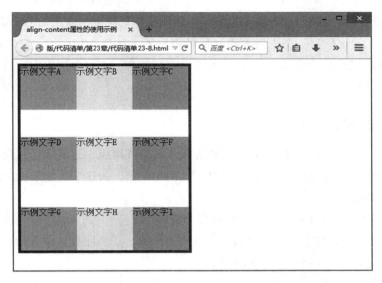

图 23-41　将 align-content 属性值指定为 space-between

修改容器元素的 align-content 样式属性值为 space-around，在浏览器中打开修改后的示例页面，页面显示效果如图 23-42 所示。

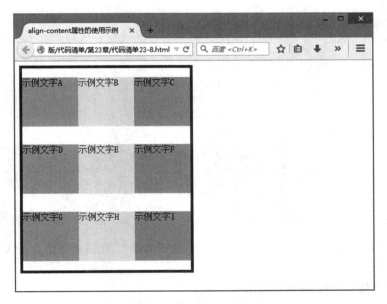

图 23-42　将 align-content 属性值指定为 space-around

23.4　网格布局

本节介绍 CSS 3 中新增的网格布局。目前，Chrome 浏览器及 Firefox 浏览器已经对网格布局给予了充分支持，其中 Chrome 浏览器是对于网格布局标准响应最快的浏览器。

Internet Explorer 是第一个支持网格布局的浏览器（自 IE 10 开始），但自那时开始标准又有了不断发展，所以该浏览器与最新标准并不完全兼容，不过很快将实现对于最新标准的支持。

23.4.1　网格布局概述

CSS 3 中新增的网格由一些不可见的垂直线及水平线组成，这些垂直线及水平线划分了很多单元格，可以在其中放置页面内容，如图 23-43 所示。从这个角度来说，网格有点像表格，但又有一些区别。

图 23-43 中展示了一个网格的四个组成部分：

❑ 线：在图 23-43 中包含 4 根垂直线及 3 根水平线。线的序号从 1 开始。可以给线指定名称，以便在 CSS 代码中引用它们。

❑ 轨道：轨道为两根线之间的间隔部分。在图 23-43 中包含 3 根垂直轨道及 2 根水平轨道。

❑ 单元格：单元格为垂直线与水平线之间的交错部分。在图 23-43 中虽然只高亮标识出了一个单元格，但总共有 6 个单元格。

❑ 区域：一个区域是可以由开发者指定的单元格组成的矩形。与线一样，可以给区域指定名称。在图中，我们可以定义 A 区域、B 区域及 C 区域，如图 23-44 所示。

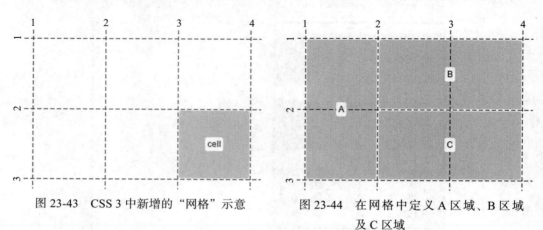

图 23-43　CSS 3 中新增的"网格"示意　　　图 23-44　在网格中定义 A 区域、B 区域
　　　　　　　　　　　　　　　　　　　　　　　　　　及 C 区域

为什么说网格布局将是非常有用的？

网格布局的一个主要优势在于加强布局与标签之间的分离。

事实上，在 CSS 3 之前，就已经定义了网格的概念，我们对于页面的布局就是依循这个概念进行的，不需要额外引入列、行、单元格或区域的概念。

网格布局的优势在于可以将页面元素的视觉顺序与标签的书写顺序进行解耦。这一点是重要的，因为 CSS 网格为我们提供了一个可用来将内容与布局进行分离的强大工具。有效的解耦就意味着可以在不修改 HTML 代码的前提下修改元素的视觉顺序，开发者可以很轻松地为页面使用一个全新的布局，只需在 CSS 代码中书写一些线及区域。

假设我们定义了如图 23-45 所示的一种网格布局。

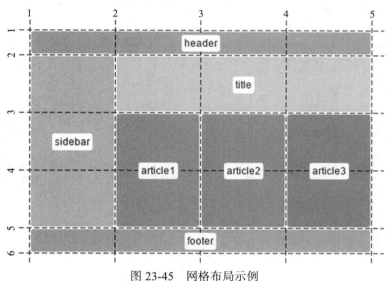

图 23-45　网格布局示例

在这个布局中，定义了一些命名区域，允许开发者通过名称引用来放置内容。这不仅意味着我们未来可以轻松地修改这个布局，只要我们维护着这些命名区域，也意味着我们可以通过媒体查询表达式（详见第 24 章）来动态修改布局。

例如，通过媒体查询表达式的使用，在小屏幕设备中，上述布局可以被呈现为如图 23-46 所示效果。

关于网格布局的理论知识就讲到这里，接下来看如何在 CSS 代码中定义网格布局。

23.4.2　定义网格布局

在定义网格布局时，需要提供一个 HTML 元素：网格容器，即所要被使用网格布局的元素。网格容器中的任何元素都被称为一个网格项。

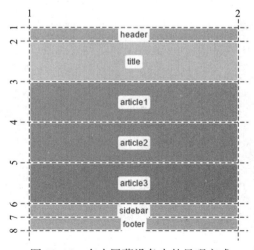

图 23-46　在小屏幕设备中的呈现方式

将元素设定为网格容器的 CSS 代码如下所示：

```
container { display: grid; }
```

只有这一句代码是不够的，我们还需要定义网格的外观，如被划分为几行几列及它们的大小，可以使用网格模板进行定义，代码如下所示：

```
.container {
    display: grid;
    grid-template-rows: 200px 100px;
    grid-template-columns: repeat(4, 100px);
}
```

在上述代码中，我们定义网格包含 2 行 4 列。此处的 repeat 函数用于避免书写轨道 4 次，等同于 100px 100px 100px 100px。

每一个轨道定义中都指定了尺寸，现在网格架构如图 23-47 所示。

如果修改网格定义如下所示，则浏览器将为内容自动计算行高。

```
.container {
    display: grid;
    grid-template-rows:auto;
    height:400px;
    grid-template-columns: repeat(4, 100px);
}
```

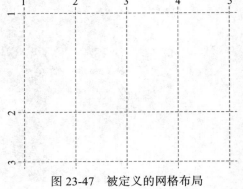

图 23-47　被定义的网格布局

现在我们来放置一些内容，如前所示，我们只需要两层元素：网格容器及网格中的网格项元素，修改后的页面代码如代码清单 23-9 所示：

代码清单 23-9　网格布局示例

```
<!DOCTYPE html PUBLIC "-//W3C//DTD XHTML 1.0 Transitional//EN"
"http://www.w3.org/TR/xhtml1/DTD/xhtml1-transitional.dtd">
<html xmlns="http://www.w3.org/1999/xhtml">
<head>
<meta http-equiv="Content-Type" content="text/html;charset=gb2312" />
<title>网格布局示例</title>
<style type="text/css">
.container {
    display: grid;
    grid-template-rows:auto;
    height:400px;
    grid-template-columns: repeat(4, 100px);
}
.container div{
    border:1px solid lightgray;
}
```

```
</style>
</head>
<body>
<div class="container">
<div class="item1">item 1</div>
<div class="item2">item 2</div>
<div class="item3">item 3</div>
<div class="item4">item 4</div>
<div class="item5">item 5</div>
</div>
</body>
</html>
```

这些网格项元素的布局如图 23-48 所示。

在浏览器中打开示例页面，页面显示效果如图 23-49 所示。

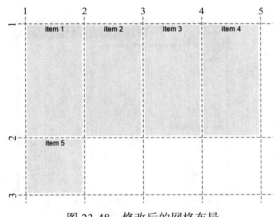
图 23-48　修改后的网格布局

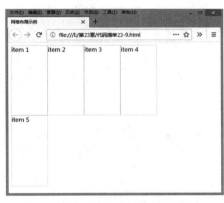
图 23-49　页面打开后的显示效果

从图 23-48 及图 23-49 中可以看出，因为我们没有定义这些网格项如何放置在网格中，浏览器将自动放置，每个单元格中放置一个网格项，直到容器中的第一行被排满，然后在下一行中放置剩余元素。

在标准中定义了如果网格项没有被指定位置时对于自动排放网格项的算法。这有时是有用的，比如你有很多网格项或网格项数目不确定而你不想定义它们的排放位置时。

当你想定义元素的排放位置及尺寸时，可以使用如代码清单 23-10 所示的代码：

代码清单 23-10　定义元素的排放位置及尺寸

```
.container {
    display: grid;
    grid-template-rows: 200px 100px;
    grid-template-columns: repeat(4, 100px);
}
.item1 {
```

```
        grid-row-start: 1;
        grid-row-end: 2;
        grid-column-start: 1;
        grid-column-end: 3;
}
.item2 {
        grid-row-start: 1;
        grid-row-end: 2;
        grid-column-start: 3;
        grid-column-end: 5;
}
```

此处我们定义了前两个元素的排放位置及尺寸，其余元素由浏览器自动排放，布局如图 23-50 所示。

在浏览器中打开示例页面，页面显示效果如图 23-51 所示。

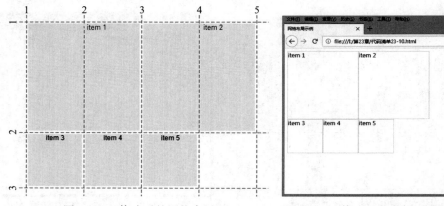

图 23-50　修改后的网格布局

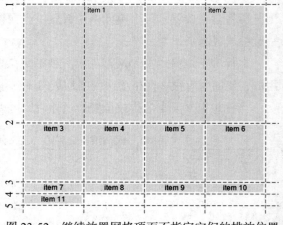

图 23-51　修改后的示例页面显示效果

这种排放算法被称为"以线为基础的排放"，它使用线的数字序号来排放元素，第一个元素及第二个元素被放置在水平线 1 与 2 之间，第一个元素被放置在垂直线 1 与垂直线 3 之间，第二个元素被放置在垂直线 3 与垂直线 5 之间。

如果继续放置网格项，但不指定它们的排放位置，布局将如图 23-52 所示。

网格中将会按需要继续添加行列。请注意浏览器将根据内容尺寸来决定轨道尺寸。

这种排放算法可以被简写为如下所示：

图 23-52　继续放置网格项而不指定它们的排放位置

```
.item1 {
  grid-row: 1/2;
  grid-column: 1/3;
}
.item2 {
  grid-row: 1/2;
  grid-column: 3/5;
}
```

可以很轻松地在你的网格布局中的行与列之间添加间隙，代码如下所示：

```
grid-gap:3px;
```

如果需要单独定义列与列之间或行与行之间的间隙，可以使用 grid-column-gap 与 grid-row-gap 样式属性。

可以使用绝对值单位 px 来创建网格布局，但这种做法不是很灵活。CSS 网格布局引入了一种被称为 fr（fraction 的略称）的单位，1 个 fr 代表可得到空间中的 1 份。如果我们想让网格中具有三个等宽列，可以修改 fr 单位如下所示：

```
.container {
  display: grid;
  grid-template-rows: 200px 100px;
  grid-template-columns: 1fr 1fr 1fr;
}
```

可以灵活地混合使用 px 单位、百分比单位及 fr 单位，代码如下所示：

```
.container {
    display: grid;
    grid-template-columns: 100px 30% 1fr;
    grid-template-rows: 200px 100px;
grid-gap:3px;
}
```

这里，我们为网格定义了三列。第一列列宽为固定值 100px，第二列占据浏览器宽度的 30%，第三列列宽为 1fr，代表可得到空间的 1 份，此处代表剩余全部宽度。

23.4.3　命名网格线

我们也可以为网格线命名，然后通过这些被命名的网格线来分别定义单元格的宽度与高度。
看一个命名网格线的代码示例，其 HTML 代码如代码清单 23-11 所示：

代码清单 23-11　命名网格线

```
<div class="container">
<div class="header"> 网页头部 </div>
<div class="sidebar"> 侧边栏 </div>
<div class="content1"> 内容一 </div>
```

```
<div class="content2"> 内容二 </div>
<div class="content3"> 内容三 </div>
<div class="footer">footer</div>
</div>
```

接下来，我们首先命名一些网格线，代码如下所示：

```
.container {
    display: grid;
    width: 100%;
    height: 600px;
    grid-gap: 1rem;
    grid-template-columns:
    [main-start sidebar-start] 200px
    [sidebar-end content-start] 1fr
    [column3-start] 1fr
    [content-end main-end];
    grid-template-rows:
    [row1-start] 80px
    [row2-start] 1fr
    [row3-start] 1fr
    [row4-start] 100px
    [row4-end];
}
```

有了这些网格线，我们可以使用这些网格线来放置元素，代码如下所示：

```
.header {
    grid-column: main-start / main-end;
    grid-row: row1-start / row2-start;
}

.sidebar {
    grid-column: sidebar-start / sidebar-end;
    grid-row: row2-start / row4-start;
}

.content1 {
    grid-column: content-start / content-end;
    grid-row: row2-start / row3-start;
}

.content2 {
    grid-column: content-start / column3-start;
    grid-row: row3-start / row4-start;
}

.content3 {
    grid-column: column3-start / content-end;
    grid-row: row3-start / row4-start;
}
```

```
.footer {
    grid-column: main-start / main-end;
    grid-row: row4-start / row4-end;
}
.container div{
    border:1px solid lightgray;
}
```

在浏览器中打开示例页面，页面显示效果如图 23-53 所示。

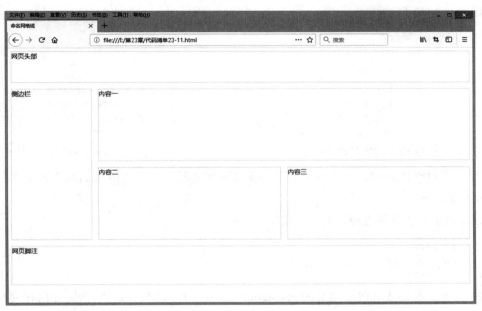

图 23-53　命名网格线

23.4.4　使用区域

网格布局中的区域也是非常有用的，我们来看如何使用这些区域。

让我们来看下面一段定义轨道及区域的代码：

```
.container {
    display: grid;
    grid-template-rows: 100px auto 100px;
    height:100%;
    grid-template-columns: 100px auto;
    grid-template-areas:
        "header  header"
        "sidebar content"
        "footer  footer";
}
```

在这段代码中，我们定义了 3 行，第 1 行及第 3 行的行高为 100px，中间的行高由浏览器自动计算。同时我们也定义了 2 列，左边的宽度为 100px，右边的宽度由浏览器自动计算。

我们也引入了 grid-template-areas 属性，属性值看起来有些奇怪，但你可以将它理解为一个被放置了一些区域的网格的视觉展示方式。现在我们对这个属性值进行说明。

现在这个网格具有 3 行 2 列，如图 23-54 所示。

单元格中的每个点都可被定义为区域。所以让我们像一个典型网站中的首页那样命名这些区域，如图 23-55 所示。

图 23-54　网格具有 3 行 2 列　　　　　　　图 23-55　命名网格区域

因为我们想让 header 与 footer 区域能够占满浏览器宽度，所以我们在 2 列中重复命名 header 与 footer。

现在我们把边框线去掉，上图变成如下所示：

```
header header
sidebar content
footer footer
```

这就是 CSS 样式代码中定义的 grid-template-areas 样式属性值，它指定如何在网格中排放这些区域，代码如下所示：

```
grid-template-areas:
    "header  header"
    "sidebar content"
    "footer  footer";
```

可以使用 "." 符号来排放未被命名为区域的部分，代码如下所示：

```
.container {
    display: grid;
    grid-template-rows: repeat(5, 100px);
    grid-template-columns: repeat(5, 100px);
    grid-template-areas:
    ". . . . ."
    ". . . . ."
    ". . a . ."
    ". . . . ."
    ". . . . .";
}
```

在上述代码中，定义了 5 行 5 列及 1 个区域，该区域占据中间的单元格。

现在我们继续在本例中放置 header 元素、sidebar 元素、content 元素以及 footer 元素，代码如下所示：

```
<div class="container">
    <div class="header"> 网页头部 </div>
    <div class="sidebar"> 侧边栏 </div>
    <div class="footer"> 网页脚注 </div>
    <div class="content"> 网页内容 </div>
</div>
```

我们需要做的最后一件事情是如何为网格项元素指定其所属区域，此处我们利用元素的样式类名，代码如下所示：

```
.header { grid-area: header; }
.sidebar { grid-area: sidebar; }
.footer { grid-area: footer; }
.content { grid-area: content; }
```

完整页面代码如代码清单 23-12 所示。

代码清单 23-12　使用命名区域

```
<!DOCTYPE html PUBLIC "-//W3C//DTD XHTML 1.0 Transitional//EN"
"http://www.w3.org/TR/xhtml1/DTD/xhtml1-transitional.dtd">
<html xmlns="http://www.w3.org/1999/xhtml">
<head>
<meta http-equiv="Content-Type" content="text/html;charset=gb2312" />
<title> 使用命名区域 </title>
<style type="text/css">
.container {
    display: grid;
    grid-template-rows: 100px auto 100px;
    height:100%;
    grid-template-columns: 100px auto;
    grid-template-areas:
        "header  header"
        "sidebar content"
        "footer  footer";
}
.header { grid-area: header; }
.sidebar { grid-area: sidebar; }
.footer { grid-area: footer; }
.content { grid-area: content; }
.container div{
    border:1px solid lightgray;
}
</style>
```

```
</head>
<body>
<div class="container">
<div class="header">网页头部 </div>
<div class="sidebar">侧边栏 </div>
<div class="footer">网页脚注 </div>
<div class="content"> 网页内容 </div>
</div>
</body>
</html>
```

在浏览器中打开示例页面，页面显示效果如图 23-56 所示。

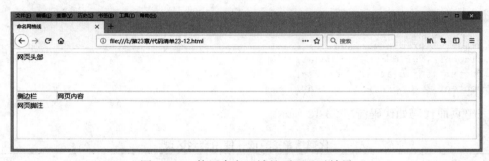

图 23-56　使用命名区域的页面显示效果

现在，如果我们想修改这个布局，或让它适用于各种屏幕尺寸，通过媒体表达式的使用（详见第 24 章），我们只需修改网格代码如下所示：

```
@media screen and (max-width: 480px) {
    .container {
        display: grid;
        grid-template-rows: auto;
        grid-template-columns: 100%;
        grid-template-areas:
            "header"
            "sidebar"
            "content"
            "footer";
    }
}
```

在小尺寸屏幕设备浏览器中打开示例页面，页面显示效果如图 23-57 所示。

由此可以看出，我们甚至可以不需修改其他 CSS 代码或 HTML 代码就可以任意指定所有网格项元素的排列顺序。

图 23-57　小尺寸屏幕设备浏览器中的页面显示效果

23.5 calc 方法

23.5.1 calc 方法概述

在 CSS 3 中新增一个 calc 方法，开发者可以通过使用该方法来自动计算元素的宽度、高度等数值类型的样式属性值。到目前为止，Chrome 19 以上、Opera 12 以上、Safari 6 以上、Firefox 8 以上以及 IE 9 以上版本浏览器均支持该方法的使用。

23.5.2 calc 方法使用示例

接下来我们来看一个在样式属性值中使用 calc() 方法的代码示例。该代码页面中显示一个背景色为粉红色、宽度为 500px 的 div 元素，其中放置一个背景色为绿色的 div 子元素，我们通过 calc 方法将 div 子元素的宽度指定为其父元素宽度的 50%–100px，即 $500 \times 50\% - 100px = 150px$。示例页面中同时放置一个"修改 div 宽度"按钮，用户鼠标单击该按钮时脚本程序将父 div 元素的宽度修改为 1000px，这将同时导致其中的 div 子元素的宽度变为 $1000 \times 50\% - 100px = 400px$。示例代码如代码清单 23-13 所示。

代码清单 23-13　calc 方法的使用示例

```
<!DOCTYPE html PUBLIC "-//W3C//DTD XHTML 1.0 Transitional//EN"
"http://www.w3.org/TR/xhtml1/DTD/xhtml1-transitional.dtd">
<html xmlns="http://www.w3.org/1999/xhtml">
<head>
<meta http-equiv="Content-Type" content="text/html;charset=gb2312" />
<title>calc 方法的使用示例 </title>
<style type="text/css">
#container{
    width:500px;
    background-color:pink;
}
#foo {
    width: calc(50% - 100px);
    background-color:green;
}
</style>
<script>
function changeWidth(){
    document.getElementById("container").style.width="1000px";
}
</script>
</head>
<body>
<div id="container">
<div id="foo"> 示例 Div</div>
</div><br/>
<input type="button" value=" 修改 div 宽度 " onclick="changeWidth();" />
```

```
</body>
</html>
```

在浏览器中打开示例页面，页面中的父 div 元素的宽度为 500px，子 div 元素的宽度为 500×50%–100px=150px，如图 23-58 所示。

图 23-58　页面打开时子 div 元素的宽度为 150px

用户鼠标单击"修改 div 宽度"按钮后，脚本程序将父 div 元素的宽度修改为 1000px，这将同时导致其中 div 子元素的宽度变为 1000×50%–100px=400px，如图 23-59 所示。

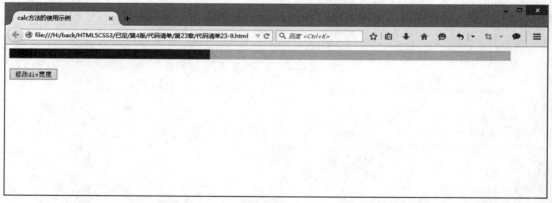

图 23-59　用户鼠标单击"修改 div 宽度"按钮后子 div 元素的宽度为 400px

calc() 方法的另一个妙用是可以用来对各种不同的计数单位进行混合运算，例如开发者可以在指定元素高度时将 em 单位与 px 单位进行结合运算，代码如下所示：

```
#container{
    height:calc(10em+3px);
}
```

第 24 章 *Chapter 24*

媒体查询表达式与特性查询表达式

在 CSS 3 的众多模块中，有一个与各种媒体相关的重要模块——媒体查询表达式，本章将对这一模块进行详细介绍。

在 CSS 3 的众多模块中，有一个用于测试浏览器是否支持某个 CSS 特性的重要模块——特性查询表达式。本章将同时针对这一模块进行详细介绍。

学习内容：

❏ 掌握 CSS 3 中媒体查询表达式模块的基本概念，以及使用媒体查询表达式模块可以实现的功能。

❏ 掌握如何编写媒体查询表达式来让浏览器根据当前窗口尺寸自动在样式表中挑选一种样式并使用。了解 iPhone 或 iPod touch 设备在支持 Media Queries 时有何特殊之处，以及应该用何种方法来指定 iPhone 或 iPod touch 设备中的 Safari 浏览器在处理页面时根据多少像素的窗口宽度来处理。

❏ 掌握媒体查询表达式的编写方法，熟悉 CSS 3 中定义的所有设备类型及设备特性、媒体查询表达式中各种关键字的含义，以及结合使用设备类型、设备特性和各种关键字来正确编写媒体查询表达式。

❏ 掌握特性查询表达式的基本概念、使用方法及使用场景。

24.1 媒体查询表达式

24.1.1 根据浏览器的窗口大小来选择使用不同的样式

在 CSS 中，与媒体相关的样式定义是从 CSS 2.1 开始的。CSS 2.1 中定义了各种媒体类型，包括显示器、便携设备、电视机等。

CSS 3 中加入了媒体查询表达式模块，该模块中允许添加媒体查询表达式，用以指定媒体类型，然后根据媒体类型来选择应该使用的样式。换句话说，允许我们在不改变内容的情况下在样式中选择一种页面的布局以精确地适应不同的设备，从而改善用户体验。

接下来，我们看看在 CSS 3 中如何使用媒体查询表达式模块中的有关功能来根据浏览器的窗口尺寸选择使用不同的样式。我们知道，在不同的设备中，浏览器的窗口尺寸可能是不同的。如果只针对某种窗口尺寸来制作网页，在其他设备中呈现该网页时就会产生很多问题；如果针对不同的窗口尺寸制作不同的网页，则要制作的网页就会太多。

为了解决这个问题，CSS 3 中单独增加了媒体查询表达式模块，使用这个模块，网页制作者只需要针对不同的浏览器窗口尺寸来编写不同的样式，然后让浏览器根据不同的窗口尺寸来选择使用不同的样式即可。

到目前为止，媒体查询表达式模块得到了 Firefox 浏览器、Safari 浏览器、Chrome 浏览器以及 Opera 浏览器的支持。

代码清单 24-1 是一个根据不同的窗口尺寸来选择使用不同样式的示例，该示例中有 3 个 div 元素，当浏览器的窗口尺寸不同时，页面会根据当前窗口的大小选择使用不同的样式。当窗口宽度在 1000px 以上时，将 3 个 div 元素分为三栏并列显示；当窗口宽度在 640px 以上、999px 以下时，3 个 div 元素分两栏显示；当窗口宽度在 639px 以下时，3 个 div 元素从上往下排列显示。

代码清单 24-1 根据不同的窗口尺寸来选择使用不同样式的示例

```
<!DOCTYPE html PUBLIC "-//W3C//DTD XHTML 1.0 Transitional//EN"
"http://www.w3.org/TR/xhtml1/DTD/xhtml1-transitional.dtd">
<html xmlns="http://www.w3.org/1999/xhtml">
<head>
<meta http-equiv="Content-Type" content="text/html;charset=utf-8" />
<title> 根据不同的窗口尺寸来选择使用不同的样式的示例 </title>
<style type="text/css">
body{
    margin: 20px 0;
}
#container{
    width: 960px;
    margin: auto;
```

```
}
#wrapper{
    width: 740px;
    float: left;
}
p{
    line-height: 600px;
    text-align: center;
    font-weight: bold;
    font-size: 2em;
    margin: 0 0 20px 0;
}
#main{
    width: 520px;
    float: right;
    background: yellow; /* 黄色 */
}
#sub01{
    width: 200px;
    float: left;
    background: orange; /* 橙色 */
}
#sub02{
    width: 200px;
    float: right;
    background: green; /* 绿色 */
}
/* 窗口宽度在 1000px 以上 */
@media screen and (min-width: 1000px) {
    /* 3 栏显示 */
    #container{
            width: 1000px;
    }
    #wrapper{
            width: 780px;
            float: left;
    }
    #main{
            width: 560px;
            float: right;
    }
    #sub01{
            width: 200px;
            float: left;
    }
    #sub02{
            width: 200px;
            float: right;
    }
}
```

```
/* 窗口宽度在 640px 以上、999px 以下 */
@media screen and (min-width: 640px) and (max-width: 999px) {
    /* 2 栏显示 */
    #container{
            width: 640px;
    }
    #wrapper{
            width: 640px;
            float: none;
    }
    p{
            line-height: 400px;
    }
    #main{
            width: 420px;
            float: right;
    }
    #sub01{
            width: 200px;
            float: left;
    }
    #sub02{
            width: 100%;
            float: none;
            clear: both;
            line-height: 150px;
    }
}
/* 窗口宽度在 639px 以下 */
@media screen and (max-width: 639px) {
    /* 1 栏显示  */
    #container{
            width: 100%;
    }
    #wrapper{
            width: 100%;
            float: none;
    }
    body{
            margin: 20px;
    }
    p{
            line-height: 300px;
    }
    #main{
            width: 100%;
            float: none;
    }
    #sub01{
            width: 100%;
```

```
                float: none;
                line-height: 100px;
        }
        #sub02{
                width: 100%;
                float: none;
                line-height: 100px;
        }
}
</style>
</head>
<body>
<div id="container">
<div id="wrapper">
<p id="main">
MAIN
</p>
<p id="sub01">
SUB 01
</p>
</div>
<p id="sub02">
SUB 02
</p>
</div>
</body>
</html>
```

代码清单 24-1 的运行结果分为如下 3 种情况：

❑ 当窗口宽度在 1000px 以上时，将 3 个 div 元素分为三栏并列显示，如图 24-1 所示。

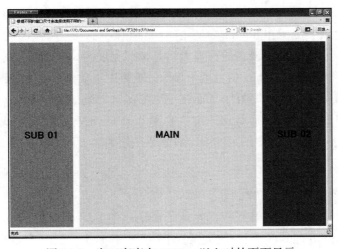

图 24-1　窗口宽度在 1000px 以上时的页面显示

❑ 当窗口宽度在 640px 以上、999px 以下时，3 个 div 元素分两栏显示，如图 24-2 所示。

❑ 当窗口宽度在 639px 以下时，3 个 div 元素从上往下排列显示，如图 24-3 所示。

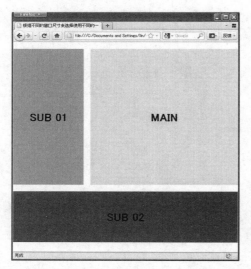

图 24-2 窗口宽度在 640px 以上、999px 以下时的　　　　图 24-3 窗口宽度在 639px 以下时的页面显示
　　　　　 页面显示

24.1.2 在 iPhone 中的显示

在 iPhone 3GS 和 iPod touch 中使用的 Safari 浏览器也对 CSS 3 的媒体查询表达式提供了支持。iPhone 的分辨率是 320px×480px，所以，如果运行代码清单 24-1 中的示例，示例页面中的 3 个 div 元素本来应该是从上往下排列显示的，但是真正运行的时候，浏览器中显示结果却为两栏显示，如图 24-4 所示。

为什么会是这样？因为在 iPhone 中使用的 Safari 浏览器在进行页面显示时是将窗口宽度作为 980px 进行显示的。因为现在的网页大多是按照宽度为 800px 左右的标准进行制作的，所以 Safari 浏览器如果按照 980px 的宽度来显示，就可以正常显示绝大多数的网页了。

所以，即使在页面中已经写好了页面在小尺寸窗口中运行时的样式，iPhone 中的 Safari 浏览器也不会使用这个样式，而是选择窗口宽度为 980px 时所使用的样式。在这种情况下，可以利用 <meta> 标签在页面中指定 Safari 浏览器在处理本页面时按照多少像素的窗口宽度来进行，指定方法类似如下所示：

```
<meta name="viewport" content="width=600px" />
```

在代码清单 24-1 中加入这段代码，并且在 iPhone 中重新运行该示例，Safari 浏览器将窗口宽度作为 600px 来处理，将 3 个 div 元素从上往下并排显示，如图 24-5 所示。

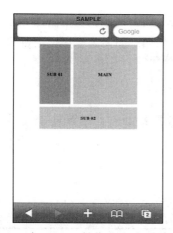

图 24-4　在 iPhone 浏览器中运行代码清
单 24-1 中的示例

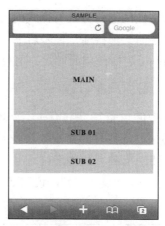

图 24-5　iPhone 中的 Safari 浏览器将窗口宽
度作为 600px 来处理

因此，如果在页面中已经准备好了在小尺寸的窗口中使用的样式，并且有可能在 iPhone
或 iPod touch 中被打开时，请不要忘了加入 <meta> 标签并在标签中写入指定的窗口宽度。

24.1.3　媒体查询表达式的使用方法

在代码清单 24-1 中，我们使用媒体查询表达式来根据 3 种不同尺寸的窗口使用 3 种不
同的样式，具体来说，媒体查询表达式的使用方法如下所示：

```
@media 设备类型 and（设备特性）{样式代码}
```

在代码的开头必须要书写"@media"，然后指定设备类型，也可以称之为媒体类型。CSS
2.1 中定义了 10 种设备类型，在此处可以指定的值与该值所代表的设备类型如表 24-1 所示。

表 24-1　在 Media Queries 中可以指定的值与该值所代表的设备类型

可以指定的值	设备类型
all	所有设备
screen	电脑显示器
print	打印用纸或打印预览视图
handheld	便携设备
tv	电视机类型的设备
speech	语音和音频合成器
braille	盲人用点字法触觉回馈设备
embossed	盲文打印机
projection	各种投影设备
tty	使用固定密度字母栅格的媒介，比如电传打字机和终端

设备特性的书写方式与样式的书写方式很相似，分为两个部分，当中由冒号分割，冒号前书写设备的某种特性，冒号后书写该特性的具体值。例如，如果需要指定浏览器的窗口宽度大于 400px 时所使用的样式，书写方法如下所示：

```
(min-width: 400px)
```

CSS 中的设备特性共有 13 种，是一个类似于 CSS 属性的集合。但与 CSS 属性不同的是，大部分设备特性的指定值接受 min/max 的前缀，用来表示大于等于或小于等于的逻辑，以此避免使用 < 和 > 这些字符。

对于这 13 种设备特性的说明如表 24-2 所示。

表 24-2　13 种设备特性的说明

特　　性	可指定值	是否允许使用 min/max 前缀	特性说明
width	带单位的长度数值 例如：400px	允许	浏览器窗口的宽度
height	带单位的长度数值 例如：200px	允许	浏览器窗口的高度
device-width	带单位的长度数值 例如：400px	允许	设备屏幕分辨率的宽度值
device-height	带单位的长度数值 例如：200px	允许	设备屏幕分辨率的高度值
orientation	只能指定两个值： portrait 或 landscape	不允许	浏览器窗口的方向是纵向还是横向。 当窗口的高度值大于等于宽度值时，该特性值为 portrait，否则为 landscape
aspect-ratio	比例值 例如 16/9	允许	浏览器窗口的纵横比，比例值为浏览器窗口的宽度值 / 高度值
device-aspect-ratio	比例值 例如 16/9	允许	屏幕分辨率的纵横比，比例值为设备屏幕分辨率的宽度值 / 高度值
color	整数值	允许	设备使用多少位的颜色值，如果不是彩色设备，该值为 0
color-index	整数值	允许	色彩表中的色彩数
monochrome	整数值	允许	单色帧缓冲器中每像素的字节数
resolution	分辨率值，譬如 300dpi	允许	设备的分辨率
scan	只能指定两个值： progressive 或 interlace	不允许	电视机类型设备的扫描方式。 progressive 表示逐行扫描，interlace 表示隔行扫描
grid	只能指定两个值：0 或 1	不允许	设备是基于栅格还是基于位图。 基于栅格时该值为 1，否则该值为 0

使用 and 关键字来指定当某种设备类型的某种特性的值满足某个条件时所使用的样式，譬如以下语句指定了当设备窗口宽度小于 639px 时所使用的样式：

```
@media screen and (max-width: 639px){样式代码}
```

可以使用多条语句来将同一个样式应用于不同的设备类型和设备特性中，指定方式类似如下所示：

```
@media handheld and (min-width:360px),screen and (min-width:480px){样式代码}
```

可以在表达式中加上 not 关键字或 only 关键字，not 关键字表示对后面的表达式执行取反操作，书写方法类似如下所示：

```
/* 对 not 后面的语句执行取反操作
样式代码将被使用在除便携设备之外的其他设备或非彩色便携设备中 */
@media not handheld and (color) {样式代码}
// 样式代码将被使用在所有非彩色设备中
@media  all and (not color)
```

only 关键字的作用是，让那些不支持媒体查询表达式但是能够读取媒体类型的设备的浏览器将表达式中的样式隐藏起来。例如，对于如下的语句来说：

```
@media only screen and (color) {样式代码}
```

对于支持媒体查询表达式的设备来说，将能够正确地应用样式，就仿佛 only 不存在一样。对于不支持媒体查询表达式但能够读取媒体类型的设备（譬如 IE 8 只支持 " @media screen"）来说，由于先读取到的是 only 而不是 screen，将忽略这个样式。

对于不支持媒体查询表达式的浏览器（譬如 IE 8 之前的浏览器）来说，无论是否有 only，都将忽略这个样式。

最后要说的是，CSS 3 中的媒体查询表达式模块也支持对外部样式表的引用，使用方法类似如下所示：

```
@import url(color.css) screen and (min-width: 1000px);
<link rel="stylesheet" type="text/css" media="screen and (min-width: 1000px)"
href="style.css" />
```

24.2　特性查询表达式

在 CSS 3 中，新增特性查询表达式，通过特性查询表达式的使用，开发者可以测试浏览器是否支持某个 CSS 特性，并据此书写一些样式代码。特性查询表达式的使用方法如下所示：

```
@supports (display: grid) {
    // 只当浏览器支持 CSS 网格布局时运行的代码
}
```

特性查询表达式询问浏览器是否支持某个 CSS 特性，并根据回答决定是否应用某段 CSS 样式代码。如果浏览器不支持该特性，将直接忽略这段代码。

最近几年，开发者使用 Modernizr 执行特性查询表达式所能执行的工作，但 Modernizr 依赖于 JavaScript。虽然代码可能很少，但使用 Modernizr 仍需要在应用样式前首先通知浏览器下载并执行完毕这些代码，因此结合使用 JavaScript 脚本代码总是比只使用 CSS 代码在性能上要稍慢一些。而且结合使用 JavaScript 脚本代码也提高了失败的可能性，如果脚本代码运行失败呢？另外，Modernizr 需要附加一个应用程序不能操控的层。相比 Modernizr，特性查询表达式要更快、更强壮及更易用。

如果使用特性查询表达式，开发者可以不再需要测试浏览器是否支持某个 CSS 特性。例如，可以书写这样的代码而不需要测试浏览器是否支持。

```
@supports (border-radius: 5px) {
    aside {
        border: 1px solid black;
        border-radius: 5px;
    }
}
```

上述这段代码的作用为通知浏览器如果支持 border-radius 样式属性，则对 aside 元素使用圆角边框，如果不支持，则忽略这段代码，对 aside 元素使用矩形边框。

但是如果不使用特性查询表达式的话，浏览器也将对 aside 元素使用矩形边框，因为浏览器对于不认识的样式属性总是直接忽略。

所以此处也可以不使用特性检查。

那么什么时候应该使用特性检查呢？特性检查用于决定在某种情况下浏览器是否运行一组样式代码，例如当你想仅在浏览器支持 display:grid 样式属性时对元素应用一些样式，代码如下所示：

```
@supports (display: grid) {
    main {
        display: grid;
        grid-template-columns: repeat(auto-fit, minmax(280px, 1fr));
    }
    div{
        background-color:pink;
        color:green;
    }
    .item1 {
        grid-row-start: 1;
        grid-row-end: 2;
        grid-column-start: 1;
        grid-column-end: 3;
    }
```

```
    .item2 {
        grid-row-start: 1;
        grid-row-end: 2;
        grid-column-start: 3;
        grid-column-end: 5;
    }
}
```

自 2013 年年中开始，Firefox、Chrome 及 Opera 浏览器中都支持特性查询表达式。2015 年秋季，Safari 9 浏览器对其提供支持。目前 Edge 浏览器中也对其提供了支持，而不提供支持的浏览器包括 Internet Explorer、Opera Mini、黑莓浏览器以及 UC 浏览器。

第 25 章

CSS 3 的其他重要样式和属性

本章将对 CSS 3 中的一些内容比较少但非常重要的样式和属性进行详细介绍。

学习内容:

❑ 掌握 CSS 3 中与颜色相关的样式,掌握 alpha 通道的使用方法,掌握 CSS 3 中新增的 RGBA 颜色、HSL 颜色与 HSLA 颜色的概念以及使用方法。

❑ 掌握 opacity 属性的含义和使用方法,了解使用 alpha 来指定透明度与使用 opacity 属性来指定透明度之间的区别,掌握 transparent 颜色值的含义及其使用方法。

❑ 掌握 outline 属性的含义及其使用方法,能够使用 outline 属性在元素周围绘制一条轮廓线并指定该轮廓线的线宽、颜色、线的样式以及线与边框的位移距离。

❑ 掌握 resize 属性的含义及其使用方法,能够使用 resize 属性来定义一个允许用户自己调节尺寸的元素。

❑ 掌握 initial 属性值的含义及其使用方法,能够使用 initial 属性来取消对元素的样式设定。

❑ 掌握什么是滤镜特效以及怎样实现 CSS 3 中的滤镜特效。

❑ 掌握 CSS 变量的基本概念、作用及使用方法。

25.1 颜色相关样式

在 CSS 3 之前,在样式中指定的颜色值只能为 RGB 颜色值,并且只能通过 opacity 属性来设置元素的透明度。CSS 3 中增加了 3 种颜色值——RGBA 颜色值、HSL 颜色值以及 HSLA 颜色值,并且允许通过对 RGBA 颜色值和 HSLA 颜色值设定 alpha 通道的方法来更加容易地实现将半透明文字与图像互相重叠的效果。

本节将对 CSS 3 中与颜色相关的样式进行详细介绍。

25.1.1 利用 alpha 通道来设定颜色

1. 对 RGB 颜色设定 alpha 通道

在 CSS 3 中，可以通过对 RGB 颜色设定 alpha 通道的方法来定义 RGBA 颜色。所谓 RGBA 颜色，是指利用红色值（R）、绿色值（G）、蓝色值（B）、alpha 通道值（A）来定义的颜色。其中，alpha 通道值的范围为 0~1.0，0 表示完全透明，1 表示不透明。RGBA 颜色的使用方法如下所示：

```
background-color:rgba(255,0,0,0.5);
```

接下来，我们来看一个使用 RGB 颜色和 RGBA 颜色的示例，如代码清单 25-1 所示。在该示例中，有两个 div 元素，其中第一个 div 元素使用的是 RGB 颜色，所以是不透明的；第二个 div 元素使用的是 RGBA 颜色，其中 alpha 通道值为 0.5，表示半透明。

代码清单 25-1　RGB 颜色和 RGBA 颜色的使用示例

```
<!DOCTYPE html PUBLIC "-//W3C//DTD XHTML 1.0 Transitional//EN"
"http://www.w3.org/TR/xhtml1/DTD/xhtml1-transitional.dtd">
<html xmlns="http://www.w3.org/1999/xhtml">
<head>
<meta http-equiv="Content-Type" content="text/html; charset=gb2312" />
<title>RGB 颜色与 RGBA 颜色使用示例 </title>
</head>
<style type="text/css">
body{
    background-image:url(back.gif);
}
div{
    width:100%;
    height:100px;
    color:white;
}
div#div1{
        background-color:rgb(255,0,0);
}
div#div2{
        background-color:rgba(255,0,0,0.5);
}
</style>
<body>
<div id="div1"> 示例文字 1</div>
<div id="div2"> 示例文字 2</div>
</body>
</html>
```

这段代码的运行结果如图 25-1 所示。

到目前为止，Safari、Firefox、Chrome 以及 Opera 浏览器都支持 RGBA 颜色。在诸如 IE 等不支持 RGBA 颜色的浏览器中，将忽视对 RGBA 颜色值的指定，譬如代码清单 25-1 所示的示例，在 IE 浏览器中的运行结果如图 25-2 所示。

图 25-1　RGB 颜色与 RGBA 颜色使用示例　　　　　图 25-2　IE 浏览器中 RGBA 颜色使用示例

2. 对 HSL 颜色设定 alpha 通道

在 CSS 3 中，除了可以使用 RGB 颜色外，还可以使用 HSL 颜色。HSL 颜色使用色调（H）、饱和度（S）、亮度（L）来定义颜色。其中，色调值中用 0 或 360 表示红色，120 表示绿色，240 表示蓝色，当取值大于 360 时，实际的值等于该值除以 360 之后的余数，例如，如果色调值为 480，则实际的颜色值等于 480 除以 360 之后的余数 120。饱和度和亮度的取值范围均为 0% 到 100%。可以通过对 HSL 颜色设定 alpha 通道的方法来定义 HSLA 颜色。HSLA 颜色是指利用色调（H）、饱和度（S）、亮度（L）、alpha 通道值（A）来定义颜色。

接下来我们看一个 HSL 颜色与 HSLA 颜色的使用示例，如代码清单 25-2 所示。在该示例中，有两个 div 元素，这两个 div 元素的背景色都是绿色，其中第一个 div 元素使用的是 HSL 颜色，所以是不透明的；第二个 div 元素使用的是 HSLA 颜色，其中 alpha 通道值为 0.5，表示半透明。

代码清单 25-2　HSL 颜色与 HSLA 颜色的使用示例

```
<!DOCTYPE html PUBLIC "-//W3C//DTD XHTML 1.0 Transitional//EN"
"http://www.w3.org/TR/xhtml1/DTD/xhtml1-transitional.dtd">
<html xmlns="http://www.w3.org/1999/xhtml">
<head>
```

```
<meta http-equiv="Content-Type" content="text/html; charset=gb2312" />
<title>HSL 颜色与 HSLA 颜色使用示例 </title>
</head>
<style>
body{
    background-image:url(back.gif);
}
div{
    width:100%;
    height:100px;
    color:white;
}
div#div1{
        background-color: hsl(120,100%,50%);
        color: hsl(0,100%,100%);
}
div#div2{
        background-color: hsla(120,100%,50%,0.5);
        color: hsla(0,100%,100%,0.5);
}
</style>
<body>
<div id="div1"> 示例文字 1</div>
<div id="div2"> 示例文字 2</div>
</body>
</html>
```

这段代码的运行结果如图 25-3 所示。

到目前为止，Firefox、Opera 和 Chrome 等浏览器支持 HSL 颜色和 HSLA 颜色。

25.1.2　alpha 通道与 opacity 属性的区别

在 CSS 3 中，除了使用 alpha 通道的方法来设定透明度外，也可以通过 opacity 属性来设定透明度。目前支持 opacity 属性的浏览器有 Firefox、Safari、Opera 和 Chrome，本节主要介绍 opacity 属性与 alpha 通道的区别。

图 25-3　HSL 颜色与 HSLA 颜色使用示例

opacity 属性是 CSS 中专门用来指定透明度的一个属性，取值范围也在 0~1，0 表示完全透明，1 表示不透明。使用 alpha 通道对元素设定透明度时，可以单独针对元素的背景色和文字颜色等指定透明度，而 opacity 属性只能指定整个元素的透明度。

接下来，我们来看一个 alpha 通道与 opacity 属性结合使用的示例，如代码清单 25-3 所示。在该示例中，有 4 个 div 元素，背景色均为绿色，其中第一个 div 元素不指定透明度，第二个

div 元素使用 alpha 通道指定背景色的透明度为 0.5，第三个 div 元素使用 alpha 通道指定背景色与文字颜色的透明度均为 0.5，第四个 div 元素使用 opacity 属性指定元素的透明度为 0.5。

代码清单 25-3　alpha 通道与 opacity 属性结合使用示例

```
<!DOCTYPE html PUBLIC "-//W3C//DTD XHTML 1.0 Transitional//EN"
"http://www.w3.org/TR/xhtml1/DTD/xhtml1-transitional.dtd">
<html xmlns="http://www.w3.org/1999/xhtml">
<head>
<meta http-equiv="Content-Type" content="text/html; charset=gb2312" />
<title>alpha 通道与 opacity 属性结合使用示例 </title>
</head>
<style type="text/css">
body{
        background-image:url(back.gif);
}
div{
    width:100%;
    height:100px;
    color:white;
    font-size:48px;
}
div#div1{
        background-color:rgb(0,255,100);
        color:rgb(255,255,255);
}
div#div2{
        background-color:rgba(0,255,100,0.5);
        color:rgb(255,255,255);
}
div#div3{
        background-color:rgba(0,255,100,0.5);
        color:rgba(255,255,255,0.5);
}
div#div4{
        background-color:rgb(0,255,100);
        color:rgb(255,255,255);
        opacity:0.5;
}
</style>
<body>
<div id="div1"> 示例文字 1</div>
<div id="div2"> 示例文字 2</div>
<div id="div3"> 示例文字 3</div>
<div id="div4"> 示例文字 4</div>
</body>
</html>
```

这段代码的运行结果如图 25-4 所示。

从图 25-4 中我们可以看出，对第二个 div 元素的背景色使用 alpha 通道时，并不会对文

字产生影响，如果要让该元素的文字颜色也变成半透明，需要像第三个 div 元素那样同时对
背景色和文字颜色使用 alpha 通道。但是，在第四
个 div 元素的样式代码中，只要使用一次 opacity 属
性，文字颜色和背景色都变成半透明的了。

25.1.3　指定颜色值为 transparent

如果将颜色值指定为 transparent，则会将背
景、文字或边框等的颜色设定为完全透明，相当于
使用了值为 0 的 alpha 通道。

在 CSS 1 中，只能在 background-color 属性中指
定 transparent 值；在 CSS 2 中，可以在 background-
color 及 border-color 属性中指定 transparent 值；在
CSS 3 中，可以在一切指定颜色值的属性中指定
transparent 值。

图 25-4　alpha 通道与 opacity
属性结合使用示例

现在，transparent 值已经得到了 Firefox、Safari、
Opera 以及 Chrome 等浏览器的支持。代码清单
25-4 为 transparent 值的一个使用示例。该示例中有
三个 div 元素，第一个 div 元素的背景色被设定为 transparent 值，第二个 div 元素的边框颜色
被设定为 transparent 值，第三个 div 元素的文字颜色被设定为 transparent 值。三个 div 元素的
背景色均为白色，边框均为黄色，文字均为黑色，整个网页的背景颜色被指定为粉红色。

代码清单 25-4　transparent 值的使用示例

```
<!DOCTYPE html PUBLIC "-//W3C//DTD XHTML 1.0 Transitional//EN"
"http://www.w3.org/TR/xhtml1/DTD/xhtml1-transitional.dtd">
<html xmlns="http://www.w3.org/1999/xhtml">
<head>
<meta http-equiv="Content-Type" content="text/html; charset=gb2312" />
<title>transparent 值的使用示例</title>
<style type="text/css">
div{
    background-color: white;
    border: solid 3px yellow;
    width:100%;
    height:100px;
}
body{
    background-image:url(back.gif);
}
div#div1{
```

```
        background-color: transparent;
}
div#div2{
        border-color: transparent;
}
div#div3{
        color: transparent;
}
</style>
</head>
<body>
<div id="div1"> 示例文字 1</div>
<div id="div2"> 示例文字 2</div>
<div id="div3"> 示例文字 3</div>
</body>
</html>
```

这段代码的运行结果如图 25-5 所示。

到目前为止，IE 对 transparent 值的支持并不完全，当把代码清单 25-4 中的示例运行在 IE 8 中时，div 元素的背景与边框将会被设定为透明，但是文字颜色不会被设定为透明，如图 25-6 所示。

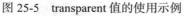

图 25-5　transparent 值的使用示例

图 25-6　IE 8 中 transparent 值的使用示例

25.2　用户界面相关样式

在 CSS 3 的基本用户界面模块（Basic User Interface Module）中定义了很多为了提高用

户体验而新增的属性和功能，本节将对这些新增的属性和功能做一个详细介绍。

25.2.1　轮廓相关样式

1. CSS 2 中的 outline 属性

CSS 2 中定义了一个 outline 属性，用来在元素周围绘制一条轮廓线，可以起到突出元素的作用。例如，可以在原本没有边框的 radio 单选框外围加上一条轮廓线，使其在页面上显得更加突出，也可以在一组 radio 单选框中只对某个单选框加上轮廓线，使其区别于别的单选框。代码清单 25-5 是一个使用 outline 属性给 radio 单选框增加轮廓线的简单示例。

代码清单 25-5　outline 属性使用示例

```
<!DOCTYPE html PUBLIC "-//W3C//DTD XHTML 1.0 Transitional//EN"
"http://www.w3.org/TR/xhtml1/DTD/xhtml1-transitional.dtd">
<html xmlns="http://www.w3.org/1999/xhtml">
<head>
<meta http-equiv="Content-Type" content="text/html;charset=gb2312" />
<title>outline 属性使用示例 </title>
<style type="text/css">
input#male{
    outline:thin solid red
}
</style>
</head>
<body>
性别: <input type="radio" id=male name=sexRadio/> 男
<input type="radio"  id=female name=sexRadio/> 女
</body>
</html>
```

代码清单 25-5 的运行结果如图 25-7 所示。

outline 属性的使用方法如下所示：

`outline: outline-color outline-style outline-width`

图 25-7　outline 属性使用示例

- ❑ outline-color 参数表示轮廓线的颜色，属性值为 CSS 中定义的颜色值，譬如 red 或 #FF0000，可以将该参数省略，省略时该参数默认值为黑色。
- ❑ outline-style 参数表示轮廓线的样式，属性值为 CSS 中定义的线的样式，譬如 solid 或 dashed。可以将该参数省略，但是省略时该参数默认值为 none，省略后不对该轮廓线进行绘制。
- ❑ outline-width 参数表示轮廓线的宽度，属性值可以为一个宽度值，譬如 40px 或者 thin、medium、thick 中的任意一个值。可以将该参数省略，省略时该参数默认值为 medium，表示绘制中等宽度的轮廓线。

outline 属性的属性值中三个参数的顺序可以互换，可以分开书写成如下所示的形式：

```
<style type="text/css">
input#male{
    outline-color:red;
    outline-style:solid;
    outline-width:thin;
}
</style>
```

2. CSS3 中新增的 out-offset 属性

在默认情况下，对带有边框的元素来说，使用 outline 属性将紧贴着边框外围绘制一条轮廓线。从代码清单 25-6 所示示例的运行结果中，我们可以看到这个页面显示效果。

代码清单 25-6　给带边框元素绘制轮廓线

```
<!DOCTYPE html PUBLIC "-//W3C//DTD XHTML 1.0 Transitional//EN"
"http://www.w3.org/TR/xhtml1/DTD/xhtml1-transitional.dtd">
<html xmlns="http://www.w3.org/1999/xhtml">
<head>
<meta http-equiv="Content-Type" content="text/html;charset=gb2312"/>
<title> 给带边框元素绘制轮廓线 </title>
<style type="text/css">
div{
    border:blue solid thin;
    outline:red solid thin;
}
</style>
</head>
<body>
<div> 示例文字 </div>
</body>
</html>
```

代码清单 25-6 所示示例的运行结果如图 25-8 所示。

有时，我们不想让这条轮廓线紧贴着边框外围，想让轮廓线稍微向外偏离几个像素，以绘制出双层边框的效果。针对这种情况，CSS 3 中新增了一个 outline-offset 属性，可以使用该属性以实现这个效果。

图 25-8　给带边框元素
绘制轮廓线

outline-offset 属性的使用方法非常简单，只要给该属性指定一个带像素单位的整数值即可，该整数值表示向外偏离多少个像素，书写方法类似如下所示：

```
outline-offset:2px;
```

将代码清单 25-6 所示示例中的样式代码修改为如下所示，在 div 元素的样式代码中加入

outline-offset 属性，修改后重新运行该示例，运行结果如图 25-9 所示。

```
<style type="text/css">
div{
    border:blue solid thin;
    outline:red solid thin;
    outline-offset:2px;
}
</style>
```

图 25-9 　 outline-offset 属性使用示例
（外围的红色为轮廓线）

可以给 outline-offset 属性指定一个为负数的属性值，指定为负数的属性值后，轮廓线将向内偏离，绘制在边框内部。

将代码清单 25-6 所示示例中的样式代码修改为如下所示，给 div 元素的样式代码中的 outline-offset 属性指定一个负数属性值，重新运行该示例，运行结果如图 25-10 所示。

```
<style type="text/css">
div{
    padding:5px;
    border:blue solid thin;
    outline:red solid thin;
    outline-offset:-5px;
}
</style>
```

图 25-10 　 给 outline-offset 属性指定
负数属性值（内部的红色
为轮廓线）

25.2.2 　 resize 属性

为了增强用户体验，CSS 3 增加了很多新的属性，其中一个重要的属性就是 resize，它允许用户通过拖动的方式来修改元素的尺寸。到目前为止，主要用于可以使用 overflow 属性的任何容器元素中。

到目前为止，resize 属性得到了 Firefox、Safari 以及 Chrome 等浏览器的支持。

代码清单 25-7 是一个 resize 属性的使用示例，该示例中有两个 div 元素，其中一个 div 元素的样式中使用了 resize 属性来允许用户可以自己修改它的尺寸，另一个 div 元素用来查看改变了元素尺寸后会对页面中其他元素产生什么影响。

代码清单 25-7 　 resize 属性的使用示例

```
<!DOCTYPE html PUBLIC "-//W3C//DTD XHTML 1.0 Transitional//EN"
"http://www.w3.org/TR/xhtml1/DTD/xhtml1-transitional.dtd">
<html xmlns="http://www.w3.org/1999/xhtml">
<head>
<meta http-equiv="Content-Type" content="text/html;charset=gb2312" />
<title>resize 属性的使用示例 </title>
<style type="text/css">
#div1{
    background-color:pink;
    overflow: auto;
```

```
        resize:both;
        width:150px;
        height:150px;
}
#div2{
        background-color:orange;
        width:100%;
        height:150px;
}
</style>
</head>
<body>
<div id=div1> 示例文字 </div>
<div id=div2> 页面中其他内容 </div>
</body>
</html>
```

代码清单 25-7 的运行结果如图 25-11 所示。

在 CSS 3 中，可以为 resize 属性指定的值分为以下几种：

❑ none：用户不能修改元素尺寸。

❑ both：用户可以修改元素的宽度和高度。

❑ horizontal：用户可以修改元素的宽度，不能修改元素的高度。

❑ vertical：用户可以修改元素的高度，不能修改元素的宽度。

❑ inherit：继承父元素的 resize 属性值。

图 25-11　resize 属性的使用示例

25.3　使用 initial 属性值取消对元素的样式指定

在 CSS 3 中，可以利用 initial 属性值取消对元素的样式指定。目前 Firefox、Safari 和 Chrome 等浏览器对 initial 属性值提供支持。

25.3.1　取消对元素的样式指定

要取消对元素的样式指定，可以有几种方法来达到目的，其中第一个也是最简单的方法是直接在样式表中删除设定该样式的代码。但是，在大多数情况下，一个样式写好以后会对很多页面中的元素指定这个样式。所以，如果对单个元素取消其样式指定时，这种做法是不可取的。

第二种方法是目前采用得比较多的——使用 class 的方法，要取消对单个元素的样式指定，只要把这个元素的 class 属性取消掉就可以了，但是 class 属性本身是一个多余的，没有任何语义的属性。同时，如果多个元素使用同一个样式，还必须为每一个元素增加同样的 class 属性；如果要删除一个样式，还应该逐个删除这些元素的 class 属性，所以很不实用。在 CSS 3 中已经不推荐使用，采用的是将样式与元素或元素 id 直接绑定的做法。所以，第二种方法在下一代 Web 平台中的使用机会会越来越少，直到最终随着 class 属性一起被废弃。

针对这种情况，CSS 3 中新增了一个 initial 属性值，使用这个 initial 属性值可以直接取消对某个元素的样式指定。

接下来，我们先来看一段简单的页面代码，如代码清单 25-8 所示，该页面中有三个 p 元素，在样式指定代码中指定了页面中 p 元素所使用的样式。

代码清单 25-8　initial 属性值的示例页面

```
<!DOCTYPE html PUBLIC "-//W3C//DTD XHTML 1.0 Transitional//EN"
"http://www.w3.org/TR/xhtml1/DTD/xhtml1-transitional.dtd">
<html xmlns="http://www.w3.org/1999/xhtml">
<head>
<meta http-equiv="Content-Type" content="text/html; charset=gb2312" />
<title>initial 属性值的使用示例 </title>
</head>
<style type="text/css">
p{
    color:blue;
    font-family: 宋体 ;
}
</style>
<body>
<p id="text01"> 示例文字 1</p>
<p id="text02"> 示例文字 2</p>
<p id="text03"> 示例文字 3</p>
</body>
</html>
```

这段代码的运行结果如图 25-12 所示。

在这段代码中，三个 p 元素的文字颜色都是蓝色，字体都是宋体。这时，如果我们不想让 id 为 text01 的 p 元素使用这个样式，只需在样式代码中为这个元素单独添加一个样式，然后把文字颜色的值设为 initial 值就可以了，具体如下所示。

```
<style type="text/css">
p{
    color:blue;
    font-family: 宋体 ;
}
p#text01{
```

图 25-12　initial 属性值的使用示例
（使用 initial 属性值前）

```
    color:-moz-initial;
    color:initial;
    font-family: 宋体 ;
}
</style>
```

把上面这段代码替换到代码清单 25-8 所示示例的样式代码中，然后重新运行该示例，运行结果如图 25-13 所示。

图 25-13　initial 属性值的使用示例（使用 initial 属性值后）

initial 属性值的作用是让各种属性使用默认值，在浏览器中文字颜色的默认值是黑色，所以 id 为 text01 的 p 元素中的文字颜色变为黑色。

25.3.2　使用 initial 属性值并不等于取消样式设定的特例

个别情况下，对元素使用 initial 属性值后的显示结果并不等于将该元素的样式设定直接删除后的结果。例如一个文字为"你好"的 h1 元素，在页面中的显示结果如图 25-14 所示。

图 25-14　h1 元素的显示结果

在浏览器中，默认使 h1 元素变为比较大的黑体文字。在浏览器中，为了使一些元素变得更容易阅读，浏览器可以自己对该元素使用一些样式。例如对 h1 元素来说，浏览器使用了如下所示的样式：

```
<style type="text/css">
h1{
    font-size: 2em;
    font-weight: bold;
}
</style>
```

可以在样式中对 h1 元素重新定义，例如对 h1 元素定义如下所示的样式：

```
<style type="text/css">
h1{
    font-size: 3em;
    font-weight: normal;
}
</style>
```

重新定义后，这个 h1 元素在浏览器中的显示结果如图 25-15 所示。

接着，在这段样式后面追加一段 h1 元素使用的样

图 25-15　修改 h1 元素样式后的显示结果

式，对上面文字的字体字号和字体粗细均使用 initial 属性值。追加后 h1 元素的样式代码如下所示：

```
<style type="text/css">
h1{
    font-size: 3em;
    font-weight: normal;
}
h1{
    font-size: initial;
    font-weight: initial;
}
h1{
    font-size: -moz-initial;
    font-weight: -moz-initial;
}
</style>
```

使用这个追加了 initial 属性值的样式设定后，h1 元素在浏览器中的显示结果如图 25-16 所示。

这个显示结果与不使用任何样式设定时 h1 元素在浏览器中的显示结果并不相同。

为什么在 h1 元素的样式代码中追加了 initial 属性值后的显示结果与该元素在不使用任何样式设定时的显示结果会不一样呢？因为追加了 initial 属性值的样式设定后，h1 元素的字号和字体粗细均使用 CSS 中对字号和字体粗细属性设定的默认值，并不考虑浏览器对 h1 元素追加了什么样式。而在

图 25-16　对 h1 元素使用 initial 属性值

CSS 中，字号的默认值为 medium，字体粗细的默认值为 normal，与浏览器对 h1 元素使用的样式并不一致，如果要想让 h1 元素的字号和字体粗细的默认值使用浏览器对 h1 元素使用的默认值，还要在追加的样式代码中不使用 initial 属性值，而使用浏览器追加的默认样式中的属性值。在 http://www.w3.org/TR/CSS21/sample.html 这个网页中可以查到浏览器对 HTML 4 中元素所做的追加样式清单，目前各主流浏览器均遵照这个清单来对元素追加默认样式。

25.4　用于控制鼠标事件的 pointer-events 属性

在 CSS 3 中，新增用于控制鼠标事件的 pointer-events 属性，如果将属性值指定为 none，则不会触发鼠标事件 (例如链接、点击等事件通通被取消)，当要取消 ::before,::after 伪元素的鼠标事件时，该样式属性将变得非常有用。使用示例代码如代码清单 25-9 所示。示例页面中显示两个超链接，通过将第二个超链接元素的 pointer-events 属性值设置为 none 的方法禁

止用户打开链接。

代码清单 25-9　禁止链接

```
<!DOCTYPE html PUBLIC "-//W3C//DTD XHTML 1.0 Transitional//EN"
"http://www.w3.org/TR/xhtml1/DTD/xhtml1-transitional.dtd">
<html xmlns="http://www.w3.org/1999/xhtml">
<head>
<title>禁止用户打开链接</title>
<style>
a[href="http://example.com"] {
    pointer-events: none;
}
</style>
</head>
<body>
<ul>
    <li><a href="https://developer.mozilla.org/">MDN</a></li>
    <li><a href="http://example.com">一个不能点击的链接</a></li>
</ul>
</body>
</html>
```

在浏览器中打开示例页面，页面中显示两个链接元素，如图 25-17 所示。

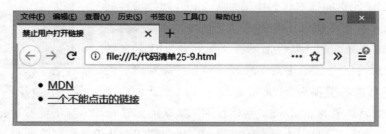

图 25-17　页面中显示两个链接元素

当用户单击第二个链接时，浏览器将没有任何反应。

25.5　实现 CSS 3 中的滤镜特效

25.5.1　滤镜特效概述

滤镜特效是指在页面被渲染之后在页面中某个局部呈现的一些特殊的视觉效果。滤镜特效来源于 SVG（Scalable Vector Graphics，可缩放矢量图形）标准。在 SVG 标准中，滤镜特效被用于对一个矢量图形图像应用一些基于像素的图像特效。后来，随着各浏览器供应商在自己的浏览器中实现这种滤镜特效的同时，滤镜特效的作用开始被扩大。Mozilla 组织最早将这种滤镜特效实现在 CSS 样式代码中，他们首先研究出一个在 CSS 样式代码中实现滤镜特效的方法，从而诞生了 CSS 滤镜特效。

虽然滤镜起源于 SVG，但是在 SVG 与 CSS 3 中使用不同的方式来定义和使用滤镜。在 SVG 中，使用一个内置各种滤镜特效的元素来实现滤镜特效，在 CSS 3 中，使用一个图形模型来定义滤镜，开发者可直接使用样式代码来实现滤镜。

CSS 滤镜的设计者已尽最大努力来使 Web 开发者更方便地使用滤镜，所以本书中只介绍如何在 CSS 样式代码中直接使用滤镜，而不介绍如何在 SVG 中使用滤镜。

目前 Firefox 12、Chrome 10、Opera 12 以及 Safari 6 以上版本浏览器均支持 CSS 3 中滤镜特效的实现。

25.5.2　实现滤镜特效

到目前为止，为了使用滤镜特效，在 Chrome、Opera 以及 Safari 浏览器中需要在 filter 样式属性前添加 "-webkit" 浏览器供应商前缀，在最新版 Firefox 浏览器中已不需要添加 "-moz-" 浏览器供应商前缀。

可以对页面上的任何可视元素使用滤镜特效。虽然原始的 SVG 滤镜机制是非常强大的，但是到目前为止在 CSS 3 中还没有得到完全支持。在 CSS 3 中，只定义一些标准的、容易实现的滤镜。

在 CSS 3 中，支持的滤镜特效如下所示。

1. grayscale 滤镜（灰度滤镜）

该滤镜将彩色图像转换为灰度图像。样式属性值中使用一个数值或数值百分比作为参数，该参数用于控制图像灰度。如果值为 100%，则图像变为黑白图像，如果该值为 0%，则图像不做任何修改，仍然为彩色图像。可以使用浮点数作为属性值，0 代表 0%，1 代表 100%。使用方法如下所示：

```
div {
    filter: grayscale(50%);
    -webkit-filter: grayscale(50%);
}
```

看一个灰度滤镜的使用示例，示例代码如代码清单 25-10 所示。在示例代码中显示相同的两幅图片，我们通过对第二幅图片使用灰度滤镜特效以使其变成黑白图片。

代码清单 25-10　对图片使用灰度滤镜特效

```
<!DOCTYPE html PUBLIC "-//W3C//DTD XHTML 1.0 Transitional//EN"
"http://www.w3.org/TR/xhtml1/DTD/xhtml1-transitional.dtd">
<html xmlns="http://www.w3.org/1999/xhtml">
```

```
<head>
<meta http-equiv="Content-Type" content="text/html;charset=gb2312" />
<title> 对图片使用滤镜特效 </title>
<style>
div{
    display:flex;
    flex-direction:row;
}
figure{
    width:50%;
    text-align:center;
}
figure:nth-child(2){
    filter:grayscale(100%);
    -webkit-filter:grayscale(100%);
}
</style>
</head>
<body>
<div>
<figure>
<img src="sl.jpg">
<figcaption> 原始图片 </figcaption>
</figure>
<figure>
<img src="sl.jpg">
<figcaption> 使用灰度滤镜 </figcaption>
</figure>
</div>
</body>
</html>
```

在浏览器中打开示例页面，页面中第二幅图片呈现黑白图片效果，如图 25-18 所示。

图 25-18   对图片使用灰度滤镜

2. sepia 滤镜

该滤镜为彩色图像添加一层棕褐色色调，使其呈现出老照片的效果。样式属性中使用一个数值或数值百分比作为参数，该参数用于控制棕褐色调的浓度。如果值为 100%，则图像呈现出黑白色老照片的效果，如果该值为 0%，则图像不做任何修改，仍然为彩色图像。可以使用浮点数作为属性值，0 代表 0%，1 代表 100%。

为代码清单 25-9 中第二幅图片改用 sepia 滤镜，将"灰度滤镜"文字修改为"sepia 滤镜"文字，代码如下所示：

```
// 修改滤镜样式代码
figure:nth-child(2){
    filter:sepia(100%);
    -webkit-filter:sepia(100%);
}
// 修改 figcaption 中的文字
<figure>
<img src="sl.jpg">
<figcaption> 使用 sepia 滤镜 </figcaption>
</figure>
```

在浏览器中打开示例页面，页面中第二幅图片呈现黑白老照片效果，如图 25-19 所示。

图 25-19　对图片使用 sepia 滤镜

3. saturate 滤镜（饱和度滤镜）

该滤镜用于增强彩色图像的饱和度，使色彩变得更加鲜明。该滤镜可以使照片呈现海报或卡通效果。样式属性中可以使用一个大于 100% 的百分比作为参数来增强色彩的饱和度，也可以使用一个小于 100% 的百分比作为参数来削弱色彩的饱和度。

为代码清单 25-10 中第二幅图片改用饱和度滤镜，将"灰度滤镜"文字修改为"饱和度滤镜"文字，代码如下所示：

```
// 修改滤镜样式代码
figure:nth-child(2){
    filter:saturate(250%);
    -webkit-filter: saturate(250%);
}
// 修改 figcaption 中的文字
<figure>
<img src="sl.jpg">
<figcaption> 使用饱和度滤镜 </figcaption>
</figure>
```

在浏览器中打开示例页面，页面中第二幅图片的饱和度被增强，如图 25-20 所示。

图 25-20　对图片使用饱和度滤镜

4. hue-rotate 滤镜

该滤镜是一个非常特殊的滤镜，可以用于产生特殊的视觉效果。请将颜色光谱设想为一个从红色到紫色的一个颜色环（在光学中，为对光的色学性质研究方便，将所有可见颜色光谱围成一个圆环，称之为颜色环），该滤镜将图像中的所有颜色沿光环旋转一个角度。样式属性中使用一个角度值（例如 90deg）为参数，参数值代表图像颜色沿颜色环旋转的角度。

为代码清单 25-10 中第二幅图片改用 hue-rotate 滤镜，将"灰度滤镜"文字修改为"hue-rotate 滤镜"文字，代码如下所示：

```
// 修改滤镜样式代码
figure:nth-child(2){
    filter:hue-rotate(90deg);
```

```
        -webkit-filter: hue-rotate(90deg);
}
// 修改 figcaption 中的文字
<figure>
<img src="sl.jpg">
<figcaption> 使用 hue-rotate 滤镜 </figcaption>
</figure>
```

在浏览器中打开示例页面，页面显示效果如图 25-21 所示。

图 25-21　对图片使用 hue-rotate 滤镜

5. invert 滤镜 (颜色翻转滤镜)

该滤镜将图像颜色翻转，样式属性使用一个百分比数值作为参数，用于定义图像颜色的翻转程度，当参数值为 100% 时的作用相当于为一幅照片进行反相处理。

为代码清单 25-10 中第二幅图片改用颜色翻转滤镜，将"灰度滤镜"文字修改为"颜色翻转滤镜"文字，代码如下所示：

```
// 修改滤镜样式代码
figure:nth-child(2){
    filter:invert(100%);
    -webkit-filter: invert(100%);
}
// 修改 figcaption 中的文字
<figure>
<img src="sl.jpg">
<figcaption> 使用颜色翻转滤镜 </figcaption>
</figure>
```

在浏览器中打开示例页面，页面显示效果如图 25-22 所示。

图 25-22　对图片使用颜色翻转滤镜

6. opacity 滤镜（透明度滤镜）

该滤镜为图像产生透明或半透明效果。样式属性使用一个百分比数值或浮点数作为参数，用于定义图像的透明度，当参数值为 100% 时图像为完全不透明，即不对图像进行修改。当参数值越小时透明度越高，这当然意味着被使用滤镜的元素叠放在其他元素上时其他元素将变得越来越清晰。当参数值降为 0 时被使用滤镜的元素变为完全透明（即完全消失），但仍可捕捉到该元素的诸如被鼠标单击等事件。因此，该滤镜的作用与 opacity 样式属性的作用相同。但是 opacity 属性不具有硬件加速特性，而在某些浏览器中当使用 opacity 滤镜时将利用硬件加速特性，因而拥有更高的页面性能。

为代码清单 25-10 中第二幅图片改用透明度滤镜，将"灰度滤镜"文字修改为"透明度滤镜"文字，代码如下所示：

```
// 修改滤镜样式代码
figure:nth-child(2){
    filter:opacity(50%);
    -webkit-filter:opacity(50%);
}
// 修改 figcaption 中的文字
<figure>
<img src="sl.jpg">
<figcaption> 使用透明度滤镜 </figcaption>
</figure>
```

在浏览器中打开示例页面，页面中第二幅图片呈现半透明效果，如图 25-23 所示。

图 25-23　对图片使用透明度滤镜

7. contrast 滤镜（对比度滤镜）

就像控制电视机上的亮度一样，该滤镜可以在全黑与原图像亮度之间调整图像的对比度。样式属性使用一个百分比数值或浮点数作为参数，用于定义图像的对比度，当参数值为 0% 时图像为全黑效果，当参数值在 0% 增长到 100% 的过程中，图像对比度将变得越来越强，当参数值为 100% 时图像对比度变为原图像对比度。该参数值可以大于 100%，当参数值为 200% 时图像对比度为原图像对比度的 2 倍。

为代码清单 25-10 中第二幅图片改用对比度滤镜，将"灰度滤镜"文字修改为"对比度滤镜"文字，代码如下所示：

```
// 修改滤镜样式代码
figure:nth-child(2){
    filter:contrast(200%);
    -webkit-filter:contrast(200%);
}
// 修改 figcaption 中的文字
<figure>
<img src="sl.jpg">
<figcaption> 使用对比度滤镜 </figcaption>
</figure>
```

在浏览器中打开示例页面，页面中第二幅图片对比度被大幅度增强，如图 25-24 所示。

8. blur 滤镜（模糊滤镜）

该滤镜的作用类似于在图像上添加一层玻璃遮罩，使图像具有一种烟雾效果。样式属性使用一个带有像素值单位的整数值，用于指定图像的模糊度。参数值为 0 时图像不发生变化。

图 25-24　对图片使用对比度滤镜

为代码清单 25-10 中第二幅图片改用模糊滤镜，将"灰度滤镜"文字修改为"模糊滤镜"
文字，代码如下所示：

```
// 修改滤镜样式代码
figure:nth-child(2){
    filter:blur(2px);
    -webkit-filter:blur(2px);
}
// 修改 figcaption 中的文字
<figure>
<img src="sl.jpg">
<figcaption> 使用模糊滤镜 </figcaption>
</figure>
```

在浏览器中打开示例页面，页面中第二幅图片被模糊化，如图 25-25 所示。

图 25-25　对图片使用模糊滤镜

9. drop-shadow 滤镜 (阴影滤镜)

该滤镜的作用是为图像添加一层阴影效果，就好像太阳照在图像上使其产生一个影子一样。该滤镜为原图像产生一个快照，使其颜色单一化并将之模糊，然后将模糊结果进行偏离，使其看起来就像原图像的一个阴影。样式属性中使用多个可选参数，分别用于指定阴影的横方向偏移距离、纵方向偏移距离、阴影的模糊半径以及阴影的颜色。

为代码清单 25-10 中第二幅图片改用阴影滤镜，将"灰度滤镜"文字修改为"阴影滤镜"文字，代码如下所示：

```
// 修改滤镜样式代码
figure:nth-child(2){
    filter:drop-shadow(4px -4px 6px purple);
    -webkit-filter:drop-shadow(4px -4px 6px purple);
}
// 修改 figcaption 中的文字
<figure>
<img src="sl.jpg">
<figcaption> 使用阴影滤镜 </figcaption>
</figure>
```

在浏览器中打开示例页面，页面中第二幅图片被添加阴影，如图 25-26 所示。

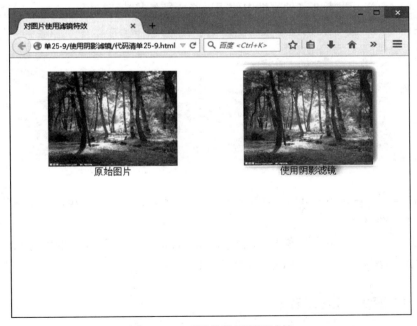

图 25-26　对图片使用阴影滤镜

25.6 CSS 变量

25.6.1 CSS 变量的基本概念

在 CSS 3 中新增 CSS 变量、减少 CSS 样式代码重复、制作例如主题切换等运行时特效方面，CSS 变量可谓一个强大的利器。目前，Chrome 49 以上、Firefox 42 以上、Safari 9.1 以上与 Safari 9.3 以上版本的浏览器均支持 CSS 变量的使用。

在进行一个应用程序的界面设计时，通常首先需要设计一套颜色方案以便让应用程序具有一个统一的外观。不幸的是，目前在样式代码中一遍又一遍地重复书写某些颜色值是一项不可避免的工作。如果在某个时刻需要修改一个颜色，通常需要修改多处代码。

最近许多开发者开始转而使用诸如 SASS 或 LESS 之类的 CSS 预处理器以通过使用预处理变量解决这个问题。虽然这些工具提高了开发者的开发效率，但这些变量也存在一些缺点，因为它们都是静态的，不能在运行时被修改。运行时改变变量值的处理不仅使动态应用程序主题变为可能，也为自适应设计提供了方便。CSS 3 中以 CSS 自定义属性的方式提供了这种能力。

CSS 变量提供了两种新特性：

❑ 开发者可以对样式属性任意指定变量名及其变量值。

❑ var 函数允许开发者在其他属性中使用这些变量名及其变量值。

一个最简单的 CSS 变量的使用代码示例如下所示：

```
<style>
:root {
    --main-color: red;
}

body {
    background-color: var(--main-color);
}
</style>
```

在这段代码中，--main-color 是开发者定义的一个变量，其值为 red。请注意所有的变量名均以两个短划线开始。

var 函数使用一个变量作为参数，此处为 main-color 变量，该变量的值为 red。只要在样式代码中定义了变量，均可以通过 var 函数来获取其变量值。

25.6.2 CSS 变量的定义方法

CSS 变量的定义方法如下所示：

```
--main-color: red;
```

请注意 CSS 变量是大小写敏感的，所以 --main-color 变量与 --Main-Color 变量是两个不同的变量。尽管此处变量值的书写十分简单，但 CSS 变量语法中允许各种对于变量值的定义方法，例如下述代码是一个有效的 CSS 变量定义。

```
--foo: if(x > 5) this.width = 10;
```

虽然作为一个变量来说，这样书写并不十分有用；但是它可以在运行时被浏览器分析成一个 JavaScript 代码，这意味着 CSS 变量为各种有趣的技巧实现提供了可能性，这也是目前 CSS 预处理器做不到的。

25.6.3　CSS 变量的继承

CSS 变量遵循标准继承规则，所以可以在不同级别中定义同一个变量，示例代码如代码清单 25-11 所示。

代码清单 25-11　在不同级别中定义同一个 CSS 变量

```
<!DOCTYPE html PUBLIC "-//W3C//DTD XHTML 1.0 Transitional//EN"
"http://www.w3.org/TR/xhtml1/DTD/xhtml1-transitional.dtd">
<html xmlns="http://www.w3.org/1999/xhtml">
<head>
<meta http-equiv="Content-Type" content="text/html;charset=gb2312" />
<title> 在不同级别中定义同一个 CSS 变量 </title>
<style>
:root { --color: blue; }
div { --color: green; }
#alert { --color: red; }
* { color: var(--color); }
</style>
</head>
<body>
<p> 我继承根元素的蓝色！</p>
<div> 我直接被定义成绿色！</div>
<div id="alert">
    我直接被定义成红色！
    <p> 因为继承，我也是红色！</p>
</div>
</body>
</html>
```

在浏览器中打开示例页面，页面显示效果如图 25-27 所示。

这意味着开发者可以在媒体查询表达式中定义 CSS 变量。例如当屏幕尺寸变大时可以重定义 CSS 变量来扩展 session 元素的外边距，代码如下所示：

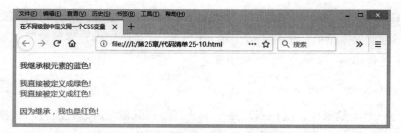

图 25-27　在不同级别中定义同一个 CSS 变量

```
:root {
    --gutter: 4px;
}

section {
    margin: var(--gutter);
}

@media (min-width: 600px) {
    :root {
        --gutter: 16px;
    }
}
```

25.6.4　使用 var 函数

为了获取并使用变量值，开发者需要使用 var 函数，使用方法如下所示：

```
var(custom-var-name [, declaration-value]? )
```

在这段代码中，custom-var-name 代表一个自定义变量名，例如 --color,declaration-value 为一个当变量值无效时使用的替代值，替代值可以为一个逗号分隔的列表，列表将被结合成一个值。例如 var(--font-stack, "Roboto", "Helvetica") 中的替代值为 "Roboto"，"Helvetica"。注意在诸如外边距及内边距等快捷书写中不是逗号分隔，例如为内边距书写替代值的书写方法如下所示：

```
p {
    padding: var(--pad, 10px 15px 20px);
}
```

通过使用替代值，一个模板编写者可以为元素书写如代码清单 25-12 所示的代码：

代码清单 25-12　为元素样式代码使用替代值

```
<!DOCTYPE html>
<html>
<head>
```

```
    <meta charset="UTF-8">
    <title> 为元素样式代码使用替代值 </title>
<style>
.component {
        --text-color: red;
        /* header-color 未设置，还是蓝色，替代值 */
}
</style>
</head>
<body>
<div id="container"></div>
<template id="template">
    <style>
        .component .header {
            color: var(--header-color, blue);
        }
        .component .text {
            color: var(--text-color, black);
        }
    </style>
    <div class="component">
        <h1 class="header"> 标题 </h1>
        <p class="text"> 正文 </p>
    </div>
</template>
</body>
<script>
let content = document.getElementById('template').content;
document.getElementById('container').appendChild(content.cloneNode(true));
</script>
</html>
```

在使用 Shadow DOM 编写 Web 组件时这个技巧将变得非常有用，因为 CSS 变量可以跨越 Shadow 边界。一个 Web 组件编写者可以使用替代值创建初始样式，然后使用 CSS 变量扩展主题，代码如代码清单 25-13 所示。

代码清单 25-13　在外部页面中为 Web 组件中的元素指定样式

```
<!DOCTYPE html>
<html>
<head>
<title> 在外部页面中为 Web 组件中的元素指定样式 </title>
<style>
x-foo-shadowdom {
    --text-background: yellow;
}
</style>
</head>
<body>
```

```
<x-foo-shadowdom>
    <p><b> 用户的 </b> 自定义文字 </p>
</x-foo-shadowdom>
<template id="x-foo-from-template">
    <style>
    p { background-color: var(--text-background, blue);}
    </style>
    <p>
        由于外部页面中的样式定义，元素的背景色将为黄色，否则为蓝色。
    </p>
</template>
</body>
<script>
window.customElements.define('x-foo-shadowdom', class extends HTMLElement
{
    constructor() {
        super(); // 在构造函数中总是先调用 super()
        // 为元素附加一个影子根
        let shadowRoot = this.attachShadow({mode: 'open'});
        let t = document.getElementById('x-foo-from-template');
        let instance = t.content.cloneNode(true);
        shadowRoot.appendChild(instance);
    }
});
</script>
</html>
```

在使用 var 函数时，有几处注意事项：var 函数不能用于样式属性名中，例如下述代码并不能等同于 margin-top: 20px：

```
.foo {
    --side: margin-top;
    var(--side): 20px;
}
```

同样地，不能将变量值作为样式属性值的一部分，例如下述代码并不等同于 margin-top: 20px：

```
.foo {
    --gap: 20;
    margin-top: var(--gap)px;
}
```

在 CSS 3 中，可以用 calc 函数来计算 CSS 样式属性值。许多现代浏览器都对该函数提供了支持，可以结合该函数与 CSS 变量计算样式属性值，代码如下所示：

```
.foo {
    --gap: 20;
    margin-top: calc(var(--gap) * 1px);
}
```

25.6.5　在 JavaScript 脚本代码中使用 CSS 变量

为了在运行时获取 CSS 变量值，可以使用计算后的 CSSStyleDeclaration 对象的 getProperty-Value 方法，使用示例代码如代码清单 25-14 所示。

代码清单 25-14　获取 CSS 变量值

```
<!DOCTYPE html>
<html>
<head>
<title>获取 CSS 变量值</title>
<style>
:root {
    --primary-color: red;
}

p {
    color: var(--primary-color);
}
</style>
</head>
<body>
<p>我是一段红色文字!</p>
</body>
<script>
var styles = getComputedStyle(document.documentElement);
var value = String(styles.getPropertyValue('--primary-color')).trim();
alert(value);
</script>
</html>
```

在浏览器中打开示例页面，浏览器中弹出提示信息，内容为 primary-color 变量值 red，如图 25-28 所示。

图 25-28　浏览器中弹出 primary-color 变量值 red

同样地，为了在运行时设置变量值，需要使用计算后的 CSSStyleDeclaration 对象的 setPropertyValue 方法，代码如下所示：

```
document.documentElement.style.setProperty('--primary-color', 'green');
```

也可以通过使用 var 函数在运行时调用 setProperty 函数将变量值设置为另一个变量值，代码如下所示：

```
/* CSS 样式代码 */
:root {
    --primary-color: red;
    --secondary-color: blue;
}
/* JavaScript 脚本代码 */
document.documentElement.style.setProperty('--primary-color',
'var(--secondary-color)');
```

第 26 章　*Chapter 26*

综合实例

本章是全书的结尾部分，主要是想通过两个综合实例来帮助读者更好地理解全书的内容，帮助读者从总体上掌握应该如何综合运用 HTML 5 以及 CSS 3 来创建一个具有现代风格的 Web 网站和 Web 应用程序。

学习内容：

❑ 如何使用"HTML 5+CSS 3+ 本地数据库"来构建一个现代 Web 应用程序。

26.1　实例概述

本章介绍的示例页面是在 Web 应用程序中经常会使用的信息输入页面，该页面分为上下两部分，在页面的上半部分的表单中输入信息，点击表单中的"保存"按钮后在下半部分的一览表中显示所有信息，包括刚才输入的这条信息。

首先，我们来看一下该页面在浏览器中的页面显示结果。为了能够同时讲解 HTML 5 对本地数据库进行操作的功能，本示例中将数据全部保存在本地 IndexedDB 数据库中。对 HTML 5 时代的 Web 应用程序的 Demo 版来说，这也将是一个不错的选择。现在很多 Demo 版的 Web 应用程序都是使用直接将数据写死在页面中的办法来演示对数据的操作流程。如果使用本地数据库，Demo 版中的数据将会更加具有实时特征。该页面在 Chrome 浏览器中的运行结果如图 26-1 所示。

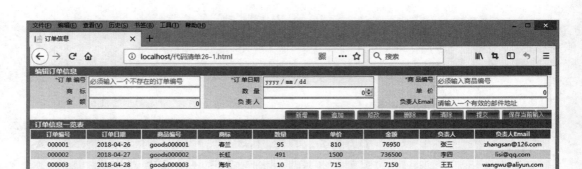

图 26-1 订单信息输入页面

26.2 HTML 5 页面代码分析

首先，我们来详细分析该示例页面的 HTML 5 页面代码，该页面为某个公司在输入订单信息时使用的订单信息输入页面，该页面中的所有控件在页面打开时的状态及其功能描述如表 26-1 所示（暂不涉及 CSS 样式部分和 JavaScript 脚本代码部分）。

表 26-1 示例页面中的所有控件及其功能描述

控件名称	显示文字	控件使用元素	最大输入位数	备 注
编辑订单信息文字	编辑订单信息	页面文字		
订单编号文字	* 订单编号	页面文字		
订单编号文本框		Input，type=text	8	
订单日期文字	* 订单日期	页面文字		
订单日期文本框		Input，type=date		
商品编号文字	* 商品编号	页面文字		
商品编号文本框		Input，type=text	12	
商标文字	商标	页面文字		
商标文本框		Input，type=text	50	
数量文字	数量	页面文字		
数量文本框		Input，type=number	6	
单价文字	单价	页面文字		
单价文本框		Input，type=text	6	
金额文字	金额	页面文字		
金额文本框		Input，type=text		只读
负责人文字	负责人	页面文字		
负责人文本框		Input，type=text	20	
负责人 Email 文字	负责人 Email	页面文字		
负责人 Email 文本框		Input，type=email	20	
新增按钮	新增	Input，type=button		

（续）

控件名称	显示文字	控件使用元素	最大输入位数	备　注
追加按钮	追加	Input，type=button		
修改按钮	修改	Input，type=button		页面打开时为无效状态
删除按钮	删除	Input，type=button		页面打开时为无效状态
清除按钮	清除	Input，type=button		
订单信息一览表文字	订单信息一览表	页面文字		
订单信息一览表		table		
订单编号列标题	订单编号	th		
订单日期列标题	订单日期	th		
商品编号列标题	商品编号	th		
商标列标题	商标	th		
数量列标题	数量	th		
单价列标题	单价	th		
金额列标题	金额	th		
负责人列标题	负责人	th		
负责人 Email 列标题	负责人 Email	th		

另外，一览表中各列中展示的订单信息是由 JavaScript 脚本代码生成的，不是写在 HTML 5 页面代码中的，因此没有列举在表 26-1 中。

接下来，我们来看一下该示例页面的 HTML 5 代码，如代码清单 26-1 所示。

代码清单 26-1　订单信息输入页面的 HTML 5 代码

```
<!DOCTYPE html>
<html>
<head>
<meta charset="gb2312">
<title>
订单信息
</title>
<link href="mainstyle.css" rel="stylesheet" type="text/css" />
<script src="script.js" type="text/javascript"></script>
</head>
<body onload="window_onload()">
<section>
<header id="div_head_title_big">
<h1>编辑订单信息 </h1>
</header>
<form id="form1" >
<ul>
    <li>
        <ul>
        <li id="title_1"><span>*</span><label for="tbxCode">
        订   单   编号
```

```
    </label></li>
    <li id="content_1"><input type="text" id="tbxCode" name="tbxCode"
    maxlength="8"  placeholder=" 必须输入一个不存在的订单编号 " autofocus
    required /></li>
    <li id="title_2"><span>*</span><label for="tbxDate"> 订   单日期
    </label></li>
    <li id="content_2"><input type="date" id="tbxDate" name="tbxDate"
    maxlength="10"  required/></li>
    <li id="title_3"><span>*</span><label for="tbxGoodsCode">
    商   品编号
    </label></li>
    <li id="content_3"><input type="text"  id="tbxGoodsCode"
    name="tbxGoodsCode" maxlength="12"  placeholder=" 必须输入商品编号 "
    required/></li>
    </ul>
  </li>
  <li>
    <ul>
    <li id="title_4">
    <label for="tbxBrandName"> 商         标
    </label></li>
    <li id="content_4"><input  type="text" id="tbxBrandName"
    name="tbxBrandName"  maxlength="50" /></li>
    <li id="title_5"><label for="tbxNum">
    数       量 </label></li>
    <li id="content_5"><input type="number" id="tbxNum" name="tbxNum"
    maxlength="6" value="0" placeholder=" 必须输入一个整数值 "    required
    onblur="tbxNum_onblur()"  /></li>
    <li id="title_6"><label for="tbxPrice">
    单       价 </label></li>
    <li id="content_6"><input type="text" id="tbxPrice" name="tbxPrice"
    maxlength="6" value="0" placeholder=" 必须输入一个有效的单价 "   required
    onblur="tbxPrice_onblur()"/></li>
    </ul>
  </li>
  <li>
    <ul>
    <li id="title_7"><label for="tbxMoney">
    金         额 </label></li>
    <li id="content_7"><input  type="text" id="tbxMoney"
    name="tbxMoney" readonly="readonly"  value="0" /></li>
    <li id="title_8"><label for="tbxPersonName"> 负   责   人
    </label></li>
    <li id="content_8"><input type="text" id="tbxPersonName"
    name="tbxPersonName" maxlength="20"/></li>
    <li id="title_9"><label for="tbxEmail"> 负责人 Email</label></li>
    <li id="content_9"><input type="email" id="tbxEmail"
    name="tbxEmail" maxlength="20"
    placeholder=" 请输入一个有效的邮件地址 "/></li>
    </ul>
```

```html
        </li>
    </ul>
    <div id="buttonDiv">
        <input type="button" name="btnNew" id="btnNew" value=" 新增 "
        onclick="btnNew_onclick();" />
        <input type="submit" name="btnAdd" id="btnAdd" value=" 追加 "
        formaction="javascript:btnAdd_onclick();"/>
        <input type="submit" name="btnUpdate" id="btnUpdate" value=" 修改 " disabled
        formaction="javascript:btnUpdate_onclick();"/>
        <input type="button" name="btnDelete" id="btnDelete" value=" 删除 " disabled
        onclick="btnDelete_onclick();" />
        <input type="button" name="btnClear" id="btnClear" value=" 清除 "
        onclick="btnClear_onclick();" />
    </div>
    </form>
    <section>
    <section>
    <header id="div_head_title_big">
    <h1> 订单信息一览表 </h1>
    </header>
    <div id="infoTable">
    <table id="datatable">
    <tr>
        <th> 订单编号 </th>
        <th> 订单日期 </th>
        <th> 商品编号 </th>
        <th> 商标 </th>
        <th> 数量 </th>
        <th> 单价 </th>
        <th> 金额 </th>
        <th> 负责人 </th>
        <th> 负责人 Email</th>
    </tr>
    </table>
    </div>
    </section>
    </body>
    </html>
```

26.3　CSS 3 样式代码分析

接下来，我们来看一下该页面所使用的 CSS 3 样式代码，该样式代码中值得特别注意的有以下几点：

❑ 将表单中所有放置页面文字的 td 元素的 id 设定为以 " td_title " 开头的文字，然后使用 CSS 3 中的 [att^=val] 属性选择器统一设定放置页面文字的 td 元素的背景颜色、字体颜色等属性；将表单中所有放置输入控件的 td 元素的 id 设定为以 " td_content " 开头的文字，然后使用 CSS 3 中的 [att^=val] 属性选择器统一设定放置输入控件的 td 元素的宽度和高度、背景颜色、内边距等属性，代码如下所示：

```
li[id^=title]{
    font-size: 12px;
    color: #333333;
    background-color:#E6E6E6;
    text-align:right;
    padding-right:5px;
}
li[id^=content]{
    height:22;
    background-color:#FAFAFA;
    text-align:left;
    padding-left:2px;
}
```

❑ 使用 CSS 3 中的 read-only 选择器来设定只读控件的背景色为黄色，代码如下所示：

```
input:read-only{
    background-color:yellow;
}
input:-moz-read-only{
    background-color:yellow;
}
```

❑ 使用 nth-child(old) 选择器来指定一览表中除标题行之外的所有奇数行背景色为浅灰色，使用 nth-child(even) 选择器来指定一览表中所有偶数行背景色为白色，代码如下所示：

```
div#infoTable  table tr:nth-child(odd){
    background-color:#E6E6E6;
    color: #333333;
}
div#infoTable  table tr:nth-child(even){
    background-color:#fafafa;
    color: black;
}
div#infoTable  table tr:nth-child(1){
    background-color:#7088AD;
    color: #FFFFFF;
}
```

❑ 使用网格布局来对表单进行布局，代码如下所示：

```
ul{
    width:100%;
    display: grid;
    grid-template-columns:repeat(3,1fr 2fr);
```

```
        margin:0px;
        padding:0px;
    }
```

该页面所使用的 CSS3 样式代码如代码清单 26-2 所示。

代码清单 26-2　订单信息输入页面所使用的 CSS3 样式代码

```
body {
    margin-left: 0px;
    margin-top: 0px;
}
ul{
    width:100%;
    display: grid;
    grid-template-columns:repeat(3,1fr 2fr);
    margin:0px;
    padding:0px;
}
li{
    list-style:none;
}
h1{
    font-size: 14px;
    font-weight: bold;
    color:white;
    background-color:#7088AD;
    text-align:left;
    padding-left:10px;
    display:block;
    width:99%;
    margin:0px;
}
li[id^=title]{
    font-size: 12px;
    color: #333333;
    background-color:#E6E6E6;
    text-align:right;
    padding-right:5px;
}
li[id^=content]{
    height:22;
    background-color:#FAFAFA;
    text-align:left;
    padding-left:2px;
}
span{
    color: #ff0000;
}
input{
    width: 95%;
```

```
    border-top-style: solid;
    border-right-style: solid;
    border-bottom-style: solid;
    border-left-style: solid;
    border-top-color: #426C7C;
    border-right-color: #CCCCCC;
    border-bottom-color: #CCCCCC;
    border-left-color: #426C7C;
    border:1px solid #0066cc;
    height: 18px;
}
input:read-only{
    background-color:yellow;
}
input:-moz-read-only{
    background-color:yellow;
}
input#tbxCount{
    text-align:right;
}
input#tbxPrice{
    text-align:right;
}
input#tbxMoney{
    text-align:right;
}
div{
    text-align:right;
}
div#buttonDiv{
    width:100%;
}
input[type="button"],input[type="submit"]{
    font-size: 12px;
    width: 68px;
    height: 20px;
    cursor: hand;
    border:none;
    font-family: 宋体 ;
    background-image:  url(images/but_bg.gif);
    color: white;
}
input[type="button"]#btnSaveCurrent{
    width:100px;
}
div#infoTable{
    overflow:auto;
    width:100%;
    height:100%;
}
div#infoTable table{
```

```
        width:100%;
        background-color:white;
        cellpadding:1;
        cellspacing:1;
        font-size: 12px;
        text-align: center;
    }
    div#infoTable  table th{
        height:22;
        background-color:#7088AD;
        color: #FFFFFF;
        width:8%;
    }
    div#infoTable  table tr{
        height:30;
    }
    div#infoTable  table tr:nth-child(odd){
        background-color:#E6E6E6;
        color: #333333;
    }
    div#infoTable  table tr:nth-child(even){
        background-color:#fafafa;
        color: black;
    }
    div#infoTable  table tr:nth-child(1){
        background-color:#7088AD;
        color: #FFFFFF;
    }
```

26.4 JavaScript 脚本代码分析

最后，我们来看一下示例页面中的 JavaScript 脚本代码，该页面的 JavaScript 脚本代码中的所有函数说明如表 26-2 所示。

表 26-2 订单信息输入页面的 JavaScript 脚本代码中的所有函数说明

函　　数	函数调用条件	函数实现功能
window_onload()	打开网页时调用	• 判断存放订单信息的 orders 对象仓库是否存在，如果不存在则创建该数据表或对象仓库 • 调用 showAllData 函数在一览表中显示全部订单信息
tbxNum_onblur()	数量文本框失去光标焦点时调用	• 如果数量文本框中内容不为数字，则将其内容设定为 0 • 如果数量文本框中数字不为整数，则将其内容设定为 0 • 如果数量文本框中数字为整数，则将金额文本框中内容设定为数量乘以单价
tbxPrice_onblur()	单价文本框失去光标焦点时调用	• 如果单价文本框中内容不为数字，则将其内容设定为 0 • 如果单价文本框中内容为数字，则将金额文本框中内容设定为数量乘以单价

（续）

函　　数	函数调用条件	函数实现功能
btnAdd_onclick()	点击"追加"按钮时调用	• 将输入的订单信息追加到本地数据库中，如果追加失败则弹出窗口显示错误信息。如果追加成功则调用 showAllData 函数重新显示所有订单信息 • 追加数据成功后调用 btnNew_onclick() 函数清除表单中所有输入的订单信息，取消订单编号文本框只读属性，将追加按钮设为有效状态，修改和删除按钮设定为无效状态
btnUpdate_onclick()	点击"修改"按钮时调用	• 将当前订单编号所对应的订单信息修改为页面上当前用户输入的订单信息，如果修改失败则弹出窗口显示错误信息；如果修改成功则调用 showAllData 函数重新显示所有订单信息
btnDelete_onclick()	点击"删除"按钮时调用	• 将当前订单编号所对应的订单信息从本地数据库中删除，如果删除失败则弹出窗口显示错误信息。如果删除成功则调用 showAllData 函数重新显示所有订单信息 • 数据删除成功后调用 btnNew_onclick() 函数清除表单中所有输入的订单信息，将订单编号文本框取消只读属性，将"追加"按钮设为有效状态，"修改"和"删除"按钮设定为无效状态
btnNew_onclick()	点击"新增"按钮时调用	清除表单中所有输入的订单信息，将订单编号文本框取消只读属性，将"追加"按钮设为有效状态，"修改"和"删除"按钮设定为无效状态
btnClear_onclick()	点击"清除"按钮时调用	• 如果用户正在新增订单信息，则清除订单编号文本框中内容 • 清除表单中其他控件内容 • 设定数量文本框、单价文本框、金额文本框中内容为 0
function tr_onclick (tr，i)	点击一览表中除标题行之外的其他行时调用	• 将用户点击行的订单信息填入表单各控件中 • 设定"追加"按钮为无效状态，"修改"和"新增"按钮为有效状态 　tr 表示被点击的一行数据，i 表示该行行号
showAllData (load-Page)	（内部函数，供其他函数调用）	• 从本地数据库中查询出所有订单信息。如果查询失败则弹出窗口显示错误信息 • 如果该函数不是在页面打开时被调用的，则调用 removeAllData 函数清除一览表中所有数据 • 调用 showData 函数显示所有查询出来的订单信息 • Loadpage 参数代表该函数是否在页面打开时被调用，参数值为 true 表示该函数在页面打开时被调用，参数值为 false 表示该函数在追加、修改或删除订单信息时被调用
removeAllData()	（内部函数，供其他函数调用）	清除一览表中所有数据
showData（row，i）		将从本地数据库中查出的一行数据显示在一览表中。row 代表一行查询到的数据，i 代表该行行号

接下来剖析示例页面中的 JavaScript 脚本代码。

26.4.1　保存与读取本地数据库中数据

　　页面打开时判断存放订单信息的 orders 对象仓库是否存在，如果不存在则创建该数据表或对象仓库。本地数据库连接成功后使用 orders 对象仓库的 count 方法判断 orders 对象仓库中是否存在数据，如果存在则调用 showAllData 函数在一览表中显示全部订单信息。

代码如下所示：

```javascript
window.indexedDB = window.indexedDB || window.webkitIndexedDB ||
window.mozIndexedDB || window.msIndexedDB;
window.IDBTransaction = window.IDBTransaction || window.webkitIDBTransaction
|| window.msIDBTransaction;
window.IDBKeyRange = window.IDBKeyRange|| window.webkitIDBKeyRange ||
window.msIDBKeyRange;
window.IDBCursor = window.IDBCursor || window.webkitIDBCursor ||
window.msIDBCursor;
const dbName = 'MyData'; // 数据库名
const dbVersion = 20150504; // 版本号
let idb,datatable;
function window_onload(){
    datatable=document.getElementById("datatable");
    let dbConnect = indexedDB.open(dbName, dbVersion); // 连接数据库

    dbConnect.onsuccess = function(e){// 连接成功
        idb = e.target.result; // 获取数据库
        alert(' 数据库连接成功 ');
        let tx = idb.transaction(['orders'],"readonly");
        let store = tx.objectStore('orders');
        let req = store.count();
        req.onsuccess = function(){
            if(this.result==0) readDataFromServer();// （稍后剖析）
            else showAllData(true);
        }

    };
    dbConnect.onerror = function(){
        alert(' 数据库连接失败 ');
    };
    dbConnect.onupgradeneeded = function(e){
        idb = e.target.result;
        if(!idb.objectStoreNames.contains('orders'))
        {
            let tx = e.target.transaction;
            tx.oncomplete = function(){
                showAllData(true);
            }
            tx.onabort = function(e){
                alert(' 对象仓库创建失败 ');
            };
            let name = 'orders';
            let optionalParameters = {
                keyPath: 'id',
                autoIncrement: true
            };
            let store = idb.createObjectStore(name,  optionalParameters);
            alert(' 对象仓库创建成功 ');
```

```
                    name = 'codeIndex';
                    let keyPath = 'code';
                    optionalParameters = {
                        unique: true,
                        multiEntry: false
                    };
                    let idx = store.createIndex(name, keyPath, optionalParameters);
                    alert('索引创建成功');
                }
            };
            // 以下代码稍后剖析
            if(localStorage.currentData){
                readFormLocalStorage(JSON.parse(localStorage.currentData));
            }
        }
```

showAllData 函数使用一个布尔类型的参数 loadPage，用于判断函数是否在页面打开时调用。如果不是则在用户单击"追加"按钮、"修改"按钮或"删除"按钮时调用，首先调用 removeAllData 函数从页面一览表中移除所有数据。

然后针对 orders 对象仓库开启一个只读事务，调用对象仓库的 getAll 方法读取对象仓库中的所有订单信息，对读取到的所有订单信息进行遍历，调用 showData 函数将每一条订单信息显示在一览表中，代码如下所示：

```
function showAllData(loadPage)
{
    if(!loadPage)
        removeAllData();
    let tx = idb.transaction(['orders'],"readonly"); // 开启事务
    let store = tx.objectStore('orders');
    let req = store.getAll();
    let i=0;
    req.onsuccess = function(){
        let goods = this.result;
        for(let good of goods){
            i+=1;
            showData(good,i);
        }
    }
    req.onerror = function(){
        alert('检索数据失败');
    }
}
function removeAllData()
{
    for (let i =datatable.childNodes.length-1; i>1; i--)
        datatable.removeChild(datatable.childNodes[i]);
}
function showData(row,i)
```

```
{
    let tr = document.createElement('tr');
    tr.setAttribute("onclick","tr_onclick(this,"+i+")");
    let td1 = document.createElement('td');
    td1.innerHTML = row.code;
    let td2 = document.createElement('td');
    td2.innerHTML = row.date;
    let td3 = document.createElement('td');
    td3.innerHTML = row.goodsCode;
    let td4 = document.createElement('td');
    td4.innerHTML = row.brand;
    let td5 = document.createElement('td');
    td5.innerHTML = row.count;
    let td6 = document.createElement('td');
    td6.innerHTML = row.price;
    let td7 = document.createElement('td');
    td7.innerHTML = parseInt(row.count)*parseFloat(row.price);
    let td8 = document.createElement('td');
    td8.innerHTML = row.person;
    let td9= document.createElement('td');
    td9.innerHTML = row.email;
    tr.appendChild(td1);
    tr.appendChild(td2);
    tr.appendChild(td3);
    tr.appendChild(td4);
    tr.appendChild(td5);
    tr.appendChild(td6);
    tr.appendChild(td7);
    tr.appendChild(td8);
    tr.appendChild(td9);
    datatable.appendChild(tr);
}
```

用户单击"追加"按钮时调用 btnAdd_onclick 函数，在该函数中将用户输入表单信息保存在 data 对象中，针对 orders 对象仓库开启一个读写事务，调用对象仓库的 codeIndex（订单编号）索引的 count 方法判断对象仓库中订单编号等于用户输入订单编号的数据条数，如果数据条数大于 0 则表示用户输入订单编号已存在于对象仓库中，浏览器中弹出错误提示信息"输入的订单编号在数据库中已存在！"，如果用户输入订单编号尚未存在，则调用对象仓库的 put 方法在对象仓库中追加该数据，追加成功后调用 showAllData 函数在一览表中重新显示全部订单信息，代码如下所示：

```
function btnAdd_onclick()
{
    let data=new Object();
    data.code=document.getElementById("tbxCode").value;
    data.date=document.getElementById("tbxDate").value;
    data.goodsCode=document.getElementById("tbxGoodsCode").value;
```

```
data.brand=document.getElementById("tbxBrand").value;
data.count=document.getElementById("tbxCount").value;
data.price=document.getElementById("tbxPrice").value;
data.person=document.getElementById("tbxPerson").value;
data.email=document.getElementById("tbxEmail").value;
let tx = idb.transaction(['orders'],"readwrite");
let chkErrorMsg="";
tx.oncomplete = function(){
    if(chkErrorMsg!="")
        alert(chkErrorMsg);
    else{
        alert(' 追加数据成功 ');
        showAllData(false);
        btnNew_onclick();
    }
}
tx.onabort = function(){alert(' 追加数据失败 '); }
let store = tx.objectStore('orders');
let idx = store.index('codeIndex');
let req = idx.count(data.code);
req.onsuccess = function(){
    let count = this.result;
    if(count>0){
        chkErrorMsg=" 输入的订单编号在数据库中已存在 !";
    }
    else{
        store.put(data);
    }
}
req.onerror = function(){
    alert(' 追加数据失败 ');
}
}
```

用户单击“修改”按钮时调用 btnUpdate_onclick 函数，在该函数中将用户输入表单信息保存在 data 对象中，针对 orders 对象仓库开启一个读写事务，调用对象仓库的 codeIndex（订单编号）索引的 openCursor 方法开启一个用于搜索对象仓库中订单编号等于用户输入订单编号的数据的游标，然后调用游标对象的 update 方法在对象仓库中修改该数据，修改成功后调用 showAllData 函数在一览表中重新显示全部订单信息，代码如下所示：

```
function btnUpdate_onclick()

{
    let data=new Object();
    data.code=document.getElementById("tbxCode").value;
    data.date=document.getElementById("tbxDate").value;
    data.goodsCode=document.getElementById("tbxGoodsCode").value;
    data.brand=document.getElementById("tbxBrand").value;
    data.count=document.getElementById("tbxCount").value;
```

```
        data.price=document.getElementById("tbxPrice").value;
        data.person=document.getElementById("tbxPerson").value;
        data.email=document.getElementById("tbxEmail").value;
        let tx = idb.transaction(['orders'],"readwrite");
        tx.oncomplete = function(){
            alert(' 修改数据成功 ');
            showAllData(false);
        }
        tx.onabort = function(){alert(' 修改数据失败 '); }
        let store = tx.objectStore('orders');
        let idx = store.index('codeIndex');
        let range = IDBKeyRange.only(data.code);
        const direction ="next";
        let req = idx.openCursor(range, direction);
        req.onsuccess = function(){
            let cursor = this.result;
            if(cursor){
                data.id=cursor.value.id;
                cursor.update(data);
            }
        }
        req.onerror = function(){
            alert(' 修改数据失败 ');
        }
    }
```

用户单击"删除"按钮时调用 btnDelete_onclick 函数，在该函数中将用户输入表单信息保存在 data 对象中，针对 orders 对象仓库开启一个读写事务，调用对象仓库的 codeIndex（订单编号）索引的 openCursor 方法开启一个用于搜索对象仓库中订单编号等于用户输入订单编号的数据的游标，然后调用游标对象的 delete 方法在对象仓库中删除该数据，删除成功后调用 showAllData 函数在一览表中重新显示全部订单信息，代码如下所示：

```
function btnDelete_onclick()
{
    let tx = idb.transaction(['orders'],"readwrite");
    tx.oncomplete = function(){
        alert(' 删除数据成功 ');
        showAllData(false);
        btnNew_onclick();
    }
    tx.onabort = function(){alert(' 删除数据失败 '); }
    let store = tx.objectStore('orders');
    let idx = store.index('codeIndex');
    let range = IDBKeyRange.only(document.getElementById("tbxCode").value);
    const direction = "next";
    let req = idx.openCursor(range, direction);
    req.onsuccess = function(){
        let cursor = this.result;
        if(cursor){
```

```
                    cursor.delete();
                }
            }
            req.onerror = function(){
                alert(' 删除数据失败 ');
            }
    }
```

26.4.2　使用 Fetch API 读取服务器端数据及提交数据到服务器端

页面打开时判断存放订单信息的 orders 对象仓库是否存在，如果不存在则创建该数据表或对象仓库。本地数据库连接成功后使用 orders 对象仓库的 count 方法判断 orders 对象仓库中是否存在数据，如果不存在则调用 readDataFromServer 函数从服务器端 goods.json 文件中读取多条订单数据，读取成功后针对 orders 对象仓库开启一个读写事务，对读取到的所有订单数据进行遍历并调用对象仓库的 put 方法将订单信息全部保存到 orders 对象仓库中，数据全部保存成功后调用 showAllData 函数在一览表中显示全部订单信息，代码如下所示：

```
function window_onload(){
    datatable=document.getElementById("datatable");
    let dbConnect = indexedDB.open(dbName, dbVersion);          // 连接数据库

    dbConnect.onsuccess = function(e){                          // 连接成功
        idb = e.target.result;                                  // 获取数据库
        alert(' 数据库连接成功 ');
        let tx = idb.transaction(['orders'],"readonly");
        let store = tx.objectStore('orders');
        let req = store.count();
        req.onsuccess = function(){
            if(this.result==0) readDataFromServer();
            else showAllData(true);
        }

    };
    // 其他代码略
}
function readDataFromServer(){
    fetch("/goods.json")
    .then(
        function(response){
            if(response.status!=200){
                alert(" 读取商品信息时发生网络错误 ");
                return;
            }
            response.json().then(function(data){
                let tx = idb.transaction(['orders'],"readwrite");
                tx.onabort = function(){alert(' 追加数据失败 '); }
                tx.oncomplete= function(e){showAllData(true); };
                let store = tx.objectStore('orders');
```

```
            for(let c of data){
                store.put(c);
            }
        });
    })
    .catch(function(err){
        alert("读取商品信息时发生网络错误:"+err.message);
    });
}
```

用户单击"保存当前输入"按钮时将本地数据库中 orders 对象仓库中的数据全部提交到服务器端,在本例中使用 PHP 服务器端脚本语言,在服务器端只是将提交数据保存到一个数组中,然后将该数组使用 JSON 序列化后返回到客户端,以展示客户端多条数据可通过 Fetch API 提交到服务器端,在服务器端进行的保存数据库等处理由用户根据服务器端脚本语言及数据库自行编写。客户端得到服务器端返回所有数据后将数据显示在浏览器控制台中,如图 26-2 所示。

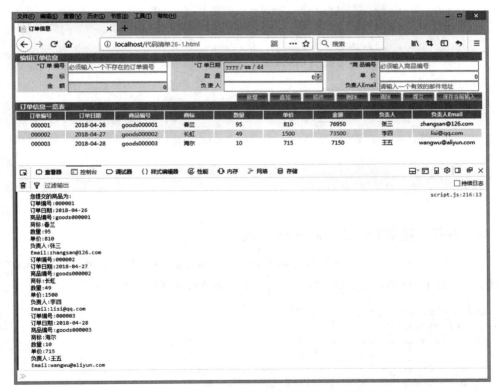

图 26-2 控制台中显示客户端提交所有订单信息

代码如下所示:

```
function btnSubmit_onclick(){
    let tx = idb.transaction(['orders'],"readonly"); // 开启事务
    let store = tx.objectStore('orders');
    let req = store.getAll();
    req.onsuccess = function(){
        let goods = this.result;
        fetch('/test.php', {
            method:"post",
            headers: {
                'Content-Type': 'application/json'
            },
            body:JSON.stringify(goods)
        })
        .then(response => response.json())
        .catch(error => console.error('Error:', error))
        .then(response =>{
            let str=" 您提交的商品为 :\n";
            for(let good of response){
                str+=" 订单编号 :"+good.code+"\n";
                str+=" 订单日期 :"+good.date+"\n";
                str+=" 商品编号 :"+good.goodsCode+"\n";
                str+=" 商标 :"+good.brand+"\n";
                str+=" 数量 :"+good.count+"\n";
                str+=" 单价 :"+good.price+"\n";
                str+=" 负责人 :"+good.person+"\n";
                str+="Email:"+good.email+"\n";
            }
            console.log(str);
        });
    }
    req.onerror = function(){
        alert(' 检索数据失败 ');
    }
}
```

26.4.3 保存与读取 LocalStorage 中数据

用户单击"保存当前输入"按钮时调用 btnSaveCurrent_onclick 函数将用户当前输入所有表单信息保存到 LocalStorage 中，数据键名为 currentData，代码如下所示：

```
function btnSaveCurrent_onclick(){
    let data=new Object();
    data.Code=document.getElementById("tbxCode").value;
    data.Date=document.getElementById("tbxDate").value;
    data.GoodsCode=document.getElementById("tbxGoodsCode").value;
    data.Brand=document.getElementById("tbxBrand").value;
    data.Count=document.getElementById("tbxCount").value;
    data.Price=document.getElementById("tbxPrice").value;
    data.Money=document.getElementById("tbxMoney").value;
    data.Person=document.getElementById("tbxPerson").value;
```

```
        data.Email=document.getElementById("tbxEmail").value;
        localStorage.currentData=JSON.stringify(data);
    }
```

页面打开时判断 LocalStorage 中是否保存了用户输入的表单数据，如果保存则调用 readFormLocalStorage 函数将用户输入的表单数据还原显示在表单中，代码如下所示：

```
function window_onload(){
    // 代码略
    if(localStorage.currentData){
        readFormLocalStorage(JSON.parse(localStorage.currentData));
    }
}
function readFormLocalStorage(data){
    document.getElementById("tbxCode").value=data.Code;
    document.getElementById("tbxDate").value=data.Date;
    document.getElementById("tbxGoodsCode").value=data.GoodsCode;
    document.getElementById("tbxBrand").value=data.Brand;
    document.getElementById("tbxCount").value=data.Count;
    document.getElementById("tbxPrice").value=data.Price;
    document.getElementById("tbxMoney").value=data.Money;
    document.getElementById("tbxPerson").value=data.Person;
    document.getElementById("tbxEmail").value=data.Email;
}
```

26.4.4 页面完整脚本代码

示例页面中的完整 JavaScript 脚本代码如代码清单 26-3 所示。

代码清单 26-3　示例页面中的完整 JavaScript 脚本代码

```
window.indexedDB = window.indexedDB || window.webkitIndexedDB ||
window.mozIndexedDB ||  window.msIndexedDB;
window.IDBTransaction = window.IDBTransaction || window.webkitIDBTransaction
||  window.msIDBTransaction;
window.IDBKeyRange = window.IDBKeyRange|| window.webkitIDBKeyRange ||
window.msIDBKeyRange;
window.IDBCursor = window.IDBCursor || window.webkitIDBCursor ||
window.msIDBCursor;
const dbName = 'MyData';                              // 数据库名
const dbVersion = 20150504;                           // 版本号
let idb,datatable;
function window_onload(){
    datatable=document.getElementById("datatable");
    let dbConnect = indexedDB.open(dbName, dbVersion); // 连接数据库

    dbConnect.onsuccess = function(e){                 // 连接成功
        idb = e.target.result;                         // 获取数据库
        alert(' 数据库连接成功 ');
        let tx = idb.transaction(['orders'],"readonly");
```

```
                let store = tx.objectStore('orders');
                let req = store.count();
                req.onsuccess = function(){
                    if(this.result==0) readDataFromServer();
                    else showAllData(true);
                }

            };
        dbConnect.onerror = function(){
            alert(' 数据库连接失败 ');
        };
        dbConnect.onupgradeneeded = function(e){
            idb = e.target.result;
            if(!idb.objectStoreNames.contains('orders'))
            {
                let tx = e.target.transaction;
                tx.oncomplete = function(){
                    showAllData(true);
                }
                tx.onabort = function(e){
                    alert(' 对象仓库创建失败 ');
                };
                let name = 'orders';
                let optionalParameters = {
                    keyPath: 'id',
                    autoIncrement: true
                };
                let store = idb.createObjectStore(name,  optionalParameters);
                alert(' 对象仓库创建成功 ');
                name =  'codeIndex';
                let keyPath = 'code';
                optionalParameters = {
                    unique: true,
                    multiEntry: false
                };
                let idx = store.createIndex(name, keyPath, optionalParameters);
                alert(' 索引创建成功 ');
            }
        };
        if(localStorage.currentData){
            readFormLocalStorage(JSON.parse(localStorage.currentData));
        }
}
function tbxCountPrice_onblur(elem)
{
    const count=parseInt(document.getElementById("tbxCount").value);
    const price=parseFloat(document.getElementById("tbxPrice").value);
    if (isNaN(count*price))
    {
        elem.value="0";
        document.getElementById("tbxMoney").value="0";
```

```
    }
    else
        document.getElementById("tbxMoney").value=count * price;
}
function btnAdd_onclick()
{
    let data=new Object();
    data.code=document.getElementById("tbxCode").value;
    data.date=document.getElementById("tbxDate").value;
    data.goodsCode=document.getElementById("tbxGoodsCode").value;
    data.brand=document.getElementById("tbxBrand").value;
    data.count=document.getElementById("tbxCount").value;
    data.price=document.getElementById("tbxPrice").value;
    data.person=document.getElementById("tbxPerson").value;
    data.email=document.getElementById("tbxEmail").value;
    let tx = idb.transaction(['orders'],"readwrite");
    let chkErrorMsg="";
    tx.oncomplete = function(){
        if(chkErrorMsg!="")
            alert(chkErrorMsg);
        else{
            alert('追加数据成功');
            showAllData(false);
            btnNew_onclick();
        }
    }
    tx.onabort = function(){alert('追加数据失败'); }
    let store = tx.objectStore('orders');
    let idx = store.index('codeIndex');
    let req = idx.count(data.code);
    req.onsuccess = function(){
        let count = this.result;
        if(count>0){
            chkErrorMsg="输入的订单编号在数据库中已存在！";
        }
        else{
            store.put(data);
        }
    }
    req.onerror = function(){
        alert('追加数据失败');
    }
}
function btnUpdate_onclick()
{
    let data=new Object();
    data.code=document.getElementById("tbxCode").value;
    data.date=document.getElementById("tbxDate").value;
    data.goodsCode=document.getElementById("tbxGoodsCode").value;
    data.brand=document.getElementById("tbxBrand").value;
    data.count=document.getElementById("tbxCount").value;
```

```
            data.price=document.getElementById("tbxPrice").value;
            data.person=document.getElementById("tbxPerson").value;
            data.email=document.getElementById("tbxEmail").value;
            let tx = idb.transaction(['orders'],"readwrite");
            tx.oncomplete = function(){
                alert('修改数据成功');
                showAllData(false);
            }
            tx.onabort = function(){alert('修改数据失败'); }
            let store = tx.objectStore('orders');
            let idx = store.index('codeIndex');
            let range = IDBKeyRange.only(data.code);
            const direction ="next";
            let req = idx.openCursor(range, direction);
            req.onsuccess = function(){
                let cursor = this.result;
                if(cursor){
                    data.id=cursor.value.id;
                    cursor.update(data);
                }
            }
            req.onerror = function(){
                alert('修改数据失败');
            }
        }
        function btnDelete_onclick()
        {
            let tx = idb.transaction(['orders'],"readwrite");
            tx.oncomplete = function(){
                alert('删除数据成功');
                showAllData(false);
                btnNew_onclick();
            }
            tx.onabort = function(){alert('删除数据失败'); }
            let store = tx.objectStore('orders');
            let idx = store.index('codeIndex');
            let range = IDBKeyRange.only(document.getElementById("tbxCode").value);
            const direction = "next";
            let req = idx.openCursor(range, direction);
            req.onsuccess = function(){
                let cursor = this.result;
                if(cursor){
                    cursor.delete();
                }
            }
            req.onerror = function(){
                alert('删除数据失败');
            }
        }
        function btnNew_onclick()
        {
```

```
        document.getElementById("form1").reset();
        document.getElementById("tbxCode").removeAttribute("readonly");
        document.getElementById("btnAdd").disabled="";
        document.getElementById("btnUpdate").disabled="disabled";
        document.getElementById("btnDelete").disabled="disabled";
}
function btnClear_onclick()
{
        document.getElementById("tbxDate").value="";
        document.getElementById("tbxGoodsCode").value="";
        document.getElementById("tbxBrand").value="";
        document.getElementById("tbxCount").value="0";
        document.getElementById("tbxPrice").value="0";
        document.getElementById("tbxMoney").value="0";
        document.getElementById("tbxPerson").value="";
        document.getElementById("tbxEmail").value="";
}
function btnSubmit_onclick(){
        let tx = idb.transaction(['orders'],"readonly"); // 开启事务
        let store = tx.objectStore('orders');
        let req = store.getAll();
        req.onsuccess = function(){
            let goods = this.result;
            fetch('/test.php', {
                method:"post",
                headers: {
                    'Content-Type': 'application/json'
                },
                body:JSON.stringify(goods)
            })
            .then(response => response.json())
            .catch(error => console.error('Error:', error))
            .then(response =>{
                let str=" 您提交的商品为 :\n";
                for(let good of response){
                    str+=" 订单编号 :"+good.code+"\n";
                    str+=" 订单日期 :"+good.date+"\n";
                    str+=" 商品编号 :"+good.goodsCode+"\n";
                    str+=" 商标 :"+good.brand+"\n";
                    str+=" 数量 :"+good.count+"\n";
                    str+=" 单价 :"+good.price+"\n";
                    str+=" 负责人 :"+good.person+"\n";
                    str+="Email:"+good.email+"\n";
                }
                console.log(str);
            });
        }
        req.onerror = function(){
            alert(' 检索数据失败 ');
        }
```

```
    }
    function btnSaveCurrent_onclick(){
        let data=new Object();
        data.Code=document.getElementById("tbxCode").value;
        data.Date=document.getElementById("tbxDate").value;
        data.GoodsCode=document.getElementById("tbxGoodsCode").value;
        data.Brand=document.getElementById("tbxBrand").value;
        data.Count=document.getElementById("tbxCount").value;
        data.Price=document.getElementById("tbxPrice").value;
        data.Money=document.getElementById("tbxMoney").value;
        data.Person=document.getElementById("tbxPerson").value;
        data.Email=document.getElementById("tbxEmail").value;
        localStorage.currentData=JSON.stringify(data);
    }
    function tr_onclick(tr,i)
    {
        document.getElementById("tbxCode").value=tr.children.item(0).innerHTML;
        document.getElementById("tbxDate").value=tr.children.item(1).innerHTML;
        document.getElementById("tbxGoodsCode").value=
        tr.children.item(2).innerHTML;
        document.getElementById("tbxBrand").value=
        tr.children.item(3).innerHTML;
        document.getElementById("tbxCount").value=
        tr.children.item(4).innerHTML;
        document.getElementById("tbxPrice").value=
        tr.children.item(5).innerHTML;
        document.getElementById("tbxMoney").value=
        tr.children.item(6).innerHTML;
        document.getElementById("tbxPerson").value=
        tr.children.item(7).innerHTML;
        document.getElementById("tbxEmail").value=
        tr.children.item(8).innerHTML;
        document.getElementById("tbxCode").setAttribute("readonly",true);
        document.getElementById("btnAdd").disabled="disabled";
        document.getElementById("btnUpdate").disabled="";
        document.getElementById("btnDelete").disabled="";
    }
    function showAllData(loadPage)
    {
        if(!loadPage)
            removeAllData();
        let tx = idb.transaction(['orders'],"readonly"); // 开启事务
        let store = tx.objectStore('orders');
        let req = store.getAll();
        let i=0;
        req.onsuccess = function(){
            let goods = this.result;
            for(let good of goods){
                i+=1;
                showData(good,i);
            }
```

```
        }
        req.onerror = function(){
            alert('检索数据失败');
        }
    }
    function removeAllData()
    {
        for (let i =datatable.childNodes.length-1; i>1; i--)
            datatable.removeChild(datatable.childNodes[i]);
    }
    function showData(row,i)
    {
        let tr = document.createElement('tr');
        tr.setAttribute("onclick","tr_onclick(this,"+i+")");
        let td1 = document.createElement('td');
        td1.innerHTML = row.code;
        let td2 = document.createElement('td');
        td2.innerHTML = row.date;
        let td3 = document.createElement('td');
        td3.innerHTML = row.goodsCode;
        let td4 = document.createElement('td');
        td4.innerHTML = row.brand;
        let td5 = document.createElement('td');
        td5.innerHTML = row.count;
        let td6 = document.createElement('td');
        td6.innerHTML = row.price;
        let td7 = document.createElement('td');
        td7.innerHTML = parseInt(row.count)*parseFloat(row.price);
        let td8 = document.createElement('td');
        td8.innerHTML = row.person;
        let td9= document.createElement('td');
        td9.innerHTML = row.email;
        tr.appendChild(td1);
        tr.appendChild(td2);
        tr.appendChild(td3);
        tr.appendChild(td4);
        tr.appendChild(td5);
        tr.appendChild(td6);
        tr.appendChild(td7);
        tr.appendChild(td8);
        tr.appendChild(td9);
        datatable.appendChild(tr);
    }

    function readFormLocalStorage(data){
        document.getElementById("tbxCode").value=data.Code;
        document.getElementById("tbxDate").value=data.Date;
        document.getElementById("tbxGoodsCode").value=data.GoodsCode;
        document.getElementById("tbxBrand").value=data.Brand;
        document.getElementById("tbxCount").value=data.Count;
        document.getElementById("tbxPrice").value=data.Price;
```

```
        document.getElementById("tbxMoney").value=data.Money;
        document.getElementById("tbxPerson").value=data.Person;
        document.getElementById("tbxEmail").value=data.Email;
    }
function readDataFromServer(){
    fetch("/goods.json")
    .then(
        function(response){
            if(response.status!=200){
                alert("读取商品信息时发生网络错误");
                return;
            }
            response.json().then(function(data){
                let tx = idb.transaction(['orders'],"readwrite");
                tx.onabort = function(){alert('追加数据失败'); }
                tx.oncomplete= function(e){showAllData(true); };
                let store = tx.objectStore('orders');
                for(let c of data){
                    store.put(c);
                }
            });
        })
    .catch(function(err){
        alert("读取商品信息时发生网络错误:"+err.message);
    });
}
```